北京市社会科学基金重点项目（17GLA005）

北京市古树名木保护与管理中的公众参与机制研究

Research on the Public Participation Mechanism in Protection and Management of Old and Notable Trees in Beijing

田明华 杨 娱 黄三祥 等著

U0209603

中国林业出版社

图书在版编目(CIP)数据

北京市古树名木保护与管理中的公众参与机制研究/田明华,杨娱,黄三祥等著.—北京:中国林业出版社,2020.3

ISBN 978-7-5219-0546-5

Ⅰ.①北… Ⅱ.①田… ②杨… ③黄… Ⅲ.①树木—植物保护—研究—北京 Ⅳ.①S717.21

中国版本图书馆 CIP 数据核字(2020)第 066524 号

出版发行 中国林业出版社有限公司(100009 北京西城区刘海胡同 7 号)
http://www.forestry.gov.cn/lycb.html
E-mail forestbook@163.com 电话 010-83143596

印 刷	中林科印文化发展(北京)有限公司
版 次	2020 年 3 月第 1 版
印 次	2020 年 3 月第 1 次
开 本	710mm×1000mm 1/16
印 张	18
字 数	343 千字
定 价	65.00 元

《北京市古树名木保护与管理中的公众参与机制研究》 作 者 名 单

主要著者: 田明华　　杨　娱　　黄三祥

著　　者(排名不分先后):

米　锋	李凌超	张志明	孙丰军	郭晓波
马　爽	史莹赫	高薇洋	程经纬	王飞燕
刘　诚	黄国华	李红勋	高春泉	王富炜
程宝栋	王立平	吴成亮	贺　超	王春波
王　芳	刘　祎	柴　梅	唐　琨	王雪媛
熊文钱	杨心怡	殷　凯	于晶晶	张飞飞

主要作者简介

田明华 男,1969 年生,山东桓台人。管理学博士,北京林业大学经济管理学院教授,博士生导师,兼任中国林业经济学会理事及其技术经济专业委员会副主任委员兼秘书长和林产品贸易专业委员会副主任委员、中国技术经济学会常务理事及其林业技术经济专业委员会副主任委员兼秘书长、中国林牧渔业经济学会林业经济专业委员会常务理事。主要研究方向:林业经济、国际贸易。发表论文 200 余篇,主编或参编的教材与专著 30 余部,主持或参加的课题 50 余项。曾获首届林业青年优秀学术论文奖、第二届与第三届梁希青年论文奖三等奖、中国林业教育学会林科类教材二等奖、全国高等学校农林经济管理类本科教学改革与质量建设优秀成果奖一等奖、高等林(农)业教育研究成果一等奖、北京市教育教学成果奖一等奖与二等奖、北京市第八届哲学社会科学优秀成果奖二等奖、首届梁希林业科学技术奖三等奖、北京市科学技术奖二等奖、宝钢教育基金优秀教师奖。

杨　娱 女,1991 年生,河北临城人。管理学博士,天津农学院经济管理学院教师。主要研究方向:农林经济管理理论与政策。在《干旱区资源与环境》《生态经济》《学术论坛》《经济论坛》《铁道工程学报》等期刊发表论文 10 余篇,主编或参编教材 3 部,参与教育部人文社会科学研究一般项目、北京市社会科学基金重点项目、国家林业局科技发展中心业务委托项目等课题 6 项。

黄三祥 男,1980 年生,湖北洪湖人。生态学硕士,北京市园林绿化局高级工程师,长期从事北京市湿地及古树名木保护管理等工作。先后参与科研项目 20 余项,参与编写书籍 4 部,发表论文 10 余篇,参与编写国家标准 2 部、地方标准 10 余部。曾获国家科技进步二等奖、梁希林业科学技术奖一等奖、北京市农业技术推广奖三等奖、北京市园林绿化科技进步二等奖。

内 容 简 介

古树名木是国家自然文化遗产的重要组成部分,古树名木保护对于保护自然与社会发展历史,弘扬先进生态文化,推进生态文明和美丽中国建设具有十分重要的意义。北京是全世界保存古树名木数量最多的大都会,北京的古树名木是首都悠久历史的见证,是现代北京不可替代的生物景观,构成首都北京活的编年史。多年来北京的古树名木保护与管理富有成效,在公众参与方面也走在全国前列,但北京古树名木"多、散、广、杂"的特点,使古树名木的保护与管理仍面临管护资金不足、人员缺乏等问题。近年来公众参与古树名木保护与管理的热情逐渐兴起,但公众并未全面有效地参与。如何提高公众参与水平、提高公众参与效果,满足北京古树名木保护与管理的需要,满足公众参与的需要,是亟需解决的重要问题。

本研究在介绍北京市古树名木及其保护与管理的基础上,分析了北京市古树名木保护与管理中存在的问题,认为北京市古树名木保护与管理中的公众参与主体人数少、参与客体有限、公众参与形式少、公众参与运行机制缺失是制约公众全面有效参与的主要问题。通过问卷调查公众对北京市古树名木保护与管理的认知、参与情感、参与行为意向,基于拓展的知情行理论,构建结构方程模型,对北京市古树名木保护与管理中的公众认知、参与情感对参与行为意向的影响机理进行了研究。借鉴国内外公共管理领域的公众参与形式,以托马斯有效决策模型为理论基础,从关键公众接触、由公众发起的接触、公众调查、多媒体参与、各种参与活动、公众会议、非政府组织等方面探索了公众参与形式的创新。借鉴国内外公共管理领域的公众参与运行机制,基于公众参与阶梯理论、霍夫兰说服理论,构建了北京市古树名木保护与管理中的公众参与法治机制、公众参与教育机制、公众参与激励机制、公众参与资金投入机制、公众参与信息沟通机制、公众参与合作机制,并以托马斯有效决策模型为理论基础,构建了公众参与项目有效决策模型。采用专家访谈法和问卷调查法构建了北京市古树名木保护与管理公众参与监测与评估的指标体系,以举办古树保护论证会为例进行了实证分析。从克服公众在参与中遇到的问题、增强公众的参与行为意向、创新和优化公众参与形式、建立和完善公众参与运行机制等方面提出了相关建议,为北京市古树名木保护与管理工作的进一步完善提供了参考,也为其他地区古树名木保护与管理中的公众参与提供了有益借鉴。

前　　言

古树名木是我国的自然与文化双重遗产。北京的古树名木是记载了首都的历史,从全球范围来看,北京是保存数量和类别最多的大都会,加强北京市古树名木的保护与管理,具有重要意义。进入 21 世纪以来,北京市公众参与社会管理发展迅速,公众参与古树名木保护与管理的热情也逐渐兴起。这既顺应了自然文化遗产保护的趋势,也反映了我国政治文明和社会民主的进步。但目前北京市古树名木保护与管理中的公众参与正面临着亟需解决的矛盾。一方面,北京市古树名木"多、散、广、杂",面临管护资金、人员不足等问题,需要公众参与,且公众参与意识逐渐兴起,想要参与其中;另一方面,当前北京市古树名木保护与管理中的公众参与尚处于初级阶段,虽然公众参与意识兴起,但绝大多数公众参与意愿不足,公众参与形式少、公众参与的运行机制缺失,导致公众并未全面有效地参与。两者之间的矛盾日益凸显。因此,本研究对北京市古树名木保护与管理中的公众参与问题进行了研究。

20 世纪 70 年代北京市就率先开展了古树名木的保护与管理工作,陆续出台了一系列政策法规和标准文件,形成了比较完善的管护体系和制度,建立了数字化管理的北京市古树名木管理信息系统,采用了生物防治、基因克隆、电子芯片、定位系统、二维码等先进技术,开展了大量古树健康诊断、古树名木复壮等研究,做了大量古树名木专题知识宣传和社会活动,设立了古树名木保护专项资金。多年来,北京的古树名木保护与管理富有成效,在公众参与方面也走在全国前列,古树名木认养走向常规化,开展古树名木主题公园示范建设,北京"十大树王"评选,北京绿化基金会专门设立了古树保护专项基金等,但北京古树名木"多、散、广、杂"的特点,使古树名木的保护与管理仍然面临管护资金、人员不足等问题。当前,北京市古树名木保护与管理中公众参与仍处于初级阶段,公众参与主体人数少、参与客体有限、公众参与形式少、公众参与运行机制缺失是制约公众全面有效参与的主要问题,如何提高公众参与水平,提高公众参与成效,满足北京古树名木保护管理的需要,满足公众参与的需要,是亟须解决的重要问题。

为了研究北京市古树名木保护与管理中的公众认知、参与情感对参与行为意向的影响机理,结合拓展的知、情、行理论,构建了北京市古树名木保护与管理中的公众认知、参与情感对参与行为意向影响的理论分析框架,对古树名木保护与管理中的公众认知、参与情感、参与行为意向进行了系统调查和分析,根据 2 201 份有效问卷,在对样本数据进行描述性统计、信度检验和效度检验的基础上,运用主成分分析法,对样本数据进行了探索性因子分析,对变量进行了调整划分,采用列联表卡方检验研究了受访者特征与公众认知、参与情感、参与行为意向的相关关系,运用结构方程模型,研究了公众认知、参与情感对参与行为意向的影响。研究发现:当前公众参与形式的缺乏、公众参与运行机制的缺失,并未提供公众参与良好的客观环境,导致当前公众在参与北京市古树名木保护与管理中遇到诸多问题。公众对古树名木的认知有待于进一步加强,参与情感有待于进一步激发,参与行为意向有待于进一步提升。公众对古树名木的基本认知、价值及重要性认知、信息认知、管护认知、参与情感对投入行为意向和保护行为意向具有显著正向直接影响。此外,公众对古树名木的价值及重要性认知、信息认知、管护认知通过参与情感,对投入行为意向和保护行为意向具有显著正向间接影响。为提升公众的参与行为意向,应首要考虑增强公众对古树名木的基本认知和参与情感,其次是进一步促使公众对古树名木的价值及重要性认知、管护认知向参与行为意向的转化,同时,应不断增强信息认知。

公众参与形式承载了公众的具体参与。当前北京市古树名木保护与管理中公众参与形式存在的问题是:公众参与形式少,对社会力量的调动不足、对社会资金的吸纳不足,公众参与在深度和广度上处于初级水平、专门性的非政府组织少等。本研究借鉴国内外公共管理领域的公众参与形式,以托马斯有效决策模型为理论基础,从个人、非政府组织、精英、企业、媒体、其他社会团体六个方面界定了参与的主体,从参与领域和参与范围界定了参与的客体,从关键公众接触、由公众发起的接触、公众调查、多媒体参与、各种参与活动、公众会议、古树名木保护与管理非政府组织七个方面进行了公众参与形式的创新。每一方面均包括多个具体公众参与形式。各形式间相互融合,一个参与事项,往往涉及两个及以上形式。通过对新型参与形式进行有效性检验发现,绝大多数受访者均认为新型的公众参与形式对于古树名木保护产生作用,且绝大多数受访者愿意参与到新型的公众参与形式中(或愿意表示支持),相较于公众参与形式创新之前,公众的参与行为意向有了明显的提升。

公众的参与离不开具体的公众参与运行机制,公众参与运行机制为参与形式的顺利实施提供了机制保障。借鉴国内外公共管理领域的公众参与运行机制,采用专家访谈法确定了北京市古树名木保护与管理中公众参与运行机制构建的初步构架;基于公众参与阶梯理论、霍夫兰说服理论,采用层次分析法、回归分析法、9 分位比率法、调整系数法进行了北京市古树名木保护与管理中公众参与运行机制的具体构建与分析。本研究从公众的知情权、参与权、监督权方面构建了法治机制;从大众教育、专业教育、职业教育方面构建了教育机制;从经济激励、榜样激励、内容激励方面构建了激励机制;从政府财政资金投入和公益性资金投入方面构建了资金投入机制;从政府发起型信息沟通和公众发起型信息沟通方面构建了信息沟通机制;从决策制定、决策执行、决策评估、决策反馈阶段构建了合作机制。在采用问卷调查法对构建的公众参与运行机制进行有效性检验中发现,绝大多数受访者均认为构建的公众参与运行机制对于古树名木的保护产生作用,且愿意参与到构建的公众参与运行机制中(或愿意表示支持),相较于公众参与运行机制构建之前,公众的参与行为意向有了明显的提升。在研究过程中,还对北京市 40 721 株古树名木的价值进行了初步概算,得出综合价值为 137.66 亿元,并以托马斯有效决策模型为理论基础,构建了北京市古树名木保护与管理中的公众参与项目有效决策模型,以"公开征询古树名木问题反映渠道"这一项目为例,分析其适用的公众参与模式为公共决策。

为提高公众参与水平,应及时对公众参与进行监测评估分析。当监测与评估的结果良好时,表明公众参与是有效果的,否则,应对当前公众参与的具体操作进行优化改进,以提高效果。本研究采用专家访谈法和问卷调查法构建了公众参与监测与评估的指标体系,以举办古树保护论证会为例,采用层次分析法、9分位比率法,对公众参与的监测与评估进行了实证分析。对公众参与的监测与评估应包含参与主体、参与客体、参与形式、参与结果四个方面。实证研究发现,当前公众参与主体尚未全面参与到项目中,影响了公众参与的效果,可适度增加非政府组织代表和媒体代表的数量,使项目能够产生更好的效果。

为了公众全面有效地参与古树名木的保护与管理,首先应采用形式多样的信息传播形式增强公众对于古树名木的认知,发动具有重要影响力的名人、明星、专家等利用多种平台宣传古树名木的价值及保护的重要性,通过创新多种参与形式提高参与体验,并分享自己参与到古树名木保护与管理中的故事,以增进参与情感,赋予公众在参与古树名木保护与管理中的知情权、参与权、监督权,为公众提供一个开放的平台,增加资金运用的透明度,及时与公众进行有效的信息沟通,将古树名木管护信息及时反馈给公众,增强参与的信心,增强政府的经济激励、榜样激励、内容激励等奖励措施,以调动公众参与的积极性,促使公众将认知转化为参与行为意向,使公众积极、自愿、合理、科学地参与到北京市古树名木的保护与管理中。除了采取有效措施增强公众对古树名木的认知和公众的参与行为意向,还应积极创新多种公众参与形式,加强对社会力量的调动,创新面向公众的筹资形式,广泛吸纳社会资金,增强公众参与的深度和广度,实现实质性参与,并将古树名木的保护融入到文化遗产保护中,鼓励发展多种类型的公众参与古树名木保护的非政府组织。最后,为进一步完善北京市古树名木保护与管理中的公众参与法治机制、公众参与教育机制、公众参与激励机制、公众参与资金投入机制、公众参与信息沟通机制、公众参与合作机制,提出了许多具体和可行的建议,为公众全面有效地参与古树名木的保护与管理提供了机制保障。

在研究视角上,本研究从公众参与的视角来对北京市古树名木保护与管理进行研究,为古树名木相关研究提供了新的视角与思路;在研究内容上,涉及了公众参与行为意向的影响机理、公众参与形式的创新、公众参与运行机制的构建、公众参与的监测与评估,对公众参与问题进行了系统的研究;在理论运用上,对知情行理论进行了拓展,将拓展的知情行理论、公众参与阶梯理论、托马斯有效决策模型及霍夫兰说服理论在古树名木保护与管理的公众参与问题上的应用进行了探索;在研究方法上,采用主成分分析法、结构方程模型、回归分析法等多种定量分析方法,提高了研究的科学性,丰富了现有研究。本研究提出了相关对策建议,为北京市古树名木保护与管理工作的进一步完善提供了参考,也为其他地区古树名木保护与管理中的公众参与提供了有益借鉴。

本研究是北京市社会科学基金重点项目(17GLA005)的研究成果,在此特别感谢北京市哲学社会科学规划办公室给予的项目支持。在研究过程中,合作单位北京市园林绿化局等提供了大量数据、资料,为本研究的顺利开展奠定了基础,在此也对北京市园林绿化局在古树名木保护与管理的不懈努力致以崇高的敬意。在调研过程中,调研组踏足的 34 个北京市各类公园、14 个村镇都给予了大力的支持和帮助,尤其是北京市近 2 000 名市民、村民抽出宝贵的时间认真参与答题,纸质问卷有效率达到 98.0%,表现出公众对参与古树名木保护和管理的热情。调研组还利用专业在线问卷调查平台问卷星进行了在线调研,也得到了网民的积极回应。可见北京市古树名木保护和管理有着良好的群众基础,相信北京市古树名木保护与管理中的公众参与在北京市主管部门的领导下会取得更长足的进展。

在研究过程中,有大量人员参与,但不能列为主要作者,为此特设参加作者名单,对他们的付出表示衷心的感谢。特别致谢北京市园林科学研究院古润泽教授级高级工程师、北京市林业工作站郑波高级工程师、北京林业大学沈应柏教授、中国人民大学刘金龙教授、中国绿色时报社陈绍志教授级高级工程师等专家学者给予的支持和帮助。在研究过程中,搜集、查阅并直接引用了大量相关的研究成果,个别可能没有详细标注,在此向所有学者和专家致以诚挚的敬意和谢意! 本研究得到北京市社会科学基金给予的项目支持,特此鸣谢!

古树名木保存了弥足珍贵的物种资源,记录了大自然的历史变迁,传承了人类发展的历史文化,孕育了自然绝美的生态奇观,承载了广大人民群众的乡愁情思。目前古树名木保护与管理中的公众参与问题的研究还不多,本研究仅作为抛砖引玉,希图有更多的学者和专家关注,推动古树名木保护与管理中公众参与的蓬勃发展,切实保护好古树名木这一国家自然文化遗产,衷心希望全社会积极发动起来,借助古树名木保护公众参与这一平台,保护自然与社会发展历史,弘扬先进生态文化,推进生态文明和美丽中国建设。由于研究者能力有限,难免有错漏谬误之处,敬请批评指正!

作者
2019 年 12 月

目　　录

1 绪 论

1.1 研究背景及问题的提出

1.1.1 研究背景

1.1.1.1 北京市古树名木保护与管理的重要性

古树名木被誉为"活文物""活历史""活古董"。北京的古树名木是古都北京的见证,具有极其重要的生态、经济、历史文化、社会和遗传学价值(北京市园林绿化局野生动植物保护处,2019)。中国共产党第十九次全国代表大会上指出,要加强对文化遗产的保护传承。古树名木是我国的自然文化双重遗产,保留了宝贵的物种资源,记载了历史的演变,孕育了自然美丽的生态奇观,寄托着广大人民群众的思乡之情。保护古树名木,是加强历史文化传承的重要举措。从全球范围来看,北京是古树名木保存数量和类别最多的大都会。由此可见,加强古树名木的保护与管理,尤其是对于北京市古树名木的保护与管理,具有十分重要的意义。

1.1.1.2 当前北京市古树名木的保护与管理中面临诸多问题

北京是全国范围内率先开展古树名木保护的省市。近年来,北京市高度重视古树名木保护管理工作,保护管理工作始终走在全国前列,取得了显著成效。但当前北京市古树名木的保护与管理中仍存在管护资金缺乏、管护队伍难以满足实际需要、管护业务水平亟待提高、社会尤其公众的保护意识有待增强等问题。

(1)管护资金。古树名木作为公众物品,从经济学的角度来说,应由政府财政部门负责管护资金的投放。但目前财政资金并不能满足实际需求。20世纪80年代中期以后的十几年,北京市对古树名木保护管理投入的资金累计投入不过800万元(施海,2006),平均到每年也就是60万~80万元;在2006~2013年的七年间,全市累计投入资金为7 000多万元(尹俊杰等,2014),年均1 000多万元;"十二五"以来即2011年以来,全市累计投入资金1.2亿元(贺勇,2018),年均不足1 500万元。即使按1 500万元计算,平均到4万多株古树名木上,每年每株不足400元。而据北京市园林绿化局的测算,在当前的日常养护中,一级古树每株年管护成本为 1 800 元,二级古树每株年管护成本为 900 元(石河,2019)。如果树势衰弱严重,需要采取综合复壮措施,那么投入在一棵树的养护费用就可能二三万元,甚至更多。且由于对古树名木的管护只有投入,没有资金回报,因此北京市大部分负责古树名木管护工作的单位和个人并未投入足够资金进行管护,延误了对于衰弱古树名木的复壮时间,导致古树名木死亡仍时有发生。

(2)管护队伍。北京市园林绿化局野生动植物保护处统筹负责全市古树名木的保护与管理工作,各区由林政资源管理部门负责。两类部门除了承担古树名木保护与管理的相关职能外,还承担着野生动植物管理或林地确权、林木采伐管理方面的职能,对古树名木保护与管理工作投入的时间十分有限。由于古树名木保护与管理工作量大、涉及业务面广,仅依靠两类部门并不能使全市古树名木均得到有效管护,因此充分调动和发挥公众的力量极为重要。据统计,全市古树名木中有 9 049 株生长势处于衰弱和濒危状态(石河,2019)。分析近年来古树死亡的原因,除了古树自身生理机能老化、环境立地条件差、自然灾害等因素外,大多与管理中的不到位有关,主要有:浇水不及时,病虫害防治措施不利,古树长势衰弱后未及时予以支撑、复壮,存在违法情况致古树死亡(王丹英等,2007)。

(3)管护水平。管护人员十分缺乏。一些管护人员由于缺乏管护专业知识,实行管护职责不到位,使得管护效果差,甚至导致了古树名木死亡。且管护部门的管护人员流动性大,存在刚熟悉古树名木管护工作就调离或轮岗的现象。例如有的不懂业务人员在平地上为古树砌树盘埋树颈近 30cm,还有的为衰弱古树施撒过多的尿素直接导致古树死亡(王丹英等,2007)。这些问题的存在虽是个例,却暴露出管护队伍业务素质不高的问题。

(4)公众的保护意识。一些公众对于古树名木保护的重要性认识不深刻,保护古树名木的社会氛围不够浓厚,使得其生存环境遭到了破坏。例如一些生长在居民庭院、街道、乡村的古树,周边常常堆积着杂物、垃圾,长此以往,改变了古树周边的土壤性质,对古树的生存产生了不良影响,甚至存在树体钉钉、烟熏火烤、树下乱倒垃圾、私搭乱建、树上缠绕绳索、攀折树枝等直接对古树造成损害的现象;一些建设工程在规划、施工过程中并未考虑到对古树名木的保护,非法侵占古树名木的保护范围;在旅游景点附近的停车场,每日汽车排放的大量废气对周边古树名木造成了严重的污染,古树树干及枝叶上存在大量粉尘,且很难清洗;一些政府机关也未能正确认识古树名木保护的重要性,仅重视古建筑的修缮,却忽视古树名木的管护,或只是以形式上的设立护栏、修小围堰的方式保护。

这些问题的存在,反映出仅仅依靠现有人力、物力、财力资源进行的管护并未使古树名木得到很好保护。

1.1.1.3 古树名木保护的公众参与意识兴起,古树名木自身特点也需公众参与

当前随着我国市民社会的迅猛发展,公众参与社会管理的热情日益高涨。相较于全国范围来看,北京市人均收入属于高水平,公众参与社会管理的发展也更为成熟,因此公众的参与意识也更为强烈。公众参与兴起并发展于法治发达国家,它能有效化解政府决策失误引发的社会矛盾,维护社会公平、公正与稳定。当前公众参与在人们的生活中起到的作用越来越大。

古树名木本身属于公共物品的范畴,从经济学角度来看,是由政府向公众提供,来满足公众的效用,而并不是由私人市场提供的,从这一角度考虑,容易得出古树名木的保护与公众个人无关的结论。但随着公众参与意识在我国的发展,古树名木保护与管理中的公众参与意识正逐渐兴起。公众对于公共物品的态度正在逐渐改变,且已有研究指出,公众既是公共物品的享用者,也是公共物品管理中的参与者和公众物品数量的决定者,由公众联合政府提供公共物品,是解决公众物品面临困境的有效方法(宋妍等,2018)。

古树名木保护与管理中的公众参与,正逐渐成为古树名木保护与管理中不可或缺的部分。当前北京市越来越多的有识之士开始关心并参与到古树名木保护进程中,呈现出了不同的参与形式,涌现出了多位知名的古树名木保护与管理的参与者。当前的参与形式有个人、企业实行认养;公众通过网上邮箱投诉;自发保护;专家受邀进行会诊,协商养护方案,参加座谈会、评审会、论证会;开展以古树名木为主题的活动等。知名的古树名木保护热心群众有被尊称为"树痴"的北京大学附属第一医院后勤退休职工张宝贵,其在 30 多年的时间里在报刊上发表了近 2 000 篇有关北京市古树名木的文章,并编写了《北京古树名木趣谈》一书;此外,还有从事了近 30 年北京市古树名木考察研究工作的夫妻二人莫容、胡洪涛,编写了《北京古树名木散记》一书,并在报刊上发表多篇文章。

北京市的古树名木具有"多、散、广、杂"的特点,这些特点决定了仅依靠政府进行全面保护是十分困难的,需要公众的积极参与。北京市古树名木的"多"是指总量多,北京现有古树名木 41 865 株,其中一级古树 6 198 株,二级古树33 286株,名木 1 338 株(石河,2019),在全球范围来看,是保存数量和类别最多的大都会。北京市古树名木的"散"是指分布密度不均,主要分布在皇陵墓地、皇家园林等地,大大小小的古树群达 100 处以上。北京市古树名木的"广"是指分布范围广,古树名木遍布于全市 18 个区县,坛庙园林、街巷村镇、社会单位、居民区均有分布(尹俊杰等,2014)。北京市古树名木的"杂"是指类别多,共计33 科56 属 74 种,树种主要集中在侧柏、油松、桧柏、国槐等乡土树种,其次是白皮松、银杏、榆树、枣树、华山松、楸树、落叶松(石河,2019)。

1.1.1.4 政策法规的出台,为古树名木保护的公众参与奠定了规则基础

我国宪法规定了我国公民具有参与权。在公众参与积极性日益增长的情况下,让公众切实有效地参与到古树名木保护与管理中,可以实现公众基本参与权,不仅对古树名木保护具有重要意义,也是我国社会民主进步的重要标志。

到目前为止,政府部门,尤其是北京市政府部门已发布多项政策,来促进古树名木保护与管理中的公众参与。如1982年原国家城建总局发布的《关于加强城市和风景名胜区古树名木保护管理的意见》要求古树名木的保护管理要发动群众;1998年北京市发布的《北京市古树名木保护管理条例》鼓励单位和个人对管护进行资助;2007年北京市园林绿化局发布的《北京市古树名木保护管理条例实施办法》鼓励单位和个人对管护进行资助,提倡开展古树名木的认养;2013年北京市园林绿化局发布的《首都古树名木认养管理办法》鼓励公众参与古树名木认养;2016年全国绿化委员会发布的《关于进一步加强古树名木保护管理的意见》要求为公众的参与建立保护管理机制,增加资金来源,鼓励公众通过多种形式参与;2016年北京市园林绿化局《关于进一步加强古树名木保护管理工作的通知》要求利用电视、网络、微信等媒介,加大宣传提高公众保护意识。

1.1.1.5 公众参与意识虽兴起但未深入人心,公众参与形式少,公众参与运行机制缺失

在我国,包括北京市在内的公众参与在环境保护、城市规划方面发展相对较快,在古树名木保护与管理方面,虽公众参与意识逐渐兴起,但公众参与尚未深入人心,处于松散无组织的初级阶段。截至目前,北京市古树名木的保护与管理主要还是依靠政府的资金投入、政府中专业技术人员的技术支持,少数专家、爱心群众的保护提倡,绝大多数公众的参与意识不足,并没有全面有效地参与到古树名木保护与管理中。客观原因是当前公众参与古树名木的保护管理中公众参与形式少,并未形成切实有效、科学系统的公众参与运行机制,使得公众的知情权、参与权、监督权没有得到真正地维护,公众的参与能力也受到了严重的局限,公众参与的积极性仍需大力推进,政府与各类公众参与主体之间并没有很好地协作与沟通,管护资金的吸纳存在缺失。因此,创新公众参与形式,构建多种公众参与形式下的公众参与运行机制,使公众愿意参与、能够参与、有效参与、有序参与到北京市古树名木保护管理中,对加强北京市古树名木的保护与管理具有重要意义。

1.1.2 问题的提出

古树名木是我国的自然与文化双重遗产,北京的古树名木见证了首都的历史,从全球范围来看,北京也是保存数量和类别最多的大都会,加强北京市古树名木的保护与管理,具有重要意义。进入21世纪以来,北京市公众参与社会管理发展迅速,公众参与古树名木保护与管理的热情也日益高涨。这既顺应了自然文化遗产保护的趋势,也反映了我国政治文明和社会民主的进步。但目前北京市古树名木保护与管理中的公众参与正面临着亟须解决的矛盾问题。一方

面,北京市古树名木"多、散、广、杂",面临管护资金、人员不足等问题,需要公众参与;且公众参与意识逐渐兴起,想要参与其中。另一方面,当前北京市古树名木保护与管理中的公众参与尚处于初级阶段,虽参与意识兴起,但绝大多数公众参与意识不足,公众参与形式少、公众参与运行机制缺失,导致公众未全面有效地参与。两者之间的矛盾日益凸显。

基于此,本研究以"如何提高公众参与水平,从而满足古树名木保护与管理的需求,满足公众参与需要"为核心问题。提高公众参与水平,使公众积极参与、方便参与、有序参与、有效参与,是确保古树名木得到更好的保护与管理的必然要求,也是满足公众参与的要求。基于核心问题,本研究具体针对如下三个细分问题加以研究。

(1)如何科学合理地研究当前北京市古树名木保护与管理中的公众认知、参与情感对参与行为意向的影响机理?

虽然当前北京市古树名木保护与管理中的公众参与意识日益兴起,越来越多的有识之士开始关心并参与到古树名木保护进程中,但参与并不是系统、成规模的,真正参与其中的仅仅是少数人。只有通过科学、合理地研究公众的认知、参与情感对参与行为意向的影响机理,才能有针对性提出相应措施,带动公众参与的积极性。

(2)如何促使公众更好地参与到北京市古树名木的保护与管理中?

虽然当前北京市相关部门已出台多项政策,来促进公众参与到古树名木的保护与管理中,但当前的参与处于松散无组织的初级阶段,广大公众并没有全面有效地参与到古树名木保护与管理中,只有通过创新公众参与形式、构建系统的公众参与运行机制,才能促使公众更好地参与到北京市古树名木的保护与管理中。

(3)如何确保公众参与是有效果的?

通过创新公众参与形式、构建系统的公众参与运行机制,可以使公众更好地参与到北京市古树名木的保护与管理中,但应注意的是,为提高公众参与水平,不仅需要确保公众参与到古树名木的保护与管理中,更需要确保公众参与是有效果的。为了确保公众参与的效果,需要对公众参与进行专门的监测与评估。

1.2 研究目的及意义

1.2.1 研究目的

本研究的核心目的是系统研究目前北京市古树名木保护与管理中的公众认知、参与情感对参与行为意向的影响机理,探究通过何种参与形式可以使公众更好地参与进来,确保公众参与具有机制保障,并确保公众参与是有效果的,满足古树名木保护与管理的需求,满足公众参与的需要。

本研究的具体目的是:

(1)明确北京市古树名木保护与管理中的公众认知、参与情感对参与行为意向的影响机理。为此本研究基于大规模问卷调查采集数据,采用主成分分析法对认知、参与情感、参与行为意向进行探索性因子分析,采用列联表卡方检验研究受访者特征与公众认知、参与情感、参与行为意向的相关关系,基于拓展的知情行理论,构建结构方程模型,研究公众认知、参与情感对参与行为意向的影响,回答古树名木保护与管理中的公众参与过程中公众认知、参与情感对参与行为意向的影响机理是什么这个科学问题。

(2)创新北京市古树名木保护管理中的公众参与形式,构建系统的公众参与运行机制,构建北京市古树名木保护与管理中的公众参与项目有效决策模型。为此,本研究依据托马斯有效决策模型进行公众参与形式的创新,并采用问卷调查法对新型公众参与形式进行有效性检验;在专家访谈的基础上,依据公众参与阶梯模型、霍夫兰说服理论,采用层次分析法、回归分析法、9分位比率法、调整系数法进行公众参与运行机制的构建,并采用问卷调查法对构建的公众参与运行机制进行有效性检验,依据托马斯有效决策模型,进行公众参与项目有效决策模型的构建研究。

(3)分析北京市古树名木保护管理中公众参与的效果。为此本研究采用专家访谈法和问卷调查法构建了指标体系;以2018年6月举办的圆明园古树保护论证会为例,采用层次分析法、9分位比率法对公众参与进行监测与评估,将评估结果作为公众参与效果的衡量标准。

研究目的及对应研究内容如图1-1。

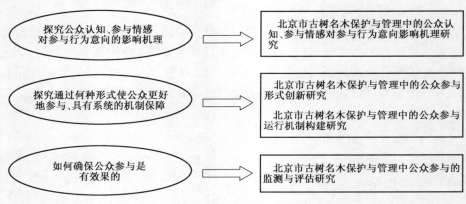

图1-1 研究目的及对应研究内容
Fig. 1-1 Research purpose and corresponding contents

1.2.2 研究意义

（1）理论意义。虽然目前研究中多有指出古树名木的保护与管理中社会参与度不够，但缺乏从公众参与角度来进行的研究。本研究从古树名木保护与管理中公众参与认知、参与情感对参与行为意向的影响机理分析，到具体的公众参与形式创新、公众参与运行机制构建、公众参与有效决策模型构建，到公众参与的监测与评估分析，最后提出相应对策建议，对公众参与进行了系统、深入的研究；并且对知情行理论进行了拓展，将拓展的知情行理论、公众参与阶梯理论、托马斯有效决策模型及霍夫兰说服理论在古树名木保护与管理的公众参与问题上的应用进行了探索；此外，将结构方程模型、主成分分析法、列联表卡方检验、调整系数法、层次分析法、回归分析法等多种定量分析方法引入古树名木保护与管理的公众参与问题上进行研究，提高了研究的科学性，丰富了现有研究。

（2）实践意义。本研究的核心在于调查公众对古树名木保护的认知、参与情感与参与行为意向，创新公众参与形式，构建公众参与运行机制，并对公众参与进行监测与评估分析，提出相关对策建议，为北京市古树名木保护与管理工作的进一步完善提供参考，也为其他地区提供有益借鉴。

1.3 研究逻辑结构及研究内容

1.3.1 研究逻辑结构

为解决"如何提高北京市古树名木保护与管理中公众参与的水平，从而满足北京市古树名木保护与管理的需求，满足公众参与的需要"这一问题，首先，要掌握北京古树名木的概况和价值，掌握北京古树名木的保护和管理概况以及公众参与中存在的问题。"北京市古树名木保护与管理概况和公众参与问题"部分对此作出解答。

为提高公众参与的水平，首先应考虑古树名木保护与管理中的公众认知、参与情感对参与行为意向的影响机理问题；在此基础上，为使公众更好地参与到古树名木保护中，应考虑公众参与过程中的公众参与形式创新、公众参与运行机制构建问题；而公众参与是否有效，需在参与后及时对参与进行监测与评估分析，以确保公众参与是有效果的。

基于以上分析，首先需要考虑的问题：当前北京市古树名木保护与管理中的公众认知、参与情感对参与行为意向的影响机理是怎样的？"北京市古树名木保护与管理中的公众认知、参与情感对参与行为意向的影响机理研究"部分对此作出解答。

其次,需要考虑的问题:如何使公众更好地参与到保护中?而公众的参与离不开具体的公众参与形式及公众参与运行机制,参与形式承载了公众的具体参与,参与运行机制为参与形式的顺利实施提供了机制保障。为此,"北京市古树名木保护与管理中的公众参与运行形式创新研究""北京市古树名木保护与管理中的公众参与运行机制构建研究"部分进行了分析研究。

最后,需要考虑的问题:如何确保公众参与是有效果的?为保障公众参与是有效的,应及时对公众参与进行监测评估分析。当监测与评估的结果良好时,表明公众参与是有效果的,否则,应对当前公众参与的具体操作进行优化改进,以提高效果。"北京市古树名木保护与管理中公众参与的监测与评估研究"部分对此进行了分析研究。

研究的逻辑结构及与主要研究内容框架的关系如图 1-2。

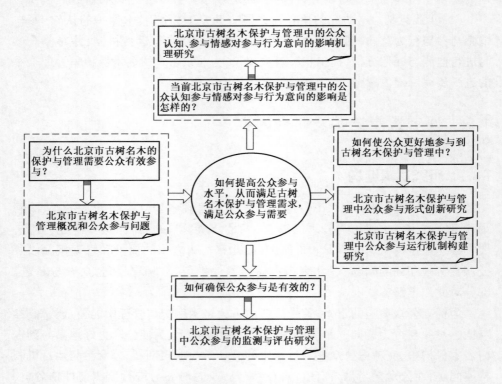

图 1-2　研究的逻辑结构及与主要研究内容框架的关系

Fig. 1-2　**The logical structure of the research and its relationship with the content framework**

1.3.2 研究内容

本研究围绕回答"如何科学合理地分析当前北京市古树名木保护与管理中的公众认知、参与情感对参与行为意向的影响机理?""如何促使公众更好地参与到北京市古树名木的保护与管理中?""如何确保公众参与是有效果的?"三个问题,进行了如下研究内容的设计。

(1)北京市古树名木保护与管理概况和公众参与问题。对当前北京市古树名木概况进行了阐述和总结,包括古树名木的含义、分类、数量、类型、分布、价值方面;对当前北京市古树名木保护与管理现状进行了总结;并分析了当前北京市古树名木保护与管理中存在的问题;对北京市古树名木保护与管理中的公众参与存在的问题进行了总结。这一部分是本研究的基础。

(2)北京市古树名木保护与管理中的公众认知、参与情感对参与行为意向的影响机理研究。以拓展的知情行理论作为理论基础,根据公众认知、参与情感、参与行为意向、受访者特征设计问卷调查题项并获得相关数据,并对调查数据进行描述性统计分析的基础上,运用主成分分析法对公众认知、参与情感、参与行为意向进行探索性因子分析,进而对变量重新进行调整划分;采用列联表卡方检验研究受访者特征与公众认知、参与情感、参与行为意向的相关关系;然后,基于拓展的知情行理论,构建结构方程模型,并提出研究假设,研究北京市古树名木保护与管理中的公众认知、参与情感对参与行为意向的影响。

(3)北京市古树名木保护与管理中的公众参与形式创新研究。在归纳总结国内外公共管理领域各种公众参与形式的经验和不足之处的基础上,分析目前北京市古树名木保护管理中的公众参与形式存在的问题,进而进行公众参与形式创新。在创新公众参与形式时,首先界定公众参与的主体和客体,然后结合托马斯有效决策模型,考虑北京市古树名木保护与管理中公众参与的特殊性,进行公众参与形式的创新。最后采用问卷调查法对创新的公众参与形式的有效性进行了检验。

(4)北京市古树名木保护与管理中的公众参与运行机制构建研究。在归纳总结国内外公共管理领域各种公众参与运行机制的经验和不足之处的基础上,采用专家访谈法,基于公众参与阶梯理论、霍夫兰说服理论进行北京市古树名木保护与管理中的公众参与运行机制构建。具体构建了公众参与法治机制、公众参与教育机制、公众参与激励机制、公众参与资金投入机制、公众参与信息沟通机制、公众参与合作机制。在公众参与资金投入机制构建中,采用层次分析法、回归分析法、9分位比率法、调整系数法对北京市古树名木价值进行了评估。机制构建后,采用问卷调查法对公众参与运行机制的有效性进行了检验。最后,以托马斯有效决策模型作为理论基础,通过构建北京市古树名木保护与管理中的公众参与项目有效决策模型,将具体公众参与项目纳入模型中,确定不同项目适合的决策模式,使政府对于公众参与做到心中有数,保障公众参与有效开展。

(5)北京市古树名木保护与管理中公众参与的监测与评估研究。基于专家访谈法和问卷调查法,从参与主体、参与客体、参与形式、参与结果四个方面构建了监测与评估指标体系;以举办古树保护论证会为例,采用层次分析法、9分位比率法确定北京市古树名木保护与管理中公众参与监测与评估指标体系中各指标的权重大小,并进行具体的监测与评估。目的是确保公众参与是有效果的。

本研究的逻辑框架图如图1-3。

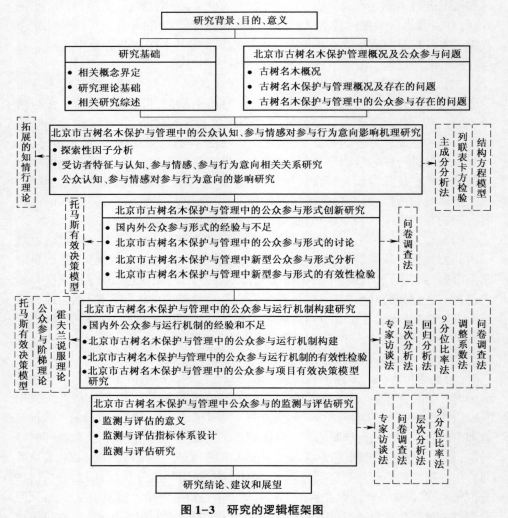

图1-3 研究的逻辑框架图

Fig. 1-3 Logical framework of research

1.4 研究方法及技术路线

1.4.1 研究方法

本研究以组织行为学、管理学、心理学、计量经济学、法学、政策学等学科知识为指导,通过综合、归纳与创新,在借鉴国内外相关研究基础上进行研究。具体分析方法是:

(1)资料查询法和文献整理法。为全面了解相关研究进展,对国内外公众参与、古树名木保护与管理研究相关资料和成果进行广泛搜集与分析。由此对当前北京市古树名木保护与管理研究现状、公众参与研究现状有了全面了解,为本研究顺利进行打下了坚实基础。

(2)问卷调查法。一是采用问卷调查北京市古树名木保护与管理中的公众认知、参与情感、参与行为意向,进而进行公众认知、参与情感对参与行为意向的影响机理研究;二是采用问卷调查公众对于新型参与形式的态度,以对新型参与形式进行有效性检验;三是采用问卷调查公众对于构建的参与运行机制的态度,以对构建的公众参与运行机制进行有效性检验;四是采用问卷调查公众对于构建的公众参与监测与评估指标体系的态度,以最终确定指标体系。

(3)理论分析法。一是以拓展的知情行理论为理论指导,构建北京市古树名木保护与管理中公众认知和参与情感对参与行为意向影响机理的理论模型;二是以托马斯有效决策模型为指导,创新公众参与形式;三是以公众参与阶梯理论、以霍夫兰说服理论为指导,构建公众参与运行机制;四是以托马斯有效决策模型为理论指导,构建北京市古树名木保护与管理中的公众参与项目有效决策模型。

(4)定量分析法。在理论分析的基础上,进行定量分析。一是运用主成分分析法对公众认知、参与情感、参与行为意向进行探索性因子分析;二是采用列联表卡方检验分析受访者特征与公众认知、参与情感、参与行为意向的相关关系;三是构建结构方程模型,并提出研究假设,分析认知、参与情感对参与行为意向的影响;四是采用层次分析法、回归分析法、9分位比率法、调整系数法计算古树名木的价值;五是采用层次分析法、9分位比率法对公众参与进行监测与评估。

1.4.2 技术路线

技术路线图如图1-4。

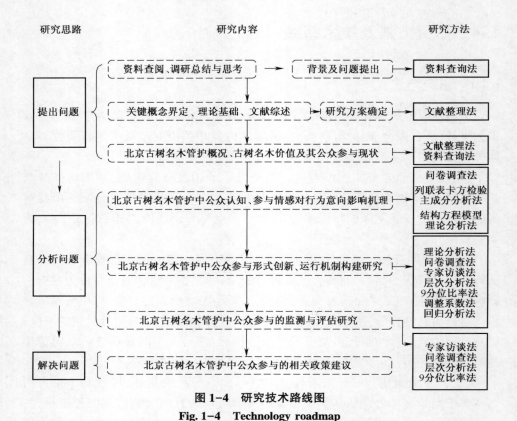

图 1-4 研究技术路线图
Fig. 1-4 Technology roadmap

1.5 研究的创新点

（1）从公众参与的视角对北京市古树名木保护与管理问题进行研究，在研究视角上进行了创新。目前大多数关于古树名木保护与管理的研究，侧重于生物学角度，基于生物学方法来研究，而从社会科学的角度研究较少。即使是社会经济管理方面的研究，也侧重于古树名木单项价值的评价、政府管理存在问题及其解决对策的探讨。本研究从公众参与的视角来进行研究，具有一定的创新性。

（2）从公众参与行为意向的影响机理、公众参与形式的创新、公众参与运行机制的构建、公众参与的监测与评估方面对北京市古树名木保护与管理中的公众参与问题进行了系统的研究，在研究内容上进行了创新。当前在环境保护、城市规划等领域涉及的公众参与研究中，多是集中于分析公众参与存在的问题及相应解决对策的研究。本研究创新性地对公众参与问题进行了系统的研究：创新性地研究当前北京市古树名木保护与管理中的公众参与认知、参与情感对参与行为意向的影响机理;创新性地提出了古树名木保护与管理中的公众参与形式、创新性地构建了古树名木保护与管理中的公众参与运行机制;创新性地对古树名木保护与管理中的公众参与进行了监测与评估。

（3）对知情行理论进行了拓展,构建了拓展的知情行理论,并对多种理论在古树名木保护与管理的公众参与问题上的应用进行了探索。本研究对知情行理论进行了拓展,构建了拓展的知情行理论,以拓展的知情行理论的第一阶段为理论指导,构建北京市古树名木保护与管理中公众认知和参与情感对参与行为意向影响机理的理论模型;以托马斯有效决策模型为指导,创新公众参与形式;以公众参与阶梯理论、霍夫兰说服理论为指导,构建公众参与运行机制;以托马斯有效决策模型为理论指导,构建北京市古树名木保护与管理中公众参与有效决策模型。

（4）将多种定量分析方法引入古树名木保护与管理中的公众参与问题的研究中,在研究方法的应用上进行了创新。目前多采用 Logit、probit 模型研究公众对于古树名木的认知、支付意愿。考虑到认知、参与情感、参与行为意向均为潜变量,本研究创新性地将结构方程模型引入古树名木保护与管理中的公众参与行为意向研究上,研究公众对古树名木保护与管理的认知、参与情感对参与行为意向的影响机理,使评估结果更为科学。目前关于古树名木价值评估的研究中涵盖的价值范围并不全面,且有的评价方法仅能进行对比分析,有的可测算具体货币价值量,但理论依据较为欠缺,说服力有待于进一步加强。本研究综合采用多种方法进行具体价值评估,计算出具体的价值量,有利于完善古树名木价值评价体系;此外,本研究将定量研究方法引入到了古树名木保护与管理中的公众参与的监测与评估研究上。

2 相关概念、理论基础和相关研究综述

2.1 相关概念

2.1.1 古树名木

根据中华人民共和国林业行业标准《古树名木鉴定规范》(LY/T2737—2016),古树名木统称为 old and notable trees。古树(old tree)是指树龄在 100年以上的树木,名木(notable tree)是指具有重要历史、文化、观赏与科学价值或具有重要纪念意义的树木。古树分为三级,树龄 500 年以上的树木为一级古树,树龄在 300~499 年的树木为二级古树,树龄在 100~299 年的树木为三级古树。名木不受树龄限制,不分级。符合下列条件之一的树木属于名木的范畴:国家领袖人物、外国元首或著名政治人物所植树木;国内外著名历史文化名人、知名科学家所植或咏题的树木;分布在名胜古迹、历史园林、宗教场所、名人故居等,与著名历史文化名人或重大历史事件有关的树木;列入世界自然遗产或世界文化遗产保护内涵的标志性树木;树木分类中作为模式标本来源的具有重要科学价值的树木;其他具有重要历史、文化、观赏和科学价值或具有重要纪念意义的树木。

根据北京市地方标准《古树名木评价标准》(DB11/T478—2007),古树名木统称为 ancient & famous woody plants,古树指树龄在 100 年以上的树木,名木指珍贵、稀有的树木和具有重要历史价值、纪念意义的树木。古树的确认和分级以树龄为依据,暂不能确定树龄的,按树木胸径确认并分级。普遍种植以采果为目的地经济树种和无突出历史、文化价值的速生杨属、柳属树种不确认为古树。一级古树是指树龄在 300 年(含 300 年)以上的树木,二级古树是指树龄在 100 年(含 100 年)以上 300 年以下的树木。名木是指由国家元首、政府首脑、有重大国际影响的知名人士和团体栽植或题咏过的树木,北京地区珍贵、稀有的树木。

由此可见,关于古树名木认定的国家林业行业标准比北京市地方标准更为严格或者细致。但实际上,北京市地方标准制订比较早,虽然古树的分级少,但实际上提高了古树的保护级别,名木的认定虽然不够具体,但实际保护范围是扩大的。

此外,北京市地方标准与国家林业行业标准不同的是,北京市对于古树和名木是单独界定的,古树与名木没有重叠的部分,古树名木仅仅是一个统称,若一棵树木是古树,就不会是名木;同样,若一棵树木是名木,就不会是古树。如果一棵树已有100多年的历史,而且不是采摘水果的经济树种,也不是不具有历史文化价值的快速生长的杨树和柳树种类,它们可以称为古树;而名木是树龄不到100年,珍贵、稀有及具有纪念意义的树木。例如,北海公园团城的油松树"遮荫侯",其树龄为800多年,可以称为古树。"遮荫侯"的名称来源于乾隆皇帝纳凉的典故,具有重要的纪念意义,但却不能称之为名木,只能称之为有名的古树。而国家林业行业标准规定,名木的评判不涉及树龄,一棵树木,可以兼有古树和名木双重身份。

因为本研究是关于北京市古树名木保护与管理中的公众参与机制研究,因此对古树名木的界定采用北京市地方标准《古树名木评价标准》(DB11/T478—2007),即古树只分为一级古树和二级古树,但古树名木的英文译称采用中华人民共和国林业行业标准《古树名木鉴定规范》(LY/T2737—2016)的英译,即 old and notable trees。

2.1.2 公众、公众参与、公众参与机制

2.1.2.1 公众的含义

到目前为止,对于公众的含义,目前尚未达成一致的观点。虽对公众的具体范围界定有不同的说法,但除国洪艳(2011)与世界银行对于公众的广义定义(包含国家代表)外,其余定义均认为这一概念是与政府相对的概念,且都承认公众的构成并非固定不变。关于公众含义的观点,见表2-1。

表2-1 不同学者关于公众含义的观点

Tab. 2-1 Different scholars' views on the meaning of the public

学者(研究年份)/其他来源	研究领域	关于公众含义的观点
《现代汉语词典》(第7版)	无具体研究领域	社会上大多数的人
《宣传舆论学大辞典》	宣传舆论学	在面对同样问题时融合在一起的群体
百度百科	无具体研究领域	从广义和狭义两个角度来说明了公众的基本含义。广义上是指除自身外的所有人;狭义上指除自身及与自身相关的人(包括亲戚、朋友、同学、邻居、同事、员工、合作伙伴、合作单位等)外的人群。广义的概念具有排己性,狭义的概念具有排他性
徐敏(2016)	收费公路政策	除政府部门和收费公路经营管理单位以外的普通大众、专家学者、运输企业等
李道平(2016)	公共关系	被共同利益联结在一起的个人、群体和组织

（续）

学者(研究年份)/其他来源	研究领域	关于公众含义的观点
张心(2016)	城市遗产保护	将与相关的公众划分为"本地型"和"外地型"。"本地型"公众包括遗产地原住民、非原住民型本地居民，"外地型"公众是非本地参与者，例如专家学者和跨界记者
毕琳琳(2015)	社会学	是政府服务的主体，关心或参与到某活动中的除政府之外的个体、组织
王越(2015)	生态文明建设	个人和非政府组织
世界银行	无具体研究领域	广义的公众包括三大类。第一类是有直接影响的团体。包括项目受益人、风险承担者和利益相关者；第二类是受影响团体代表，作为团体的发言人。例如国家代表、地方组织、专业协会等；第三类是其他感兴趣的团体。例如科学家、专家、非政府组织
王利民(2013)	交通运输管理	根据特定组织而形成，由于共同利益而联结起来的群体。并指出与交通运输管理相关的公众包括四类：相关公众、专家学者、感兴趣团体和新闻媒体。相关公众包括相关或怀疑会受到影响的群众；专家学者包括交通运输学、社会经济学、工程学、政治学、生态学、地质学、地理学等专业学者；感兴趣团体包括工会、妇联及相关企业、非政府组织；新闻媒体包括相关的报纸、网络、电视、广播、杂志等
王京传(2013)	公共管理	围绕某一公共事务而结成的集合。集合中既包括个体，也包括组织。不包括政府工作人员。若公众在公共事务中担任政府助理，则不属于公众范畴；若政府工作人员在公共事务中担任公众的角色，而不是政府工作人员的角色，则其属于公众
国洪艳(2011)	土地利用规划	包括实际或潜在影响组织达成目标的政府部门、社会组织及个人。这一定义中包含了政府
葛俊杰(2011)	环境保护	关注同样问题的群体，并指出通常不包括政府官员
王存刚(2010)	政治科学	相对于政府而言的，指不在政府就职的个人和不属于政府部门的组织
陈德敏等(2010)	节能减排	"公众"是与"政府"相对的概念，"公众"的范围随着社会经济的发展而逐步发展
唐萌(2009)	环境法	围绕共同问题，形成能动的社会群体，包括自然人和非政府组织
王春雷(2008)	重大事件管理	公民个体和相关社会组织。并指出公众应符合两个条件：能够提供对解决问题有用的信息，并能够影响决策执行

（续）

学者(研究年份)/其他来源	研究领域	关于公众含义的观点
向荣淑(2007)、赵德关(2006)	城市管理	城市中政府管理、服务的对象
尤建新等(2003)	城市管理	个体市民和非政府组织,包括民间组织(社团组织、学术组织等)、营利型组织(房地产开发商)、服务型组织(咨询、设计、终结公司)等

2.1.2.2　公众参与的含义

公众参与理念,最早出现于西方的"参与式民主理论"中。1960 年阿诺德·考夫最早宣扬"参与式民主";20 世纪 80 年代末博曼等人对该理论进行了完善,强调了参与式民主所包含的沟通、参与等价值观(何包钢,2008)。

1969 年美国的环境政策法对公众参与制度进行了首次规定。该法规定联邦政府的一切部门应将其制定的环境影响评价和意见书向社会公布(汪劲等,1993);1980 年《世界自然保护大纲》中提出让公众在环境保护政策中的参与,至此环境保护中的公众参与得到广泛传播与认同;受环境保护运动的推动,公众参与逐渐发展到国家规划的各个方面(石峡,2015)。

公众参与于 20 世纪末期传入我国,21 世纪初期被广泛关注(蔡定剑,2010)。当前对公众参与的研究较少,其概念也尚未进行统一界定。由于公众参与涉及的领域包括城市建设、环境治理、村庄规划、公共体育服务、重大事件等,因此针对公众参与的含义,不同研究领域的学者有不同的看法。主要观点见表 2-2。

表 2-2　不同学者关于公众参与含义的观点

Tab. 2-2　Different scholars' views on the meaning of the public participation

学者(研究年份)	研究领域	关于公众参与含义的观点
国际公众参与协会	无具体研究领域	一个涉及公众解决问题或决策的过程,并利用公众意见作出决定。包括识别问题和机会,开发替代品和做出决策的各个方面,并使用了许多解决争议和通信领域通用的工具和技术
Ast J A V、Gerrits L(2017)	水资源管理	非政府个人参与集体决策过程
张小航等(2017)	公共体育服务	公共权力机构在立法、制定政策、处理公共事务时,以开放的方式从公众和利益相关者中获得信息或意见,并进行反馈,对公共决策产生影响的行为
黄森慰(2016)	环境治理	公民、法人或组织自觉自愿参与环境法律制定以及与环境相关活动
刘金龙(2012)	林业政策	参与式林业是指在森林经营与乡村振兴相协同情况下,农民参与其中,并通过利益分配等来增进农民与森林经营的关系

（续）

学者（研究年份）	研究领域	关于公众参与含义的观点
周建等（2010）	城市建设征地拆迁	主体介入相关项目决策、运行、管理及利益分享过程的方法。这种方法有利于优化方案，获取相关利益群体理解、支持，增强项目参与方的社会责任感，减少矛盾等负面影响的产生
陈德敏等（2010）	节能减排	公众同政府相对，参与到国家事务中
王春雷（2008）	重大事件管理	公众在管理公共事务过程中，通过某些方式向政府发表观点，以影响公共事务
Cooper T L（2005）	城市管理	在利益、机构和网络中，人们一起参与审议和集体行动，发展公民意识，使人们参与治理进程

此外，关于公众参与主体的概念，俞可平（2006）指出参与主体指个体公民与民间组织；葛俊杰（2011）指出公众参与的主体是公民、法人；王红梅等（2016）指出公众参与的参与主体是受法律支持，以制度形式进行公众参与的个体或群体，包括个人、专家、法人、社会组织等。

2.1.2.3 公众参与机制的含义

首先是机制的含义，关于机制含义的主要观点见表 2-3。

表 2-3 不同学者关于机制含义的观点

Tab. 2-3 Different scholars' views on the meaning of the mechanism

学者（研究年份）/其他来源	研究领域	关于机制含义的观点
《现代汉语词典》（第 7 版）	无具体研究领域	系统各组织中相互作用的过程
百度百科	无具体研究领域	有机体的结构、功用及关联
齐卫平、朱联平（2006）	政治学	某一事物、现象及决定其行为的各因素、关系
李景鹏（2010）	无具体研究领域	某主体趋于一定目标的过程。动力、目标和路径是机制的三个基本要素
刘敏（2012）	无具体研究领域	内部组织运行变化的规律

关于公众参与机制含义的主要观点见表 2-4。

可以看到，一般认为机制是在人类社会有规律的运动中，影响这种运动的各因素的结构、功能及其相互关系，以及这些因素产生影响、发挥功能的作用过程和作用原理及其运行方式。但在目前关于公众参与机制的解释中，则强调了公众对公共事务的参与过程（吕建华等，2017）、系统的基本结构及其相应的运行机制（王京传，2013）、相互关系及运行方式（刘敏，2012），对作用过程和作用原理并不是十分注重。

2.1.3 古树名木保护与管理中公众、公众参与、公众参与机制的界定

基于以上分析，本研究将北京市古树名木保护与管理中的公众定义为：围绕

表 2-4　不同学者关于公众参与机制含义的观点

Tab. 2-4　Different scholars' views on the meaning of the public participation mechanism

学者(研究年份)/其他来源	研究领域	关于公众参与机制含义的观点
刘敏(2012)	建筑遗产保护	包括公众参与法治、回应与教育机制。法治机制指确保公众权益制度化表达的法律法规支持体系；回应机制指政府制定相关政策时，对公众需求与疑问做出回应，对政策做出解释；教育机制指建筑遗产各种形式的教育之间相互关系及运行方式
王京传(2013)	旅游目的地治理	旅游目的地治理中公众参与系统的基本结构及其相应的运行机制
吕建华、柏琳(2017)	海洋行政管理	公众对公共事务的参与过程，不再由政府一手掌控，而是充分发挥公众的主体作用，形成公众主体、政府主导的参与模式

北京市古树名木保护与管理问题而结合成的，除政府机关和在保护与管理中作为政府助理角色的政府工作人员以外的集合，包括个人、非政府组织、精英、企业、媒体、其他社会团体。若某个体为政府工作人员，在北京市古树名木保护与管理中担任政府相关职责，则不属于北京市古树名木保护与管理中的公众；若不作为政府相关工作人员，没有直接为政府相关工作效力，而仅是作为普通公众参与其中，则属于本研究所指的公众范畴。对于地域范围而言，本研究借鉴张心(2016)分析，将本地型公众和外地型公众均包含在本研究范围内。若公众为外地型公众，只要其参与到北京市古树名木的保护与管理中，也视为本研究中所讨论的公众。

　　本研究将北京市古树名木保护与管理中的公众参与定义为：在政府管理人员制定北京市古树名木保护与管理政策、执行北京市古树名木保护与管理事务的过程中，公众采用一定的参与形式参与到其中，向政府管理人员反映情况、提供建议、提出要求、表达愿望、同政府一起保护古树名木等，进而对古树名木的保护与管理产生影响的行为。

　　为保证公众的有效参与，需要做到：具备多种多样的公众参与形式，构建完善的公众参与运行机制，并应及时对公众参与进行监测与评估。这三者内含着公众认知、参与情感对参与行为意向的影响机理，共同构成了北京市古树名木保护与管理中的公众参与机制。也就是说北京市古树名木保护与管理中的公众参与机制是包括公众参与形式、公众参与运行机制、公众参与监测与评估三个前后连续(参与前、参与中、参与后)的整体，其中内含着公众认知、参与情感对参与行为意向的影响机理，公众的行为机理(作用过程和作用原理)决定着公众参与的形式是否合适、公众参与的运行机制是否有效、公众参与监测与评估是否满意。具体的公众参与运行机制承载和保证着公众参与形式的实现和成效,公众参与的监测与评估是对某种公众参与形式下公众参与运行机制运作效果的监测与评估,反映了公众参与的形式、公众参与的运行机制的适用性和成效,基于公众的行为机理的公众参与形式、公众参与运行机制、公众参与监测与评估共同构成三位一体的公众参与机制。

2.2　研究的理论基础

2.2.1　知情行理论

美国学者 Westbrook 等认为,个体做出行为改变需要三个阶段:知、情、行。"知"指的是认知,"情"指的是情感,"行"指的是行为。个体对于某一事物首先产生认知,通过对该事物的认知会产生对该事物的情感,最终在认知和情感的指导下,作出相应的行为。"知情行"模型已逐渐成为组织行为学的热点研究问题。

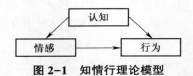

图 2-1　知情行理论模型

Fig. 2-1　Theoretical model of Cognition emotion behavior

在古树名木的保护与管理中,公众要想参与到古树名木的保护与管理中,首先需要对古树名木有一个认识,不仅涉及需要了解什么是古树名木,古树名木是怎么分类的,古树名木的价值体现在哪里,古树名木保护与管理的重要性有哪些,还包括现行关于古树名木的规定有哪些,古树名木管护责任的划分情况如何,损害古树名木的行为有哪些,现行的管护效果如何等;在这些方面对古树名木进行认识的基础上,将会在内心产生一个主观评判,即对古树名木的参与情感,也即是说,是否认为参与到古树名木的保护中是有意义的,在参与的过程中是否感到愉快,参与会给自己带来什么好处;在进行参与情感的判断基础上,公众将会做出何种参与行为,例如愿意参与的活动有哪些,是否愿意认养古树名木,是否愿意宣传保护的重要性等。因此,研究公众在古树名木保护与管理中的认知、情感对参与行为的影响,是一个十分有意义的尝试。在明确参与行为影响因素的基础上,可以有针对性地采取措施,进而提升公众的参与行为意向。

2.2.2　托马斯有效决策模型

John Clayton Thomas 指出应根据决策问题主要考虑的不同角度,采用不同参与程度的决策模式。如果决策问题主要考虑质量要求,则对公众参与的需求较小,这时应选择参与程度较低的决策模式;如果决策问题主要考虑公众对决策的可接受性,则对公众参与的需求较大,这时应选择参与程度较高的决策模式。若决策在质量要求和公众的可接受度方面同等重要,则应在不同观点的争议间寻求平衡。完整的有效决策模型如图 2-2。根据图 2-2 中的决策树,可以得出五种不同程度的公众参与决策模式的建议(表 2-5),并指出这些建议适用于所有决策问题(孙柏瑛等,2005)。

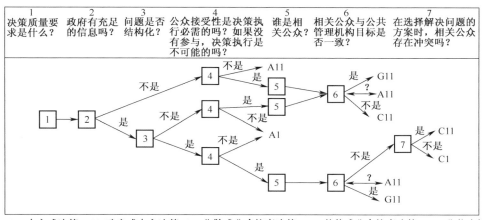

注:A1=自主式决策;A11=改良式自主决策;C1=分散式公众协商决策;C11=整体式公众协商决策;G11=公共决策。

图 2-2 托马斯有效决策模型

Fig. 2-2 Thomas effective decision model

表 2-5 托马斯有效决策模型的决策模式及其说明

Tab. 2-5 The decision mode of Thomas effective decision model and its explanation

代码	决策模式	说 明
A1	自主式决策	政府独自决策
A11	改良式自主决策	政府从公众参与中获取信息后独自决策
C1	分散式公众协商决策	需要公众的支持以解决某结构化问题,公众意见与决策目标有分歧,公众内部达成了一致反对
C11	整体式公众协商决策	有信息需求,问题未结构化,需要公众参与提高决策的可接受性,公众意见与决策目标存在分歧
G11	公共决策	决策需得到公众的普遍认可与接受,公众意见与决策目标一致

(1)自主式管理决策。对于一些特殊决策,政府管理人员在制定决策时,并不需要引入公众参与,而是自行做出决策。也即是说,公众参与到决策中并不代表事事参与,一些涉及国家机密的决策并不能引入公众参与。

（2）改良式自主管理决策。在改良式自主管理决策中，政府管理人员从公众参与中搜集意见及要求，之后独自做出决策。在此类决策中，公众的意见和要求可能得到解决与反映，也可能得不到解决与反映。政府管理人员在做出最终决策时，主要考虑的是政府管理的需求，而对公众的接受性考虑较少。改良式自主管理决策可能会在以下两种情况下发生：一是政府管理人员在征询了公众的意见后，并没有对公众提出的要求进行采纳。这种情况是在公众参与中不应出现的，此时的公众参与仅仅流于表面，并不是有效参与。二是决策相较于公众的可接受性来说，更多的是需要满足决策的质量要求，需要符合决策的专业标准、预算约束等，当公众提出的要求达不到或超出以上标准时，公众的要求将会得不到反映。

（3）分散式公众协商决策。在分散式公众协商决策中，解决的是已经结构化，但公众的观点与决策目标不一致的问题。此时政府管理人员应将公众分成不同类别，依次同不同类别的公众进行决策探讨，使公众反映其需求，进而制定符合公众需求的决策。

（4）整体式公众协商决策。在整体式公众协商决策中，政府管理人员与作为一个整体的公众进行决策的协商，听取公众的意见与要求，进而制定反映公众要求的决策。该类决策对公众可接受性有一定程度的要求。

（5）公共决策。政府管理人员同公众协商决策，最终达成共识。公众决策对于决策质量和决策的可接受性要求均较高时需找到平衡点。例如在相关立法的决策中，需寻求政府管理人员与公众利益的平衡点。公众应从客观实际出发，站在全局的角度提出相应意见，不可过分强调个人利益；政府管理人员也应认真倾听公众提出的意见，不可独断专权而忽视公众应享有的权利。

在古树名木保护与管理中的公众参与中，也应考虑决策的质量要求和公众对于决策的可接受性，应针对不同的事项赋予合适的参与形式。例如，对于古树名木的建档及档案保管，涉及了技术、安全、保密方面的约束，这一事项仅需古树名木管护部门自行完成，不需调动大量公众参与其中。而诸如在宣传古树名木保护中，宣传的方式应是公众所接受的，因此，此时就需要采取合适的形式让公众接受信息。此外，通过构建古树名木保护与管理中的公众参与有效决策模型，确定不同项目适合的决策模式，也可以使政府对于公众参与做到心中有数，并保障公众参与的有效开展。

2.2.3 公众参与阶梯理论

1969 年，Aronstein S. R. 提出了公众参与阶梯模型，将参与的类型分为八个，按照程度由低到高，依次为操纵、引导、告知、咨询、劝解、合作、授权、公众控制。其中操纵、引导属于无公众参与阶段，告知、咨询、劝解属于象征性参与阶段,合作、授权、公众控制属于公众权利阶段。八个阶梯的具体含义及参与实质见表2-6。

表 2-6 公众参与阶梯理论
Tab. 2-6 Public participation ladder theory

梯级	阶梯名称	具体含义	实质
1	操纵	政府依据自身意愿操纵公众参与	无参与
2	引导	政府通过公众参与引导参与者支持自己	无参与
3	告知	政府通知公众相关信息,使参与者了解情况	参与者无反馈渠道及谈判权利,象征性参与
4	咨询	政府提供信息,公开听取参与者意见	参与者无反馈渠道及谈判权利,象征性参与
5	劝解	公众更为广泛;政府与公众可以进行互动;公众参与的时间提前	决定权在政府,较深层的象征性参与
6	合作	公众权利得到保障,与政府共同进行决策	深度参与
7	授权		
8	公众控制		

在古树名木保护与管理的公众参与法治机制的构建中,应从象征性参与到实质性参与,构建公众参与的法律法规保障体系。首先,应考虑的是位于阶梯的最低一级的,是公众对于古树名木保护与管理的知情权,知情权是象征性的参与。公众对于政府在古树名木保护与管理中的重要决定及与公众自身有紧密联系的事件有了解的权利。其次,位于第二阶梯的,是公众在古树名木保护与管理中的参与权,参与权虽也是象征性参与,但是建立在知情权的前提上,公众应具有参与到古树名木保护与管理中并同政府一同协商确定的权利。最后,位于第三阶梯的,是公众在古树名木保护与管理中的公众监督权,监督权是实质性参与。公众行使监督权,有利于政府改进工作,调动公众的积极性。

2.2.4 霍夫兰说服理论

1959 年,美国心理学家 Carl Hovland 提出了霍夫兰说服理论,并分析了说服的机制和过程,指出信息传播者、信息传播渠道、信息传播内容、信息受众是受众态度转变的四个基本要素,被广泛用于说服与态度转变的研究中。具体理论模型如图 2-3。

该理论指出,对于说服者来说,越可信,说服的结果越好。但并非说服者的地位越高,其可信度越高,而是应根据说服的内容与说服对象的信任关系、说服对象的接受性选择说服者;对于说服对象来说,说服对象是根据自身情况而接受说服信息。一是根据自身的兴趣接受,二是根据自身对说服信息的理解而接受,

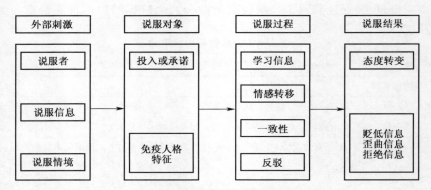

图 2-3　霍夫兰说服理论模型

Fig. 2-3　Hovland's persuasion theory model

三是只会对与自身有关的信息形成记忆;对于说服信息来说,短期内信息来源的可信度会影响说服对象,但从长期来看,说服信息本身的可信度会对说服对象产生影响;对于说服情境来说,拥有合理的说服策略,抓住恰当的说服时机,才会实现良好的说服结果。

　　在古树名木保护与管理的公众参与中,若存在公众认为信息来源不可靠、公众与政府之间缺乏有效的信息沟通、公众与政府之间信息不对等、没有抓住合适的沟通时机、政府所获取的古树名木相关信息与指定的古树名木相关决策并不能及时反馈到公众、公众没有通过合适的渠道获取应有的古树名木保护与管理知识等问题,便不利于提高公众参与水平,公众参与的积极性也会大大减小。因此,应依据霍夫兰说服理论的理论思想,构建公众参与信息沟通机制。

2.3　相关研究综述

2.3.1　古树名木保护与管理研究文献综述

2.3.1.1　对古树分布及其鉴别的研究

　　(1)对古树分布的研究。国外对古树的提法有"old-growth trees""old trees",而"heritage trees""old and valuable trees"的提法既可指代古树,也可指代名木。Jim C. Y. (2004)通过实地调查,得出当前古树的空间分布;Keeton W S 等(2004)研究得出地形的变异会影响古树的空间分布;Rackham O. (2008)指出古树并不一定都在古林地内,也可能在牧场和热带稀树草原。

　　(2)对古树鉴别的研究。Lindenmayer D. B. 等(2012)指出树木的大小和年龄影响着树木的内部空腔、树枝形态以及冠层结构,这三方面将古树与树龄较短的树木区分开。Alberdi I. 等(2013)指出由于国家森林清单中通常没有对树龄的记录,因此建立了 Hossfled III 混合模型,使用树种直径的物种特异性阈值来从树木中鉴定识别古树。Jim C. Y. 等(2013)指出了中国香港古树名木的选取有五个标准:①涉及的物种维度包括胸径≥1000 mm,高度≥25 m,树冠≥25 m;②树形奇特;③稀有树种;④树龄超过 100 岁;⑤具有重要意义。

2.3.1.2 对古树特征、结构多样性的研究

Kaufmann M. R. (1995)总结分析了古黄松树和古红松树叶面积的增长模式。Feller M. C. (2003)研究了古树的粗木质残体的数量、特征、功能重要性。Jim C. Y. (2004)指出应根据年龄、尺寸、树形、美学、景观、生态、环境、社会、文化和历史等一系列标准来反映古树的多样性,实地调查了古树的物种组成、生物量结构和分布情况,评估了人类活动对古树的影响。Phillips N. G. 等(2008)研究了古树对于环境变化的响应能力,将古树生长作为全球气候变化的函数,得出古树的生长与包括二氧化碳在内的关键环境资源在工业时代的增长相吻合。Johnson S. E. 等(2009)通过生长生理模型,研究发现每个物种中的古树在一生中一直缓慢增长,进而得出增长率与年龄增长之间存在负相关关系的结论。Pederson N. (2010)研究了树龄在 250 年以上的落叶林古树的外部特征,并指出这些特征有助于落叶林古树的探测。Trant A. J. 等(2011)指出古树显示出与当前气候变暖同步的径向生长反应。此外,还有对古树树种组成和结构的研究,一是对古树名木本身树种组成和结构的研究(Jim C. Y. ,2004);二是对古树生物量结构、分布区域的空间结构和差异性的评估(Jim C. Y. 等,2013);三是土地利用历史对于古树树种组成和结构的影响(Chai S. L. 等,2011)。

2.3.1.3 对古树名木价值评估的研究

古树名木是宝贵的自然和文化遗产,具有重要的美学价值与精神内涵,与所在城市的文化与历史发展密切相关,见证了所在城市结构和市民生活的变迁,将自然与人类、过去与现在连接在一起(Jim C. Y. 等,2013);对于一些处于宗教场所的树木,还代表着与其他地域的深厚的文化交流和与过去的不可分割的联系,具有重要的社会文化价值(Jim C. Y. ,2004;Lindenmayer D. B. 等,2012);具有重要的生态功能,为野生动物提供了栖息地,维持了生态平衡,并改善了当地的环境质量(Jim C. Y. ,2004;Lindenmayer D. B. 等,2012);古树的年轮记录了气候的变化,对研究气候的变化提供了重要的参考价值(Briffa K. R. ,2000);储存了大量的碳,创造出以高水平的土壤养分和植物物种丰富度为特征的独特微环境,在当地水文中起着至关重要的作用(Lindenmayer D. B. 等,2012);城市中古树的数量和质量反映了城市树木种群的总体健康状况,反过来也说明了树木护理的标准和社区赋予的价值(Jim C. Y. 等,2013)。因此,采取科学方法对古树名

木的价值进行评估,具有重要意义。在当前的研究中,选取了不同的价值角度,采用不同的方法构建价值评估体系。大体可以分为两类,第一类是对于古树名木某一方面价值的评估,第二类是关于古树名木综合价值的评估。

(1)对于古树名木经济价值的评估。Jim C. Y. (2006)采用程式专家法对紧凑型城市中古树名木的经济价值进行了评估。文中依据树木的尺寸、树种、木材、条件、位置及突出特点作为主要标准,在此之下又划分了 45 个次要标准。沈启昌(2006)阐述了现有的古树名木评估方法的单一性,认为不同条件下,对古树名木价值的评估应进行具体分析,而不能一概而论,提出了采用原木法和市场价格比较法来评估经济价值。原木法的计算如公式 2-1 所示;市场价格比较法的计算公式如公式 2-2 所示。Becker N. 等(2009)采用条件价值法,进行了古树经济价值的评估,并指出采用经济价值衡量古树名木的价值,目的是为了确定是否值得获取财政的支持。张占平等(2010)构建了农村古树名木价值评估模型,指出生长在农村的古树名木,生态价值很小,主要体现在现实经济价值上,结合古树名木的保护等级、年龄、胸径、政策赋值、生长态势、树形冠幅、养护管理成本、评估服务费、较正常情况额外增加的采集成本,计算古树名木的现实经济价值,如公式 2-3 所示。Ramez Saeid Mohamad 等(2013)以农村公园里的古橄榄树为例,分析了有机橄榄农场的盈利能力,结果表明,对古橄榄树进行管理与生产优化,能够提高橄榄油生产带来的利润,同时,政府的补贴可以改善机械化水平,提高古橄榄树特级原油的价值。

$$M = a \times D^n \times H^m$$

$$V = M \times f$$

$$E = \sum_{i=1}^{s} V_i \times G_i \qquad (2-1)$$

式中:M 指的是蓄积量;D 代表树木胸径;H 代表树木的树高;a、n、m 依据不同树种确定;V 为出材量;f 为出材率;E 为林木资源的评估值;G 为该树种每单位市场价格。

$$E = \frac{m}{n} \sum_{i=1}^{n} K_i \times K_{ib} \times G_i \qquad (2-2)$$

式中:E 是森林资源的评价值;K_i 是森林资源的调整因子;K_{ib} 是价格指数的调整指标;G_i 是单位价格;m 是树木的数量;n 是案例数量。

$$M = T \times \frac{(P + D/100 + A/100)}{n} \times PA \times g \times s + m + a - \Delta C \qquad (2-3)$$

式中:M 为评估的古树名木的价值;T 为相应树种价值;P 为古树名木的保护等级;D 为古树名木的胸径;A 为古树名木的年龄;n 与分母中 P、D、A 的个数一致;PA 为政策赋值;g 为生长态势调整值;s 为树形冠幅调整值;m 为养护管理成本;a 为评估服务费;ΔC 为正常情况之外的采集成本。

（2）对于古树名木旅游观赏价值的评估。杨晓晶（2008）构建了古树名木旅游价值评估体系,采用德尔菲法、层次分析法进行计算,选取 80 株古树,组织专家组进行实地调研,对各指标进行打分,将指标的得分加总,最终确定 80 株古树旅游资源各自的等级。李克恩（2010）将树种价值、树龄、管护费用等作为古树名木价值评估的因素,采用公式法计算古树名木的基本价值,公式法中各调整系数之间采用乘积算法。孙超等（2010）采用修正的程式专家法,来评估古树名木旅游价值。寇建良（2009）从旅游资源、环境、开发条件出发,构建了古树名木旅游价值评估指标体系,采用 Likert 5 级量表法,通过专家打分,对评估指标进行了量化,采用灰色关联分析法进行重要性评估,采用 K-均值聚类法进行了评估的等级划分。董冬（2011）采用层次分析法和模糊综合评估法,构建了景观价值体系。此外,采用条件价值法,根据调查所得的支付意愿结果,计算得出经济价值。

（3）对于古树名木生态价值的评估。Jim C. Y.（2004）从景观生态价值、生物景观一致性及物种空间分异的角度对广东省古树名木的景观生态价值进行了评估。王艳莉等（2008）参照前人研究,计算了 $667\mathrm{m}^2$ 林地上 100 株树木的生态价值,引入树冠面积,计算出了吉安市 9 867 株古树每年产生的生态价值。Hadley J. L. 等（2002）、Pandya I. Y.（2012）研究了古树的碳储存量。

（4）对于古树名木综合价值的评估。徐炜（2005）、汤珧华等（2014）采用公式法,从经济、生态、科研、景观、社会价值五个方面构建了价值评估体系。公式法中调整系数之间采用加总的算法,计算公式如公式 2-4、公式 2-5 所示。王继程（2011）采用层次分析法,从生态、经济和社会价值三个方面构建价值评估体系,并结合公式法,进行古树名木综合价值的货币化计算,公式法中调整系数之间采用加总的算法。马龙波（2013）考虑了古树名木的树种价值、珍贵程度、综合调节系数,采用公式法来计算古树名木的价值,计算公式如公式 2-6 所示。杨韫嘉等（2014）选取了北京市 25 株古树名木为调查对象,采用德尔菲法和层次分析法,构建古树名木价值评估体系,从树木的自然、文化和景观价值三个方面进行评估,将作为研究对象的树木划分为 A 级、AA 级、AAA 级、AAAA 级、AAAAA 级 5 种级别,试图采用价值代替树龄作为划分古树名木等级的依据。安迪等（2015）采用德尔菲法和层次分析法,从生态、景观、物种、历史文化、经济价值五个方面构建了评估体系。王碧云等（2016）从经济、历史文化、生态价值三个方面构建了评估体系,采用公式法、条件价值评估法计算价值。公式法采用的基本价值与调整系数之和的乘积计算,文中将典故类型、诗词佳句作为反映文化价值的要素,并进行了相应级别划分,这对后人的研究具有很大的参考性,但不足之处是,采用条件价值法,通过调查游客的支付意愿来确定古树名木的社会生态价值。树木的生态价值主要体现在涵养水源、保持水土、纳碳吐氧、净化空气等方面,这些价值是树木本身所固有的价值,而游客的支付意愿并不能很好地、很科学地反映这些价值。

$$M = AB(1 + a + b + c + d + e + f) + T + R \tag{2-4}$$

式中:M 为评估的价值;A 为横截面造价;B 为横截面积;a、b、c、d、e、f 分别为树木各种类别的调整系数;T 为管护费用;R 为调查费用。

$$古树名木价值 = 树木自身基本价值 \times 修正系数$$

$$
\begin{aligned}
修正系数 = &\ 树种指数 \times 生长指数 \times 位置指数 \times 树龄指数 \times \\
&\ 观赏指数 \times 历史文化指数 \times 稀有价值指数
\end{aligned}
\tag{2-5}
$$

$$E = K \times \sum_{i=1}^{n} E_{oi} \times k_{珍贵程度} \times R_i \tag{2-6}$$

式中:E 为评估的古树名木的价值;E_{oi} 第 i 种古树名木的基准值,一般根据实际情况人为规定;$k_{珍贵程度}$ 为第 i 种古树名木根据其珍贵程度而设定的树种系数;R_i 为该树种的株树;K 为综合调节系数。

2.3.1.4 对古树名木保护支付意愿的研究

董冬等(2011)采用条件价值法,对九华山游客的支付意愿进行了研究,结果表明,游客的年龄、收入、受教育程度和职业对支付意愿产生了影响,最后提出政府应加大宣传力度。

雷硕等(2017)通过发放调查问卷获取研究数据,建立回归模型,分析了影响市民支付意愿的因素,结果发现,市民的平均支付意愿较低(均值为 10~20 元),对市民支付意愿产生正面影响的因素有受教育程度、职业状态、家庭人均年收入、居住地、参与古树名木保护活动的积极性;产生负面影响的因素有年龄、满意程度;而是否选择长有古树名木的公园作为放松身心之地与市民对于古树名木的支付意愿没有显著影响,最后指出,市民生活条件的改善和政府对于古树名木的大力宣传有利于提高市民对古树名木的支付意愿。

2.3.1.5 对古树名木损失赔偿额的研究

王博兰(2000)对北京市古树名木损失赔偿办法进行了介绍,指出损失分为全部损失和局部损失,全部损失按树木价值的全额赔偿,局部损失根据损失的程度占树木价值的百分比计算赔偿数额。

米锋等(2006)对古树名木价值损失额进行了研究,文中评价科学文化价值所依据的参数和调整系数的评价标准和计算方法,为古树名木价值的研究提供了新的视角,但不足之处是,在计算古树名木树种价值损失额时,根据物价指数年增长率和受损树种目前的最低苗木价格进行计算并不科学。这是因为,选取的苗木价格的时段是现阶段,与物价指数年增长率进行相关计算,计算的结果反映的是未来时段的价值,而不是古树名木当前的价值。按照作者的研究思路,若要在考虑物价指数年增长率的基础上反映现阶段古树名木的价值,应采用古树名木在进行种植时的苗木价格代替目前的苗木价格,而古树名木大多年代久远,种植时的价格较难加以考证。

孙丰军等(2008)指出目前国家关于古树名木生长势的判定较为片面,仅考虑了树木的外观特征,没有考虑到树木的生长及管护状况,应从树木的外观特征和树木的生长及管护状况两方面来确定古树名木生长势等级的判定因子和判定标准。该文将古树名木的生长及管护因子纳入了生长势判定中,丰富了古树名木损失额计量的考虑范围,但不足之处是,所构造因子的具体评判标准较为模糊。例如,受害现象中描述的病虫害现象,其结果必然是造成对树冠、树干、叶等不同程度的损害,而其将树冠、树干、叶这些因素归为树木外观特征因子,将病虫害归为树木生长及管护状况因子,二者有重合之处;此外,规定的"就地原则",也并不能准确反映不同情况。

王碧云等(2016)克服了孙丰军等(2008)研究的缺陷,将生长势设置为六种情况,若6项指标均满足,则为优;若后两项均满足,前四项满足两项及以上,则为良;若后两项均满足,前四项满足两项以下,则为一般;其他情况下,为差。

2.3.1.6　对古树名木信息化管理系统的研究

对于古树名木信息化管理系统的研究大多是对计算机技术应用于古树名木保护管理工作的介绍。有介绍管理系统的组成模块的(王春玲等,2008),有管理信息系统的技术路线、系统功能、数据库设计、系统运行的(叶永昌等,2008;武小军等,2010;黄宁辉,2012;刘凯,2014;庄晨辉等,2015;薄芳芳,2016),此外,尹小俊等(2016)分析了古树名木环境检测系统的构建。

2.3.1.7　对古树名木保护存在的问题研究

关于古树名木保护存在问题的研究,集中体现在缺乏资金、宣传不到位、管护机制不健全、管护条例不完善、生长环境较差、内涵价值有待深入挖掘以及登记与普查工作不到位。

(1)由于对于古树名木的管护只有投入,没有资金回报,因此大部分负责古树名木管护工作的单位和个人并未投入应有资金进行管护(产金苗,2015),尤其是社会力量参与度不够,社会资金流入不足(郑涛等,2016),导致古树名木日常的管护工作不能顺利开展,延误了对于衰弱、长势较差的古树名木的复壮时间(王丹英等,2007;张建民,2007;陆安忠,2008;余建荣等,2014;尹俊杰等,2014;孙春艳,2015;锁喜鹏等,2016;占拥法等,2016;庞成才,2016;郭维良,2016;郑涛等,2016)。

(2)对于古树名木保护的意义认识不深刻,没有形成良好的保护氛围(Jim

C. Y. ,2004;郑涛等,2016;杨有运,2016),甚至存在树体钉钉、烟熏火烤、树下乱倒垃圾、私搭乱建、树上缠绕绳索、攀折树枝等现象(张建民,2007;刘秀琴,2009;欧卫明等,2010;庄晨辉等,2013;尹俊杰等,2014;余建荣等,2014;孙春艳,2015;王博等,2015;锁喜鹏等,2016;占拥法等,2016;郭维良,2016);以及在经济利益的驱使下,进行盗伐并加工出售,进行非法买卖(庄晨辉等,2013);并且对于违反相关规定的后果缺乏足够的认识,相关单位对于普通人损害古树名木的行为也没有实施应有的惩罚(杨有运,2016);一些政府机关也未能正确认识古树名木保护的重要性,仅重视古建筑的修缮,却忽视古树名木的管护,或只是以形式上的设立护栏、修小围堰的方式保护(张建民,2007);一些建筑企业设计施工方案时没有将古树名木的位置考虑在内,实际施工时不注意避让古树名木,甚至擅自移植古树名木(Jim C. Y. ,2004;张建民,2007;庄晨辉等,2013;余建荣等,2014;产金苗,2015;詹运洲等,2016);一些土地、规划等管理部门古树名木周边进行开发活动时,未与古树名木保护部门进行沟通协调,造成了古树名木的保护困境(陆安忠,2009;Lindenmayer D. B. 等,2012)。

(3)管护机制不健全,缺乏专门的管护机构和专业管护人员。在管护机制上,或政出多门,或无人问津(Jim C. Y. ,2004;尹俊杰等,2014;柳昇平等,2015;占拥法等,2016;郑涛等,2016)。目前没有专事复壮研究的机构和人员,仅凭目前个别单位开展的部分项目的研究,并不能照顾到全局,也没有达到很好的效果(王丹英等,2007;张建民,2007;陆安忠,2009);新手并没有完全认清自身的职责,并且业务素质较差,致使古树名木管护工作的技术水平较低(王丹英等,2007;尹俊杰等,2014;锁喜鹏等,2016;庞成才,2016),往往存在施药、施肥浓度过大等人为造成树体损伤,抑制了古树的生长的现象(Lindenmayer D. B. 等,2012;产金苗,2015;刘朱燕等,2016),因此目前相关科研工作有待加深,养护管理的技术水平有待提高(刘秀琴,2009;尹俊杰等,2014;孙春艳,2015;郭维良,2016;郑涛等,2016;杨有运,2016)。

(4)相关管护条例不完善,在实际问题出现时,往往不能提供很好的指导(王丹英等,2007;庄晨辉等,2013;余建荣等,2014;柳昇等,2015;郭维良,2016)。

(5)古树名木的生长环境较差,生长条件未达到规定标准(Lindenmayer D. B. 等,2012;赵立魁等,2016)。一是距离建筑物较近的树木,周围长期堆积着垃圾、易燃物等,在树木周围排放烟气,对树木的生存带来了严重的威胁(孙超,2009;庄晨辉等,2013;尹俊杰等,2014);二是由于古树成百上千年生活在同一个地方,土壤养分不能及时补充,由于营养元素缺乏使得树木长势下降(Jim C. Y. , 2005;庞成才,2016);第三,古树名木一般具有年龄大,病虫害多,老化等现象,极易遭受雷电、风雪等自然灾害(产金苗,2015;庞成才,2016;郑涛等,2016;刘朱燕等,2016);四是受人为践踏,树木根系受损,影响了树木的生长

（Jim C. Y., 2005；庄晨辉等，2013；刘卫平，2013；郑涛等，2016；刘朱燕等，2016）。

（6）古树名木具有丰富的文化内涵和极高的历史文化价值，代表着中华文化，是时代发展的见证者。但目前对古树名木仅是以保护为主，对其历史文化内涵的挖掘与文化创意的开发尚不深入，文化景观价值利用较少，古树名木的多种效益尚未很好地发挥（孙超，2009；庄晨辉等，2013；尹俊杰等，2014；产金苗，2015；郑涛等，2016）。

（7）古树名木的登记与普查工作不到位。一是地址资料并未随所处场所性质的变化而做相应更改，或地址登记不具体，造成调查研究的困难（孙超，2009）；二是树木年龄没有及时更新，现有树龄分级不能适应树木动态生长变化（詹运洲等，2016）；三是普查不到位，普查范围没有做到全面覆盖，基础资料掌握不全面（庄晨辉等，2013）。

2.3.1.8 对古树名木保护的对策研究

关于古树名木保护对策的研究，集中体现在增加资金投入、完善保护管理机构、提高技术水平、加强宣传教育、加强档案管理、加大监管力度、完善管理办法、挖掘历史内涵、培育后备资源、设立保护区、关注保险工作等方面。

（1）政府应设立古树名木管护资金，增加建围栏、补树洞、科技复壮、病虫害防治、避雷设施等经费，增加宣传教育、技术培训、先进奖励资金（王丹英等，2007；张建民，2007；刘秀琴，2009；欧卫明等，2010；庄晨辉等，2013；尹俊杰等，2014；余建荣等，2014；孙春艳，2015；产金苗，2015；王平，2016；郑涛等，2016；庞成才，2016；刘朱燕等，2016；杨有运，2016；赵立魁等，2016）。同时，广泛吸收社会资金（尹俊杰等，2014；郭维建，2016；占拥法等，2016），在旅游收入中，可以以税收的形式提取一定比例的资金来保护古树名木（张建民，2007；刘秀琴，2009）完善古树名木认养办法，设立古树名木保护基金（张建民，2007；陆安忠，2008；刘秀琴，2009；庄晨辉等，2013；孙春艳，2015；产金苗，2015；郑涛等，2016；赵立魁等，2016），接受国内外的资助、捐赠、馈赠等（张建民，2007；孙春艳，2015）。

（2）建立专门的保护管理机构，明确专人管理，明确各级主管部门和管理保护负责单位在古树鉴定工作中应履行的职责（王丹英等，2007；张建民，2007；刘秀琴，2009；尹俊杰等，2014；余建荣等，2014；孙春艳，2015；柳昇平等，2015；郭维建，2016；王平，2016；郑涛等，2016；杨有运，2016；占拥法等，2016），将古树名木的保护纳入离任森林资源审计之中（刘朱燕等，2016），制定并完善古树名木管护工作的具体内容（Jim C. Y., 2005；Orłowski G. 等，2007；Asko Lõhmus 等，2011；Jim C. Y. 等，2013），重点关注存在问题的古树名木，并进行追踪检查。

（3）提高科技复壮水平（Jim C. Y., 2004；欧卫明等，2010；刘卫平，2013；

王博等,2015;庞成才,2016),建立专门的古树名木科技复壮科研队伍,不断接收、吸纳与古树管护相关的最新科研成果,积极培养新一代的古树管理专家(王丹英等,2007;张建民,2007;刘秀琴,2009;余建荣等,2014;杨有运,2016;占拥法等,2016)。

(4)加强宣传教育,提高公众对古树名木的保护意识(Miguel Martínez-Ramos 等,1998)。要创新宣传形式,丰富宣传内容:完善园林绿化网站建设,增加古树名木保护管理宣传的内容;加强公益广告宣传;举办知识讲座、知识竞赛;出版科普宣传书籍;将古树名木保护的重要性编入中小学自然科学教材等(张建民,2007;庄晨辉等,2013;尹俊杰等,2014;余建荣等,2014;孙春艳,2015;产金苗,2015;郭维建,2016;郑涛等,2016;杨有运,2016;赵立魁等,2016);制定古树名木保护发展规划(尹俊杰等,2014;刘朱燕等,2016)。

(5)加强档案管理(Jim C. Y.,2004;陆安忠,2008;刘秀琴,2009;欧卫明等,2010;余建荣等,2014),实行动态监测。建立相关数据库和地理信息系统,利用计算机信息处理技术管理古树名木资源(Jim C. Y. 等,2005;张建民,2007;Mateja Smid Hribar 等,2010;庄晨辉等,2013;余建荣等,2014;尹俊杰等,2014;庞成才,2016;占拥法等,2016)。

(6)积极采取措施,加大监管力度。严格管理周围的施工活动,与古树位置相邻过近,威胁古树生存的建筑应拆除(Jim C. Y. 等,2013)。严肃查处破坏行为,构成犯罪的,依法追究刑事责任(陆安忠,2008;柳昇平等,2015;尹俊杰等,2014;郭维建,2016;郑涛等,2016;杨有运,2016)。

(7)修改完善相关管理办法(王平,2016;王丹英等,2007;庄晨辉等,2013;余建荣等,2014;孙春艳,2015)。对于个人拥有的古树,制定相应赔偿标准。地树分离后,应更换管护责任者(王丹英等,2007;陆安忠,2008)。

(8)挖掘历史文化内涵,创意古树文化(刘秀琴,2009;尹俊杰等,2014;郑涛等,2016;占拥法等,2016);合理开发、挖掘古树名木的科研、旅游价值(刘秀琴,2009;庄晨辉等,2013;孙春艳,2015;郭维建,2016;郑涛等,2016)。

(9)将保护工作作为生态环境建设的一项重要内容列入发展规划(张建民,2007),对城市规划和设计进行变革,树立将古树名木视为不可或缺的绿色基础设施的发展模式(Jim C Y 等,2013)。

(10)加强古树名木后备资源的培育,通过逐村调查,进行后备资源挂牌保护(Burton P. J. 等,1999;陆安忠,2008;刘秀琴,2009;庄晨辉等,2013;Jim C. Y. 等,2013;Lindenmayer D. B. 等,2014;郑涛等,2016),并制定保护古树后备资源的长期政策,通过提前几十年甚至几个世纪的主动管理来保护树木种群的年龄结构(Burton P. J. 等,1999)。此外,在对古树后备资源的培育中,应减少肥料和除草剂用量,控制有害植物的入侵(Lindenmayer D B 等,2012)。

（11）划定古树名木重点保护区，对古树名木进行重点保护（刘秀琴，2009；孙春艳，2015）。

（12）与农业保险公司合作，探索进行保险工作的设立（陆安忠，2008）。

（13）对一些古树的所在位置进行保密，控制人为因素的干扰（Lindenmayer D. B. 等，2012）。

（14）寻找古树的替代品。如将空心树作为古树的替代品，同时需要采取集体管理策略（Le R. D. 等，2014），应保证空心树的寿命比目前掌握的寿命时间多 40%，幼苗种植数量应至少增加 60%，由古树提供的生境结构的形成应至少加速 30%，以弥补生境资源的短期短缺（Darren S. Roux L. 等，2014）。

（15）目前古树名木的定义中只考虑了树龄与政治意义，可增加其他考虑的特征，例如树木结构和形式、物种稀有性、植物学意义、生态贡献、栖息地的独特性、地理价值和文化、宗教和历史意义（Jim C. Y.，2004）。

2.3.2 公众参与研究文献综述

2.3.2.1 公众参与现状研究综述

（1）城乡规划与治理方面。许世光等（2012）指出村庄规划公众参与存在没有规范性文件、缺乏中立组织机构、缺乏良好的信息平台这一程序性困境，以及村民参与意识薄弱、村民自治机构滞后、存在派系、关系网等阻碍村民公众参与的非法结构、村民受教育程度低较难跨越公众参与门槛这一实质性困境。Baros Z. 等（2012）在匈牙利城镇针对公众参与城市噪声防治情况进行了问卷调查，结果表明，公众能够意识到噪声的危害等相关问题，但并没有认识到自身作为噪声污染问题的污染者和承受者。Shittu A. I. 等（2015）采用半结构式访谈方法，研究了尼日利亚拉各斯州的两个随机选择的社区公众参与地方治理的结构和机制，以社区成员之间互动的质量以及社区与地方政府理事会之间的互动来衡量公众参与程度，结果显示，面对面的交流是促进公众参与的主要策略，提出建议加强使用资讯及通讯科技以促进公众参与。黄森慰等（2017）研究了农村环境治理的参与，通过实地调查，得知参与程度低，公众有意愿但条件并未完全具备。

（2）资源、能源管理方面。M. Nafees 等（2015）分析了斯瓦特和马拉克兰地区 2010 年洪灾后开展的与土地开发相关的公众参与活动，结果显示，缺乏设计和施工阶段公众参与，没有任何第三方来监督和判断工作的质量，并指出由于缺乏公众参与，该地区人民的实际需要和技术规范均没有得到适当的落实。Winmore K. 等（2016）对节水与需水管理的公众参与进行了分析，研究结果显示大多数受访者（98%）从未得到地方当局的咨询，也没有参与水的决策，这表明决策是地方当局的专权；尽管城市居民的文化水平很高，但郊区居民的环保意识却极低；被调查者在节水培训中的参与率很低；水用户感到不被尊重，政府和居民沟通渠道不畅;没有任何倡议鼓励水用户参与水管理的措施。刘云松等(2016)采用问卷调查法、利益群体访谈法、专家咨询法,以湿地公园为例,分析了预案环节的参与,得出结论:在环保宣传度、居民环保认知度、居民参与度上,当地政府低于市区政府。Gera W. (2016)采用《奥胡斯公约》三原则框架概述了菲律宾公众参与环境治理的制度化程度,文中认为,虽然国家似乎对公众参与有很强的制度设计,但实际参与过程的制度化水平低,无法实现权力结构的实质性自治;同时非政府组织之间公开讨论和相互作用薄弱,多元化公众参与由于政治背景的原因而存在局限性。Whittona J. 等(2017)分析了英国和美国页岩气治理中公众参与的现状,结果表明尽管有公众参与的程序,但公众对页岩气决策的影响被认为是微不足道的。

2.3.2.2 公众参与的影响因素研究综述

除俞可平(2006)从理论分析层面,指出公众参与的制约条件有社会经济发展水平、公众自身社会经济地位、传统文化背景、公众教育水平、国家或地区的政治环境、大众传媒和现代通讯技术外,其他学者的研究均采用实证研究方法,且大体可分为两大方面:环境管理方面和政府治理方面。本研究从不同研究领域出发进行概括。

(1)环境管理方面公众参与的影响因素。Mwenda A. N. 等(2012)使用咨询和公众参与指数分析肯尼亚环境影响评估中的公众参与,通过五个维度进行分析:通知、参与形式、场地、使用的语言和参与者主体,结果表明,公众参与率相对较低,其中,参与形式和参与主体得分最高,原因是管理部门对于公众参与的重视以及在环境影响评估报告中的记录;场地、通知和语言得分较低,这是因为在这些方面缺乏报告,每个维度的可选择性也较少,最终提出了建议进一步调查得分不高的维度。共咨询和公众参与指数计算公式为:

$$CPPI = \sum_{d=1}^{M} \left(\frac{\sum_{i=1}^{N} \left(W_d \left(\frac{S_{id}}{S_{d\max} - S_{d\min}} \right) \right)}{N} \right) \tag{2-7}$$

式中:M 是维度的总数;N 是一年内的总观测数;W_d 是维度 d 的权重;S_{id} 是维度 d 的观察值 i 的得分;$S_{d\max}$ 是维度 d 的最大可能值;$S_{d\min}$ 是维度 d 的最小可能值。

杨秋波(2012)构建了邻避设施决策中影响公众参与的三类 31 个关键成功因素,运用德尔菲法、主成分分析法、采用凯泽检验法进行具体分析,最终得出 4 类 19 项关键因素。

Alam K. (2013)采用条件价值法,分析了影响公众参与河流生态系统恢复的因素。在条件价值法中,将贡献的总意愿定义为提供资金意愿和提供时间意愿的总和。通过构建多值 Logit 模型,采用"支持"或"不支持"作为对贡献的总意愿回应,分析了社会人口和感知变量的影响。结果显示,参与者参与生态系统恢复的意愿与其社会人口学特征之间存在显著的关系,高等教育和社区关注是最具有影响力的人口特征,愿意为恢复计划提供时间。

Aiyeola A. (2015)构建了多值 Logit 模型,考察了公众参与环境影响评估的态度、动机和信息这三个变量对马来西亚大众快速运输(MRT)项目环评程序公众参与的影响及相关性。通过多元回归分析,结果显示,三个变量对公众参与均具有显著影响;通过皮尔森相关分析,分析了三个变量各自与公众参与之间的相关关系,研究结果显示,获取信息和公众参与之间存在高相关性,态度和公众参与存在中等相关性,动机与公众参与之间存在较小的相关性。

Amasuomo E. 等(2015)采用问卷调查法,研究公众对可持续废物管理的认识和态度及阻碍公众参与的因素。研究发现相当数量的人意识到垃圾具有的价值,但实际上仅有少数人从事垃圾分类和回收。垃圾分类和回收利用程度低的原因有两个主要原因:对从事回收活动的居民缺乏激励措施,以及回收公司和政府缺乏回收项目和设施。进一步对调查数据进行因子分析发现,性别和对固体废物管理问题的认识之间没有明显的相关性,其他因素,如宣传,比个人的性别更有可能对个人对废物管理问题的认识程度起重要作用;参与者的年龄与对固体废物的意识没有显著的关系;参与者的态度和意识可能会受到增强废物管理问题宣传的积极影响。改进措施:增加资金和人力资源,增加宣传和意识。

(2)政府治理方面公众参与的影响因素。刘金龙(2000)从我国林地使用权制度不完善、林权不完整、林业机构工作人员的态度重视不够、项目与政策间的关系不够明晰、林业税费重等方面分析了影响农民参与森林经营的因素。

Cleophas N. K. 等(2016)采用问卷调查,对数据进行描述性统计分析,以此评估了公民教育、财政激励措施和论坛安排对公众参与县政府管理的影响程度。根据研究结果可知,公民教育对县级政府公众参与的有效性起着重要作用;增加财政激励措施可以提高公众参与的积极性;公众参与受论坛安排时间的影响很大;公众对县政府事务参与权的知情权,使他们更倾向于参与和要求自己的权利;68.5%的公民确认参加过公民教育论坛,公民教育已在该县展开,且公民教育已达到其预期的目的。最后提出了加强公众参与的措施:县政府应加强公民教育,特别是在较贫穷的社区中;县政府应加强在公众参与论坛中对参与者的激励。例如报销车费和午餐津贴,公众参与论坛大多应在周末进行以提高出勤率。

Kaseya C. N. 等(2016)采用案例研究法,得出三个关键因素影响公众参与地方治理——获取信息、有效利用信息的能力,公民权利意识、角色、责任。研究进一步发现,信息获得并不便利,也并没有有效地传播给大多数公民,没有充分运用到规划、监测和评价政府项目中。造成这种不充分运用的原因包括:处理信息的基础设施有限且昂贵,缺乏有关如何和何时使用信息的技能,在传播信息方面缺乏分析和简化技能的能力。最终指出如果想要实现公民的权利意识、角色和责任,信息传播必须有计划、有系统地进行。

2.3.2.3 公众参与形式研究综述

Bugs G. 等(2010)介绍了巴西城市规划实践中的公众参与地理信息系统和 Web2.0 技术。Brown G.(2012)指出公众参与地理信息系统并没有实质性地提高决策的公共影响程度,尽管公众参与地理信息系统在方法上取得了进步,但对有效公众参与的机构障碍并没有从根本上改变,指出要使公众参与地理信息系统对区域和环境规划产生持续的影响,各机构必须鼓励公众参与到规划过程中,提出了利用公众参与地理信息系统进行群体智慧与公众判断的条件,并举例说明其效益。Eric G. 等(2014)采用实验研究法,研究了一个名为 CPI 的互动在线游戏在实现公众参与中的作用,从中得出两个结论:CPI 创造并加强了个人和当地社区团体之间的信任,这与人们对参与过程的信心有关;对从事公民教育的实践进行了激励。Elmerghany A.H. 等(2017)开发了一种基于实际空间数据集成化的虚拟世界的原型模型,将实际的空间数据集放入一个虚拟世界——游戏《我的世界》中,以方便公众参与城市规划决策。结果表明,在模型中保持足够的现实主义设计能对公众参与带来积极影响,并指出使用虚拟世界的缺点是需要较多的时间消耗,且使用该模型需要参与者具有很强的参与动机。Olga Pavlycheva(2017)强调了公开听证会的重要性,通过比较研究法,指出目前公开听证会的不足,主要是缺乏统一的方法以及制度的不足阻碍了对于听证会的理解,还指出,在执法实践中,在公共听证的标准规定基础上需要形成统一的制度。

针对公众参与形式存在的问题,主要观点有:参与形式有限,目前公众参与的主要形式是间接参与形式的公示,听证会、问卷调查等直接参与方式目前仍不是主流,缺乏双向交流,参与广度不够(俞可平,2006;陈东等,2014;王斌等,2005;李洪峰,2016;周珂等,2016;李恒吉等,2016;彭正波,2017;周婕等,2017;代凯,2017;张小航等,2017);居民委员会的组织参与功能被弱化(彭正波,2017);个人的来信、上访是公众主动参与的主要形式,但在国内外的实践结果中,这种形式几乎没有成功案例(李玉文等,2004;彭正波,2017);公众意见效力有限(王斌等,2005);目前存在的一种参与形式是借助媒体曝光以引起政府重视,这是走投无路的、畸形的形式,不利于公众参与机制的建设和完善(葛俊杰,2011;彭正波,2017);较发达地区"表面参与",欠发达地区"几乎不参与"(谢琳琳等,2012);大多是象征性参与(刘淑妍,2009;李琰,2013;李恒吉等,2016)。

2.3.2.4 公众参与机制研究综述

Thinyane H(2017)回顾了福特基金会资助的研究项目 Mobi SAM(手机社会责任监督),研究了手机作为一种增进公民与政府之间沟通的机制,对 Mobi SAM

工具的设计、开发和评价过程进行了阐述。Wright Z M(2012)指出目前风能产业公众参与机制在形式和实质上都是有限的;随着风能产业在全球范围内继续扩张,需要有实际意义的公众参与;为了增加风力能源开发和管理的公众参与,应对现行与公众参与相关的立法进行修订,并更好地执行参与要求,同时形成独立于政府监管流程的参与机制。

针对公众参与制度和公众参与机制存在的问题,主要观点有:大部分项目从立项到完成均未让公众参与决策或管理,多为末端参与,或是公众并未参与到项目的全过程(李玉文等,2004;刘淑妍,2009;陈德敏等,2010;葛俊杰,2011;陈东等,2014;王斌等,2005;周珂等,2016;彭正波,2017);虽然有消费者协会,食品行业协会和新闻媒体等公共社会组织,但组织程度不高,影响了监督的有效性(李恒吉等,2016),消费者协会隶属于工商部门,因此存在独立性不足、能力有限的问题;新闻媒体存在信息不对称或受利益驱使而进行炒作的问题(李洪峰,2016);缺乏组织整合,民间组织很少,该种社会组织并未受到重视,法律地位缺失,人员素质不高,缺乏资金,参与零散(刘淑妍,2009;李恒吉等,2016);信息不透明阻碍了公众参与(李菲等,2016;李洪峰,2016);公众实际需求常被忽略(彭正波,2017);公众参与的作用失效,并未对公众的意见进行及时的反馈、奖励(谢琳琳等,2012;陈东等,2014;彭正波,2017);缺乏培训(谢琳琳等,2012);信息不对称(代凯,2017);现有的监督以"体制内监督"为主(陈东等,2014);现有的相关法律制度过于概括、笼统、不健全,缺乏详细规定与操作流程(陈德敏等,2010;谢琳琳等,2012;李琰,2013;陈东等,2014;李洪峰,2016;李菲等,2016;代凯,2017;张小航等,2017);参与机制不健全(陈德敏等,2010;陈东等,2014;李洪峰,2016)。

2.3.2.5 公众参与中的理论模型构建研究

(1)托马斯有效决策模型及其拓展研究。托马斯有效决策模型在本章"2.2.2 托马斯有效决策模型"已提到,在此不再重复。

刘红岩(2014)基于托马斯公众参与有效决策的模型建立了公众决策参与模型(图2-4)。

王红梅等(2016)以托马斯有效决策模型为基础模型,在此基础上进行修改完善,构建了我国环境治理公众参与模型(图2-5),并通过四个案例分析了我国环境治理中公众参与的现实状况,结果得出,就参与主体来说,政府均处于主导甚至独立决策的地位;专家大多是为政府服务,不具有中立性;参与形式多样,但也存在造谣、威胁、恐吓等非理性参与形式;参与程度低;参与保障不足;就参与评估和参与反馈来说,四个案例均未涉及评估与反馈环节,这反映出对有效参与的忽视。

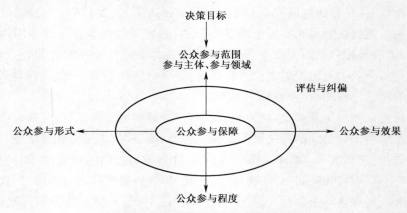

图 2-4 公共决策有效参与模型

Fig. 2-4 Public decision participation model

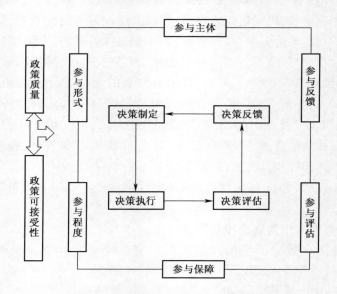

图 2-5 环境治理公众参与模型

Fig. 2-5 Public participation model for environmental governance

（2）公众参与阶梯理论。公众参与阶梯理论在本章"2.2.3 公众参与阶梯理论"已提到,在此不再重复。

（3）其他公众参与理论模型的构建。杨秋波(2012)分析了邻避设施决策的参与行为(图 2-6),总结了参与绩效,识别了参与的关键因素,揭示了参与的机理,分析了参与的期望效用,构建了博弈模型,包含政府与公众的博弈以及公众之间的博弈。

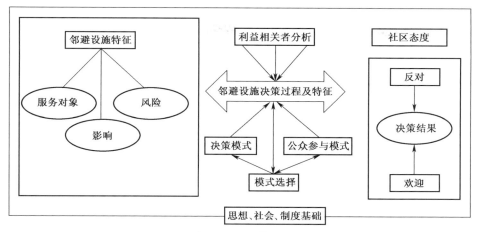

图 2-6　邻避设施决策的参与行为

Fig. 2-6　**Public participation behavior framework innimbly facility decision-making**

彭正波(2017)构建了公共产品供给中的参与模型(图 2-7)。

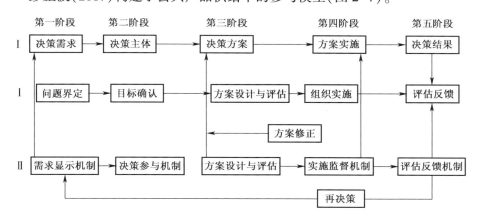

图 2-7　地方公共产品供给决策中公众参与系统模型

Fig. 2-7　**Public participation system model in local public product supply decision**

徐敏(2016)认为态度包含认知、情感和行为意愿三方面,构建了基于公众态度与影响因子的感知概念模型,建立结构方程模型,结合微博研究法,分析了公众对于收费公路政策的态度及影响因素(图 2-8),最终从参与主体、参与范围、参与途径、建立信息沟通机制、公众参与平衡机制方面论证了公众参与机制构建的必要性。其在信息沟通机制构建中,以霍夫兰说服理论为理论基础,从信息传播者、传播渠道、传播内容、受众四个方面构建了信息沟通机制。最后,提出从完善代表遴选机制、健全选取制度、加大信息公开程度、加强成本审核独立性

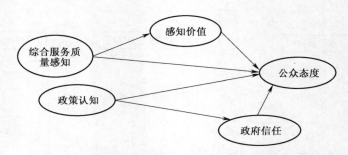

图 2-8　基于公众态度与影响因子的感知概念模型

Fig. 2-8　A perception conceptual model based on public attitude and influencing factors

来完善公众参与机制的建议。

2.3.2.6　公众参与的有效性评估研究

主要有两个方面:一是通过调查公众的满意度来进行评估,二是通过分析公众参与过程、参与结果来进行评估。

(1)公众的满意度方面分析。Charnleya S.等(2005)评估了美国环境保护署(U.S. Environmental Protection Agency,USEPA)的超级基金社区参与计划,结果显示书面邮件调查是获得回馈的经济有效的工具。评估主要关注四个标准:市民对 EPA 超级基金场地信息提供的满意度,市民对于场地中有关环境和人类健康风险的理解,市民对于 USEPA 提供的社会投入机会的满意度,市民对于 EPA 对社会投入回应的满意度。

(2)公众参与过程、参与结果方面分析。王春雷(2008)构建了重大事件有效决策模型,研究重大事件的公众参与问题,指出公众的有效参与是指合理安排参与的主体、过程和方式等方面,从重大事件公众参与的领域、途径、保障、效果方面提出了有效管理的建议。

Maidin A.J.(2011)指出法律规定的公众参与有三个阶段:发展计划准备阶段、规划许可审批阶段、环境影响评价审批阶段。文中通过依次讨论这些阶段,来评判公众参与的真实有效性,结果表明三阶段的公众参与均没有达到理想效果,失败的原因:缺乏参与规划的知识水平,缺乏必要的信息和有效的方法,政府部门忽视公众参与的重要性,热衷于确保政府发展政策成功实施的政治家们控制了参与规划的进程。

Brown G.等(2013)采用案例研究法,以布里斯班的舍伍德-格雷斯维尔邻里计划为例,对公众参与的有效性进行了评估。其从参与过程和参与结果两方面论述公众参与的有效性,根据评估标准设计并实施了对参与者的问卷调查,结合数据调查结果,采用主成分分析法,识别并简化有助于有效公众参与的变量;采用可靠性分析,找出有助于公众参与满意度的变量;通过国际公众参与协会范围进行评估,配对样本 t 检验来分析感知能力与参与有效性之间的关系;创建了参与指数,通过方差分析,分析了参与水平与参与过程中感知的有效性的关系;采用配对样本 t 检验,检验受访者参与对结果影响的评定、对其他社区成员对参与结果影响的感知;采用双变量相关性分析,分析参与过程的有效性感知与参与未来咨询的倾向之间的关系;通过定性数据分析,提出了关于未来公众参与实践的建议。结果表明,结果标准对参与者最为重要;参与过程无效,最终未能影响当地规划决策。

刘金龙等(2014)以集体林权制度改革为例,评估了我国参与式林业政策过程,发现参与式林业政策过程的实施增进了各部门之间的合作,利益相关者表示满意,林木采伐得到了规范,但不足之处是,除林业部门以外的利益相关者,大多都被动接受政策相关信息,信息的双向反馈需进一步增强。

谢起慧等(2016)分析了微博对公众参与社会危机传播的影响,从过程和结果方面来构建指标,与管理机构、时期等结合在一起进行探讨。

2.3.2.7 推进公众参与的建议

一是公众参与意识与能力层面的建议。政府在信任、接受公众参与(谢琳琳等,2012)的基础上,促进公众积极有序参与(俞可平,2006;葛俊杰,2011;谢琳琳等,2012;许世光等,2012;段世霞,2012;卢青,2015;李洪峰,2016;孙海涛,2016;李菲等,2016;王红梅等,2016);提高参与主体的文化、表达、组织、谈判等能力(王红梅等,2016)。

二是公众参与机制和制度层面的建议。健全公众参与机制和制度,包括法律保障制度、信息公开制度、互动机制、维权救济机制、公众利益表达机制、回应机制、激励机制,保障公众参与的权利(俞可平,2006;杨宇等,2006;陈德敏等,2010;谢琳琳等,2012;王斌等,2005;卢青,2015;李洪峰,2016;肖萍等,2016;李菲等,2016;周珂等,2016;刘欣然,2016;孙海涛,2016;王红梅等,2016;代凯,2017;张小航等,2017),要对政府和公众滥用参与权利的违法行为进行追责(肖萍等,2016;李恒吉等,2016);法院诉讼的介入(李玉文等,2004;李恒吉等,2016)。

三是公众参与形式层面的建议。通过发放公众调查表与当面询问的方式进行公众意见调查,设立公众信箱及热线电话,向相关专家咨询,网络参与(例如微博、微信等),公众评议,在报纸、广播、电视上进行专题讨论,举办问题研究会,成立公众参与民间协会组织(李玉文等,2004;杨宇等,2006;俞可平,2006;段世霞,2012;李琰,2013;陈东等,2014;李恒吉等,2016;孙海涛,2016;代凯,2017);健全参与的技术条件保障(王红梅等,2016);强化政务信息的全过程公开(代凯,2017);正确引导与规范公众参与(俞可平,2006;谢琳琳等,2012);同时加强公众参与相关信息的透明度,消除信息的不对称(葛俊杰,2011;李琰,

2013;陈东等,2014;李菲等,2016),并且要与公民积极合作,实现双方互动以及信息的双向交流(俞可平,2006;段世霞,2012;陈东等,2014;王斌等,2005;李洪峰,2016;李恒吉等,2016;李菲等,2016;代凯,2017)。

四是具体选取公众参与主体的建议。参与主体选取时,在范围、背景及人数方面求合理(王斌等,2005;肖萍等,2016);科学分析公众意见,客观评价公众参与绩效;增加公众参与中公众的类别,应包括对项目有直接影响和间接影响、对项目感兴趣的团体和个人(李玉文等,2004)。

五是公众参与的时间、内容等层面的建议。应拉长公众参与的时间(李玉文、孙洪刚等,2004);扩展、细化公众参与的内容,使公众广泛参与到政策制定中、效用反馈中(李玉文等,2004;杨宇等,2006;张小航等,2017);开展公众参与试点(葛俊杰,2011)。

2.3.2.8 公众参与的未来发展

Wagner S. A. 等(2016)通过组织 171 名德国决策者,运用德尔菲方法,评价公众参与未来发展的十个预测,包括:机会的数量、公众接触点、透明度、识别、早期、合法化、额外资格、网络、决策支持、移动应用程序,并采用统计检验对数据差异进行分析。其次根据不同的评价,进行了对于支持者和怀疑论者的层次聚类分析,结果显示所有专家基本能达成共识,即在 2020 年将会有各种各样的公众参与机会。这些机会将在早期阶段进行合法化决定,使得得到公众更有力的认同。互联网的作用将会变得越来越重要,提高政治行动透明度和发展公众参与政治决策的额外资格也得到了高期望的支持。

2.3.3 现有研究述评

综上所述,随着国内外公众参与研究的深入及古树名木保护意识的兴起与发展,关于古树名木保护与管理中的公众参与问题的研究具有了可行性。目前国内外学者围绕公众参与、古树名木的保护与管理已开展了广泛的研究,这为本研究提供了有益参考,但是在古树名木保护与管理中的公众参与研究领域,在研究视角、内容、方法上,均存在需进一步完善与创新之处。

(1)从研究视角来看,目前大多数关于古树名木保护与管理的研究,侧重于生物学角度,基于生物学方法来研究,而从社会科学的角度研究较少。即使是社会经济管理方面的研究,也侧重于古树名木单项价值的评价、政府管理存在问题及其解决对策的探讨。虽然目前研究中的许多研究都指出古树名木的保护和管理缺乏管理和保护资金,社会参与程度不足,但从公众参与的视角,对古树名木的保护和管理研究仍不足。

(2)从研究内容来看,当前在环境保护、城市规划等领域涉及的公众参与研究中,多是集中于分析公众参与存在的问题,针对问题提出相应解决对策的研究,而系统的参与问题研究仍不足。就公众参与问题来说,应考虑认知、参与情感和参与行为意向,参与的形式和参与的机制,并对参与进行监测与评估。对于古树名木保护与管理中的公众参与问题的研究,在研究内容上也有待于进一步创新。

(3)从研究方法来看:①目前多采用 Logit 模型、Probit 模型分析公众对于古树名木的认知、支付意愿,考虑到认知、参与情感、参与行为意向均为潜变量,目前缺乏通过构建结构方程模型进行古树名木管护的认知、参与情感、参与行为意向关系的研究。②在古树名木价值评估中,采用模糊综合评估法、程式专家法等进行评估时,仅能进行对比分析,不能计算货币价值量;采用原木法、市场价格比较法、公式法、条件价值法进行评估,可测算出货币价值量。虽然王继程(2011)采用层次分析法测算出价值的得分,然后结合公式法计算出货币价值量,优点是克服了层次分析法不能计算价值量的缺陷,但理论依据较为欠缺,说服力不够。采用公式法的优点是可以计算出具体数值,缺点是需人为设定权重、系数,科学性需进一步考证。此外,众多方法大都考虑到古树名木的树种、树龄、生长场所、生长状况、稀有性、养护费用等因素,而在历史文化、生态方面研究较少。③目前缺乏定量分析方法,用于监测和评估古树名木的保护和管理中的公众参与,使公众参与的效果无法确定。④当前缺乏将多种理论应用到古树名木保护与管理的公众参与中的研究。

本研究将针对以上不足,通过实地调查与文献研究,在对北京市古树名木现状进行深入分析的基础上,通过发放问卷,调查公众的认知、参与情感、参与行为意向,采用主成分分析法进行探索性因子分析,采用列联表卡方检验研究受访者特征与公众认知、参与情感、参与行为意向的相关关系,基于拓展的知情行理论,构建结构方程模型,研究公众认知、参与情感对参与行为意向的影响;在此基础上,借鉴国内外公共管理领域公众参与形式,根据参与主体、客体,以托马斯有效决策模型为理论基础,创新北京市古树名木保护管理中的公众参与形式,并采用问卷调查法对新型参与形式进行有效性检验;借鉴国内外公共管理领域公众参与运行机制,在专家访谈的基础上,基于公众参与阶梯理论、霍夫兰说服理论,构建北京市古树名木保护与管理中的公众参与运行机制,采用多种方法进行价值评估,采用问卷调查法对构建的参与运行机制进行有效性检验,构建北京市古树名木保护与管理中的公众参与项目有效决策模型;采用专家访谈法和问卷调查法确定监测与评估指标体系,以举办古树保护论证会为例,采用层次分析法、9分位比率法,对公众参与进行监测与评估;最后提出完善建议。通过本研究,以期为北京市古树名木保护与管理工作的完善提供参考,以促进北京市古树名木保护与管理中公众参与的有效进行,也为其他地区古树名木保护与管理中的公众参与提供有益借鉴。

3 北京市古树名木保护与管理概况和公众参与问题

3.1 北京市古树名木概况

3.1.1 北京市古树名木数量、类型、分布概况

2017 年,北京市园林绿化局组织开展了新一轮的古树名木资源调查工作,这是北京第四次开展全市范围的古树名木资源调查。调查范围包括 16 个区以及 11 个市属公园、5 个林场。工作人员对每个村、每个街道、每个单位的每一株古树名木,进行现场实地调查。调查内容主要包括古树名木的具体位置、树种、权属、特点、树龄、古树等级、树高、胸围、冠幅、立地条件、生长势、生长环境、现存状态、古树历史、管护单位、管护人等。

北京市的古树名木具有"多、散、广、杂"的分布格局。

(1)北京市古树名木的"多":总量多。北京是全世界古树名木保存个数名目最多的大都会。根据北京市园林绿化局数据,2017 年北京有古树名木 40 721 株,其中古树 39 408 株,一级古树 6 122 株,二级古树 33 286 株。古树树龄在 100~300 年的有 33 286 株,300~500 年的有 5 740 株,500~1 000 年的有 327 株,1 000~2 000 年的有 53 株,3 000 年以上的有 2 株。这两株树龄最长的古树,分别为位于密云区新城子镇的古侧柏——九搂十八杈,约 3 500 年,昌平区南口镇檀裕村的古青檀树,约 3 000 多年。2017 年北京有名木 1 313 株,占全市总株数的 3.2%。根据 2018 年北京市第四次古树名木资源调查《古树名木资源普查北京地区调查成果报告》,北京市共有古树名木 41 865 株,其中古树 40 527 株,占全市古树名木总株数的 96.8%,名木 1 338 株,占全市古树名木总株数的 3.2%(石河,2019);在古树中,树龄 100~300 年的二级古树 34 329 株,树龄 300 年以上的一级古树 6 198 株,其中 300~500 年的有 5 338 株,500~1 000 年的有 798 株,1 000 年以上 62 株。调查发现北京市可以确认的古树名木的数量进一步增多。

(2)北京市古树名木的"散":分布密度不均。有的场所分布集中,有的场所分布分散;古树群达 100 处以上。表 3-1 显示了北京市古树名木的生长场所及

树木数量的情况。由表 3-1 可知,北京市有 44.11% 的古树名木分布在历史文化街区及历史名园中,一方面证实了北京具有悠久的历史文化和文化底蕴,从中也深刻地反映出北京市古树名木所具有的重要的历史文化价值。根据最新的《古树名木资源普查北京地区调查成果报告》,古树数量最多的是市公园管理中心下辖 11 个公园,共计 13 973 株,主要分布在香山公园、天坛公园、景山公园、颐和园等单位;古树数量最多的区是海淀区,共计 6 820 株;名木数量最多的区是昌平区,总计 956 株,主要集中在十三陵林场(石河,2019)。相对集中有利于古树名木的保护管理,例如市辖公园、十三陵林场,但仍有 65.52% 的古树散布在各处,增加了保护管理的难度。媒体时有报道一些散布在郊野乡村的古树死亡的现象。

表 3-1 北京市古树名木生长场所情况表

Tab. 3-1 Table of the place whereold and notable trees grow in Beijing

生长场所	历史文化街区、历史名园	风景名胜区	远郊野外	森林公园	市区范围	乡村街道	自然保护区	区县城区
树木数量(株)	17 961	6 600	4 115	4 021	3 846	3 433	452	293
所占比例(%)	44.11	16.21	10.11	9.87	9.44	8.43	1.11	0.72

注:数据来源于尹俊杰等(2014)。

(3)北京市古树名木的"广":分布范围广。根据 2018 年北京市第四次古树名木资源调查《古树名木资源调查成果报告(初稿)》,北京市城区古树名木 27 500 余株,郊区古树名木 14 300 余株,城区古树名木分布占全市古树名木的 2/3。北京市的 18 个区(县)中均有古树名木,具体的分布范围见图 3-1,寺庙、公园、街道、乡村、城镇、社会单位、居民区均有分布(尹俊杰等,2014)。古树名木中有些生长在社会单位、居民区、胡同、街道等区域,有些生长在偏僻乡村乃至荒郊野外;有的属于国家所有,有的属于集体所有,也有的属于个人所有。根据《北京市古树名木保护管理条例》,生长在机关、团体、部队、企业、事业单位或者公园、风景名胜区和坛庙寺院用地范围内的古树名木,由所在单位管护,生长在铁路、公路、水库和河道用地管理范围内的古树名木则分别由铁路、公路和水利部门管护,生长在城市道路、街巷、绿地的古树名木由园林管理单位管护,生长在居住小区内或者城镇居民院内的古树名木由物业管理部门或者街道办事处指定专人管护,生长在农村集体所有土地上的古树名木由村经济合作社管护或者由乡镇人民政府指定专人管护,个人所有的古树名木由个人管护。可见古树名木的管护牵扯到不同层级、不同性质的管理单位乃至个人,增加了管护的难度。

(4)北京市古树名木的"杂":种类多。根据 2017 年北京市园林绿化局数据,全市古树名木种类较多,共计 31 科 45 属 65 种。表 3-2 为北京市古树名木涉及的科、属、种情况。树种主要集中在侧柏、油松、桧柏、国槐、榆树、枣树等乡

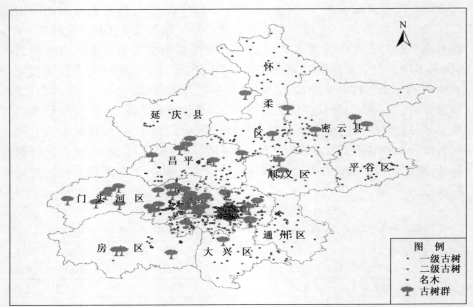

注：数据来源于北京市园林绿化局。

图3-1　北京市古树名木分布示意图
Fig. 3-1　The distribution of old and notable trees in Beijing

土树种,仅市树侧柏就占到了全市古树名木总量的54%。表3-3为北京市古树名木主要树种种类及数量分布情况。

表3-2　北京市古树名木主要科、属、种情况
Tab. 3-2　The main family, genus and species ofold and notable trees in Beijing

科	属	种	科	属	种	科	属	种
柏科	侧柏属	侧柏	蔷薇科	梨属	杜梨	鼠李科	枣属	枣树
	圆柏属	龙柏		苹果属	海棠			酸枣
		桧柏			西府海棠			龙爪枣
漆树科	黄连木属	黄连木	桑科	构树属	构树	无患子科	栾树属	栾树
	漆树属	漆树		桑属	桑树		文冠果属	文冠果
壳斗科	栎属	麻栎	豆科	槐属	国槐	木犀科	白蜡树属	白蜡
		槲树（菠萝叶）			龙爪槐			美国白蜡树
		槲栎			蝴蝶槐		丁香属	丁香
		蒙古栎		皂荚属	皂角（皂荚）		流苏树属	流苏树
	栗属	茅栗子		紫藤属	紫藤	杨柳科	杨属	杨树

（续）

科	属	种	科	属	种	科	属	种
木兰科	木兰属	白玉兰	紫葳科	梓属	楸树	楝科	楝属	苦楝
		二乔玉兰			黄金树	杉科	水杉属	水杉
松科	落叶松属	落叶松	卫矛科	卫矛属	梓树	槭树科	槭树属	元宝枫
	松属	油松			丝棉木			五角枫
		白皮松			卫矛	椴树科	椴树属	小叶椴（蒙椴）
		华山松	榆科	青檀属	青檀			大叶椴（糠椴）
	雪松属	雪松			小叶朴			欧椴
	云杉属	云杉		榆属	朴树	核桃科	核桃属	核桃
蝶形花科	刺槐属	洋槐			榆树	芸香科	黄檗属	黄檗（黄波罗）
胡桃科	枫杨属	枫杨	杜仲科	杜仲属	杜仲	柿树科	柿属	黑枣
梧桐科	梧桐属	梧桐(青桐)	苦木科	苦木属	臭椿(椿树)	七叶树科	七叶树属	七叶树
悬铃木科	悬铃木属	法桐	蜡梅科	蜡梅属	蜡梅	银杏科	银杏属	银杏

注：数据来源于北京市园林绿化局。

表3-3　北京市古树名木主要树种种类及数量分布情况表

Tab. 3-3　Table of the main species and quantity distribution of ancient and famous trees in Beijing

树种种类	侧柏	油松	桧柏	国槐	其他树种
树种数量（株）	21 773	7 091	5 429	3 425	3 003
所占比例（%）	53.47	17.41	13.33	8.41	7.37

注：数据来源于北京市园林绿化局。

　　根据最新的《古树名木资源普查北京地区调查成果报告》,北京市古树名木树种共计33科56属74种(石河,2019)。属国家重点保护野生植物和濒危植物的有三种,分别为银杏、水杉和黄檗(黄波罗);属北京市重点保护野生植物三种,分别为青檀、漆树和流苏树。全市古树名木树种主要集中在侧柏、油松、桧柏、国槐等常见树种。每类树种株数小计都在3 000株以上。其次是白皮松、银杏、榆树、枣树、华山松、楸树、落叶松。这几类树种株数都在几百株。侧柏、油松、桧柏、国槐这几类常见树种共计38 000余株,占全市古树名木总株数的92.78%(石河,2019)。

3.1.2 北京市古树名木具有的价值

北京古树名木被誉为是"活文物""活历史""活古董""活寿星",它们用鲜活的生命讲述了和讲述着北京城曾经的风风雨雨和强势崛起的北京故事,用丰厚的年轮记录了和记录着北京城 3 000 多年建城史和 850 多年建都史,用沧桑的枝杈彰显了和彰显着自然绝美的生命奇观,依旧挺拔的腰身昭示着令人慨叹的生命奇迹,用优良的基因传承了和传承着历史的血脉,为北京生态建设继续孕育新生命(石河,2019)。

(1)历史文化价值。古树名木作为活文物与活化石,承载着众多历史典故、神话传说,与所在城市的文化与历史发展密切相关,见证了所在城市结构和市民生活的变迁,将自然与人类、过去与现在连接在一起。中国的古树名木蕴含着深厚的中华文化,具有独特的历史文化价值。依据文化传承理论,古树名木的历史文化价值需要在一代又一代的人类社会中进行传递及承接。位于北京市门头沟区潭柘寺的古银杏"帝王树",树龄 1 300 年,胸围 9.29 米,平均冠幅 18 米,树高 24 米。这株古银杏枝繁叶茂,直干探天,气势恢宏。清乾隆皇帝御封此树为"帝王树",这是迄今为止皇帝对树木御封的最高封号。北方高僧皆以此树代表菩提树,视为佛门圣树。

(2)景观价值。古树名木具有意境美、色彩美、姿态美、质感美、气味美,是植物景观中最典型的种类。在风景名胜、园林古迹中,一株古树名木往往会成为其中的一处重要景点,或因古树名木成为名园、名胜的也不计其数,甚至一些偏野的村落,因一株古树名木之故,吸引来了数以万计的观光客。2018 年在全国绿化委员会办公室、中国林学会联合组织的历时近两年"中国最美古树"遴选中,全国共有 95 株古树获得"中国最美古树"称号,北京就有 5 株古树上榜,分别获得"全国十大最美古银杏""中国最美白皮松""中国最美板栗树""中国最美酸枣树"和"中国最美槲树"称号。

(3)科学研究价值。古树生长历史悠久,一方面可以借此研究古代气候变化特点,另一方面也可以研究树种生长、发育、衰老、死亡的规律。国外对于存活的古树名木进行科学研究的较多,由于进行科学研究需以损害古树名木为代价,国内开展科学研究选取的基本为埋藏古树。对于我国来说,存活的古树名木科研价值更多体现为潜在价值。近年来北京市开展了古树"幼化"工程,将潭柘寺的"帝王树"、北海公园的古白皮松"白袍将军"、昌平南口的 3 000 年"青檀王"、密云巨各庄的 1 300 年古银杏等在内的 20 余种、90 余株高龄古树通过根蘖苗、实验室组培等手段,培育了大量继承古树长寿、抗逆等优良基因的古树后代用于北京的绿化工程中(石河,2019)。

（4）生态价值。森林系统具有涵养水源、纳碳吐氧、为动物提供栖息地、产生蛋白质等功能。但具体到单株树木来说，上述功能微乎其微。因此，在考虑单株古树名木的生态价值时，应另辟蹊径。本研究认为，古树经历千百年生长仍枝繁叶茂，冠幅宽阔，遮阴面积可达几十平方米至几百平方米，且具有很好的过滤空气灰尘的能力。

（5）林副产品价值。对于木材产品价值来说，古树名木枯死后，一般将其遗骸保留在原处进行防腐处理，或放入博物馆，不会进入市场销售；对于林副产品价值来说，北京市《古树名木评价标准》（DB11/T 478—2007）规定，以果实采摘为目的的经济树种不可认定为古树。《北京市古树名木保护管理条例》规定，禁止擅自采摘果实。经向古树名木保护专家询问，得知古树的果实和种子由古树保护专业队伍采摘，采摘的主要目的是让古树生长地更好，采摘的果实可自行处理，主要用途有做茶、做工艺品等，并不一定在市场上流通。由此可见，木材及林副产品价值并未全部转变为实际货币价值。

3.2 北京市古树名木保护与管理概况

近年来，北京市高度重视古树名木保护管理工作，古树名木保护管理工作始终走在全国前列，取得了显著成效。本节从政策法规和标准、科学技术、养护管理、管理培训、执法监督和考核、文化传承与知识宣传、公众参与方面，依据时间顺序，概括、列举了北京市的古树名木保护与管理情况。

3.2.1 政策法规和标准方面

为了加强古树名木保护与管理，国家和北京市相关部门出台了一系列政策法规和标准文件，北京市古树名木保护与管理的相关政策法规和标准，见表3-4。

表3-4 相关政策法规和标准

Tab. 3-4 Related policies, regulations and standard

序号	年份	发布单位	具体政策法规和标准
1	1982年	国家城建总局	《关于加强城市和风景名胜区古树名木保护管理的意见》（〔1982〕城发园字第81号）
2	1986年	北京市人民政府	《北京市古树名木保护管理暂行办法》（京政发〔1986〕68号）
3	1993年	建设部（北京市园林局主编）	《公园设计规范》（CJJ48—92）

（续）

序号	年份	发布单位	具体政策法规和标准
4	1996 年	全国绿化委员会	《全国绿化委员会关于加强保护古树名木工作的决定》（全绿字第 7 号）
5	1998 年	北京市人民代表大会常务委员会	《北京市古树名木保护管理条例》（北京市人民代表大会常务委员会公告第 2 号）
6	1998 年	北京市园林局公园处	《北京市古树名木管理技术规范》
7	1998 年	北京市林业局	《北京市古树名木损失鉴定办法》
8	2000 年	建设部	《城市古树名木保护管理办法》（建城〔2000〕192 号）
9	2001 年	全国绿化委员会	《全国古树名木普查建档技术规定》（全绿字〔2001〕15 号）
10	2003 年	北京市质量技术监督局	《城市园林绿化养护管理标准》（DB11/T 213—2003）
11	2005 年	建设部	《国家园林城市标准》（建城〔2005〕43 号）
12	2007 年	北京市园林绿化局	《北京市古树名木保护管理条例实施办法》（京绿保发〔2007〕4 号）
13	2007 年	北京市质量技术监督局	《古树名木评价标准》（DB11/T 478—2007）
14	2009 年	北京市质量技术监督局	《古树名木保护复壮技术规程》（DB11/T 632—2009）
15	2010 年	北京市质量技术监督局	《古树名木日常养护管理规范》（DB11/T 767—2010）
16	2013 年	北京市园林绿化局	《首都古树名木认养管理办法》（首绿办字〔2013〕7 号）
17	2014 年	北京市质量技术监督局	《古树名木健康快速诊断技术规程》（DB11/T 1113—2014）
18	2016 年	全国绿化委员会	《全国绿化委员会关于进一步加强古树名木保护管理的意见》（全绿字〔2016〕1 号）
19	2016 年	北京市园林绿化局	《关于进一步加强古树名木保护管理工作的通知》（京绿保发〔2016〕2 号）
20	2016 年	北京市园林绿化局	将"古树名木确认"和"古树名木死亡确认"2 项非行政许可审批事项调整为行政确认事项
21	2016 年	国家林业局	《古树名木鉴定规范》（LY/T 2737—2016）
22	2016 年	国家林业局	《古树名木普查技术规范》（LY/T 2738—2016）
23	2017 年	北京市质量技术监督局	《古树名木雷电防护技术规范》（DB11/T 1430—2017）

　　可以发现,北京市出台的古树名木保护与管理的相关政策法规和标准比较多、比较细而且比较超前,这与北京市一贯重视古树名木保护与管理是密切相关的,也是北京市古树名木保护与管理工作富有成效、走在全国前列的制度基础。

　　每年北京市园林绿化局都将古树名木保护与管理列入工作重点,例如在《2018 年湿地与野生动植物保护工作要点》中继续强调"严格落实责任,加强古树名木保护与历史文化传承",提出 2018 年古树名木保护的 11 个工作要点:①完成古树名木调查、挂牌工作;②加强古树名木日常养护管理;③推进古树名木精细化管理;④组织开展古树名木安全隐患排查及保护复壮;⑤组织开展古树名木认养工作;⑥组织开展古树名木主题公园示范建设;⑦保护传承古树名木历史文化知识;⑧组织开展北京"十大树王"评选活动;⑨开展古树名木保护管理公众参与机制研究;⑩建立健全资金支持机制;⑪加强古树名木保护管理情况监督检查。相比 2016 年的 5 个工作要点,有了明显的拓展和加强,尤其突出了推进古树名木保护管理中的公众参与(如⑤⑥⑦⑧⑨)。

3.2.2　科学技术方面

　　(1)自 1979 年以来,北京风景园林研究所的李锦龄等专家就北京古树名木复壮等研究项目进行了研究,并制定了古树周围土壤改良方法及古树根系土壤环境评判、古树健康状况诊断的标准。

　　(2)2000 年,学者甘常青开发了古树名木管理、地理及信息查询系统三套软件。

　　(3)1999~2000 年由原北京市园林局法规处孙致远和北京市园林研究所李锦龄主持了《古树年龄的测定》,实现了在不破坏古树的情况下对古树的树龄进行判定,同时研发了通过相关气象信息的数据来确定古树树龄的技术。

　　(4)北京园林研究所李艳明主持了北京数字绿化管理系统的研究,首次将卫星定位系统引入城市古树档案管理。

　　(5)2006 年,北京市园林绿化局为古树名木建立了数据库,并在每一株古树名木树体上带上了标有多种信息的标牌。标牌最初的固定方式为钉子钉入。为确保古树名木标牌的延续性、美观性、实用性和科学性,尽量减少标牌对树体的破坏,2017 年重新设计了标牌样式,将标牌固定方式由钉子钉入改为可拆卸弹簧固定,并在标牌上新增加了二维码。

　　(6)为每一株古树名木确定唯一的数字化"地址"。2007 年,北京市园林绿化局完成了对全市古树名木进行的 GPS 定位。2017 年北京市园林绿化局组织第四次开展全市范围的古树名木资源调查,首次实现了 GPS 定位全覆盖,地面调查时,还使用了激光测距定位仪,使树木定位从米、分米,精确到厘米级,便于今后对古树名木进行更精准的保护。

（7）从 2009 年开始,北京市为古树名木安装防雷保护装置,包括 16 个区县 100 余株古树名木,涉及青檀、银杏等 10 余个树种。

（8）2009 年,北京市园林科研所将"克隆"技术引入到古树名木中。空洞、病虫害,都可能夺走古树的健康甚至生命。而且随着树龄的增长,古树自身的繁殖能力也越来越差,它们身上携带的宝贵基因,需要借助科学手段得以传承。采用扦插、嫁接和组培等方法,北京市园林科学研究院高级工程师王永格和同事们为 70 株古树名木繁殖了后代,保留了它们的活体基因(贺勇,2018)。

（9）2009 年西山实验林场作为森林多功能经营科技创新示范区,将古树名木健康恢复技术作为示范区的主要内容之一,2012 年作为履行《联合国森林文书》示范单位,完成了静福寺 50 亩古柏林更新复壮及生物防控工作。对静福寺古树林采取围封、水肥管理、林业有害生物防治、林缘路旁可燃物清理等措施,实现古树更新复壮的目的。

（10）2013 年,北京市园林绿化局建立了北京市古树名木管理系统,在系统中可以对全市的古树名木进行浏览、查询、报表统计等。2017 年重新设计的标牌中的二维码实现了与古树名木管理系统的实时连接。

（11）北京市园林绿化局进行了古树健康诊断的项目研究,对北京等古树分布集中的地区,进行了生态监测、健康诊断等的研究,2013 年项目已验收。例如应用超声波探测仪等先进仪器,对油松、国槐等易内部腐烂的古树名木,以及树冠过大、易折断的防灾能力差的古树名木,分析查找隐患。

（12）2014 年,北京市海淀区园林绿化局在上万株古树中植入了电子芯片,芯片中包括了每株古树的生长状态信息、管护责任方面的信息,且可自动报警。

（13）2015 年,丰台区、海淀区园林绿化局为古树名木挂上二维码贴牌,通过扫描二维码,可以了解古树名木情况及相关法律法规。

（14）2016 年 4 月,北京市、天津市、河北省三地的园林研究所启动建立"京津冀古树名木保护研究中心",三地合作开展古树名木保护,建立综合信息管理系统,对 15.6 万株古树名木实行保护。具体涉及的研究内容有无性繁殖、抢救复壮等。

（15）2018 年,北京市园林绿化局为对原来 2006 年为古树名木设置的标牌进行了革新。新版增加了二维码、年代等信息。实现了 GPS 定位全覆盖,树木的定位精度精确到了厘米级。

3.2.3　养护管理方面

养护管理主要涉及古树树干的保护,古树的生长环境改良,古树的支撑,古树的综合复壮,古树树洞的填充,古树的通风环境等,并设有复壮资金。有很多具体的养护管理实例。

（1）2002 年，为保护古树名木协调古城风貌，规定北京金融街标志性建筑主体限高 100 米。

（2）2009 年 5 月，北京市园林绿化局组织专家对戒台寺抱塔松等古树进行检查会诊。

（3）2016 年西城区防汛工作中提前对重点古树名木开展危险树排查，降低安全隐患。

（4）2017 年，北京市在市属 11 家公园推广示范"以虫治虫"园林绿地害虫生物防治，累计释放肿腿蜂约 1 000 万头、花绒寄甲约 100 万头，将天牛危害率降至 5% 以下，有效保护了公园古树名木资源。北京公园管理中心综合处副处长朱英姿介绍，近年来，北京市属公园逐年加大生物天敌的投放力度，提高天敌昆虫的投放种类和区域面积。其中，天敌昆虫的投放种类共 7 种、每年近 6.5 亿头，重点推广利用花绒寄甲防治光肩星天牛、管氏肿腿蜂防治双条杉天牛两项生物防治技术，保障了市属 11 家公园生物防治的需要，特别是对公园里的古树名木资源实现了更有效的生态保护（贺勇，2018）。

（5）2018 年北京市园林绿化局决定建立资金支持机制。按照"政府主导、市区分担、社会参与"的原则，确保资金到位。规定的一级古树与名木的日常管护标准为每年每株 1 800 元，二级古树每年每株 900 元，市、区两级财政根据 1∶1比例分担。

（6）颐和园对于古树名木的养护管理。根据全市的统一规定，首先确定级别分株建档，每株古树定制了明显的级别编号牌示，全园古树统一标示在平面图上；对危害古树生长的厕所、烟囱进行拆迁；对 119 株倾斜古松柏设立了支架；对游人量大、土壤板结的地段设立了透气铺装，并做了 800 个古树透气孔；对 300株古树树洞进行了填充修补；每年年初对全园古树进行全面会诊，明确树势生长状况，在专家的指导下，对濒危古树做出逐株养护方案，并全年严格落实；与北京市园林科学院合作，使用声波二维成像仪对后山中御路 30 株古树树体进行探伤，并根据探伤结果和专家建议进一步完善古树保护方案；为东宫门地区 37 株古树铺装防腐木地台，保护古树外露根系；加大古树病虫害治理力度，在养云轩、谐趣园等 10 个区域放置诱木 400 余根、诱捕器 10 个，捕获双条杉天牛成虫 600余头；以文化建园的高度引导园林职工加强保护古树的积极性，并专门设立了古树养护班。

（7）北京市财政每年设立 2 000 万元古树名木保护专项资金，按照"一树一策"的原则，制定有针对性的保护计划。2018 年昌平区财政局拨付资金 204 万元支持古树名木保护管理工作，其中 116 万元用于兴寿镇、北七家镇及流村镇古树名木保护工程，内容包括树洞修补、修剪枯枝、树体支撑及病虫害防治，共抢救复壮古树 65 株。

（8）北京绿化基金会 2019 年专门设立了古树名木保护专项基金,通过广泛动员、积极引导国内外企业、组织、团体和个人为古树名木捐资捐物,增加古树名木保护资金来源,弥补政府管护资金投入的不足。两家绿化公司作为发起人共同为专项基金捐款使专项基金基本金达到了标准、专项基金得以顺利设立,位于西山八大处灵光寺内的两株古银杏和寺外两株古国槐成为首批"受益者",它们在经过近两个月的抢救复壮后,将更长久地默默守护这座有着 1 200 余年历史的古刹(尚文博,2019)。

3.2.4　管理培训方面

（1）召开相关会议。例如,2011 年北京市园林绿化局举办了古树名木保护工作会议;2013 年召开古树名木保护专家座谈会;2015~2017 年期间,东城区园林绿化局举办了古树名木保护专家研讨会,复壮计划专家评审会,资源普查和技术操作规程研讨会;2016 年西城区园林绿化局召开古树名木管理工作会;2018年圆明园举办古树保护论证会。

（2）举办培训班。2016 年 7 月北京市园林绿化局举办了古树名木养护及复壮培训班,并将古树名木培训列入北京职工素质建设,总共包括多个园林绿化局、公园等 52 家单位 110 余名管理及技术人员参加了培训;2017 年 3 月,西城区园林绿化局组织开展古树名木管理工作培训,管理及技术人员共 60 余人参加了培训;2018 年 12 月北京市园林绿化局举办全市古树名木保护管理技术培训,各区园林绿化局、市公园管理中心及其所属 11 个市属公园、市文物局所属 9 个文保单位、市属林场以及故宫、潭柘寺、十三陵特区等古树集中分布区域等 57 家单位共 100 余名管理及技术人员参加培训。

3.2.5　执法监督和考核方面

（1）完善行政许可审批程序。2006 年,北京市理顺了建设项目避让保护古树名木措施批准行政许可及古树名木确认、古树名木死亡确认的审批程序。通过加强古树名木行政审批工作,制定切合实际的古树名木避让保护方案,使 300多株珍贵的古树名木资源得到有效保护。

（2）加强监督检查工作。通过采取古树名木管理部门会同市林政稽查大队联合检查的方式,积极开展古树名木监督检查工作,发现问题,及时整改,监管能力不断加强,加大了对古树名木保护管理的监督检查工作。

（3）签订责任书。将古树名木保护管理纳入市、区绿化目标责任书,通过市政府与区政府签订协议,加强对区县政府的考核力度;组织各管护责任单位、管护责任人签订古树名木保护责任书,落实管护措施。例如,2014 年 7 月,东城区园林绿化局实施了古树名木管护责任书签订工作,通过甲乙双方签订责任书,来明确管护责任者及其管护责任。目前,全市 4 万余株古树均有管护责任书。通常情况下,各区园林绿化局与乡镇街道办签订管护责任书,再由乡镇街道办与管护单位签订管护责任书,随后再到区园林绿化局备案。真正实现了古树保护工作株株有档案,株株有人管,保护管理无盲区(贺勇,2018)。

《北京市古树名木保护管理条例》中规定的古树名木管护责任如图 3-2。

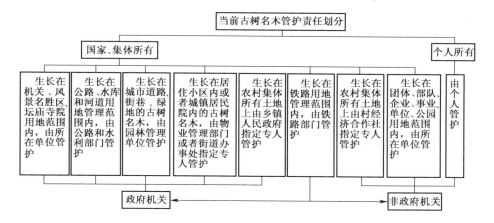

图 3-2　《北京市古树名木保护管理条例》中规定的古树名木管护责任

Fig. 3-2　The responsibility of protecting old and notable trees in the regulations on the protection and management of old and notable trees in Beijing

（4）纳入评优标准。市园林绿化局将古树名木保护效果良好作为首都绿化美化园林小城镇、首都绿化美化花园式单位、首都绿化美化先进集体与先进个人的评选标准之一。

（5）杰出人物宣传。对古树名木保护管理专家或做出突出贡献的人物的宣传,例如,首都园林绿化政务网对郑波、黄三祥、张俊民的宣传介绍,千龙网、《北京晚报》对张宝贵的宣传报道《树痴"记"树》。

3.2.6　文化传承和知识宣传方面

从 2007 年开始,历时两年,对全市每株古树名木进行挂牌,古树名木从此有了全市统一的"身份证"。自 2008 年以来,北京市园林绿化局在 8 个区(县)逐步为具有重要价值的近百株知名古树名木设立标志碑。从 2018 年上半年起,开始为全市 4 万余株古树名木换发新版"身份证",扫描新版"身份证",市民不仅可以获知古树的身高、胸围、种植年代等基本信息,还能了解背后的历史故事。

目前北京市古树名木相关知识宣传渠道,主要有书籍、报纸、杂志、网络、发放古树名木保护宣传资料、开展活动、举办技术培训班、广播、电视。

（1）与古树名木相关的书籍见表3-5。2018年北京市园林绿化局搜集、整理完成200余株知名古树名木的历史文化信息；汇编《北京古树名木》，收录了62株千年古树和60株知名古树名木历史文化信息及图片资料。

表3-5　与古树名木相关的书籍

Tab. 3-5　Books related toold and notable trees

序号	书籍名称	作者	出版社	出版时间
1	《北京古树名木》	北京园林局	北京出版社	1990年
2	《北京古树名木趣谈》	张宝贵	北京出版社	1994年
3	《北京郊区古树名木志》	施海	中国林业出版社	1995年
4	《树之声：北京的古树名木》	阿南史代	生活·读书·新知三联书店	2007年
5	《中国名树名花名鸟》	中国林学会、中国野生动物保护协会、中国花卉协会	中国林业出版社	2007年
6	《见证古都：北京古树名木》	高士武	长城出版社	2008年
7	《北京古树名木散记》	莫容，胡洪涛	北京燕山出版社	2009年
8	《中国名树鉴赏》	陈裕，罗小飞	中国建筑工业出版社	2010年
9	《古树名木故事》	北京市公园管理中心、北京市公园绿地协会	中国林业出版社	2014年

（2）刊登过北京市古树名木相关新闻的报纸：《人民日报》（海外版）《北京青年报》《北京日报》《北京晚报》《法制晚报》《京华时报》《北京晨报》等。2018年《人民日报·生态周刊》设立"让古树名木活起来"专栏，深入介绍北京市在保护古树名木、弘扬古树文化方面的工作进展，截至2018年10月出版了4期。

（3）刊登过北京市古树名木相关信息的杂志，例如，2009年《法律与生活》刊登的《一棵古树之死引发天价赔偿》的文章；2018年《绿化与生活》开设"让古树名木活起来"专栏，到2019年2月已连续出版10期。

（4）发布过北京市古树名木相关新闻、消息的网络媒体：人民网、中国绿化网、首都园林绿化政务网、本地宝网、千龙网、首都之窗、中国林业网、国家生态网、美丽中国网、央视网、新浪网及其新浪微博、微信。在新浪微博公众号中，还有山岳旅游联盟、京环之声、瞭望东方周刊、北京发布、国家林业局、绿色公民行动、首都园林绿化、名木成森。

（5）园林绿化局发放古树名木保护宣传资料。如，2015年大兴区园林绿化局在全民义务植树日前夕，发放古树名木保护宣传资料。2018年启动了丰台长辛店、海淀公主坟两处古树名木主题公园示范建设，对古树名木保护复壮的技术、措施及古树文化进行系统而集中的展示。

（6）与古树名木保护与管理相关的活动：2007年9月在天坛公园举办了"古柏神韵"古树文化展；2011年12月在地坛公园举办的法制宣传活动中，宣传古树名木相关条文规定；2016年北京市园林绿化局联合中国林业网、美丽中国网等进行了"我身边的古树名木"故事征集活动和"最美古树名木"大赛；2016年5月在地坛公园举办了"品古树风韵"活动；2016年8月，中国林业协会发起了"寻找最美树王"的活动；2017年北京市园林绿化局发起了普法活动，向公众展示古树名木保护相关法规；2018年4月13日起，北京市园林绿化局在全市开展了寻找北京"最美十大树王"活动，11月推选出北京密云区新城子镇古侧柏九搂十八杈等10株古树为北京"最美十大树王"；2018年与《北京晨报》合作，举办了"生态文化之行——探访首都古树名木"专题活动，邀请市民到现场观摩古树名木。

表3-6　2018年北京"最美十大树王"

Tab. 3-6　Beijing's Top Ten Tree Kings in 2018

序号	树种	最美树王
1	侧柏	密云区新城子镇新城子村九搂十八杈
2	油松	海淀区苏家坨镇车耳营村古油松
3	枣	东城区东花市街道花市枣苑社区酸枣王
4	国槐	西城区北海公园画舫斋古柯亭院内唐槐
5	白皮松	门头沟区戒台寺九龙松
6	银杏	门头沟区潭柘寺帝王树
7	玉兰	海淀区颐和园邀月门东侧古玉兰
8	海棠	西城区宋庆龄故居中院东侧古西府海棠
9	桧柏	东城区天坛公园回音壁外九龙柏
10	榆树	延庆区千家店镇千家店村(排字岭自然村)榆树王

（7）对古树名木相关信息进行宣传的广播。例如，2007年12月，广播《城市零距离》节目中，北京市园林绿化局野生动植物保护处副处长殷俊杰、古树名木专家李玉和与听众谈古树名木保护。

（8）对古树名木相关信息进行宣传的电视节目。例如，2007年3月18日北京电视台《直播北京》节目对古树名木保护重要性进行报道，2018年北京市电视台《这里是北京》栏目播出3期《古树神韵》专题宣传片。

2018年，围绕"讲好北京古树名木故事，让古树名木活起来"，北京市园林绿化局组织开展古树名木资源调查进展情况专题宣传等，在《中国绿色时报》《北京日报》、北京电视台等中央和市属主流媒体刊发专题新闻稿件80余篇。

3.2.7　公众参与方面

（1）新闻媒体发挥社会监督的作用。例如,对古树名木管理不善的事实报道、关于古树名木赔偿的报道都体现了社会的监督作用,也引起公众对古树名木的普遍关注。例如,《法制晚报》关于郊野古树命途多舛的报道:由于管护责任者没有及时采取保护措施,2015 年 7 月,一株位于北京市房山区万佛堂村的古油松树由于风力的作用,出现了根部断裂的现象;2015 年 9 月海淀区苏家坨镇某一拆迁村内,两株古槐树的根部遭建筑垃圾覆盖;2015 年 10 月,朝阳区东坝乡某一拆迁村内,两株古槐树也被发现有如此的现象;2016 年 3 月,北京市门头沟区龙泉镇九龙山有 3 株 400 多岁的油松,却多年缺少挂牌保护,其中 1 株已死亡多年;2016 年 7 月,海淀区北安河九王坟 12 株百年古树死亡。《北京晨报》关于古树后备资源申报未获批准未获得应有保护而死亡的报道:2014 年 4 月 16日,海淀区翠微路 21 号院内,一株将近 100 岁的古树倒下。该树主干已严重腐朽甚至空心。居委会称曾将这株树木申报古树,但它没有被批准,由于未获得应有的养护管理,最终死亡。《工人日报》关于古树名木赔偿的报道:2007 年 8 月31 日,门头沟区妙峰山镇陈家庄村一株二级国槐古树,遭到了一辆大货车剐蹭而倒地,经损失鉴定,需赔偿 36 万元。

（2）古树名木认养。本着自愿认养、互相监督的原则,许多管护责任单位积极开展面向全社会的古树名木认养工作。项目组从网站上查找到的古树名木认养信息主要有:首都园林绿化政务网、本地宝网站公布古树名木认养点联系表;2007 年,中国移动通信集团北京有限公司认养香山公园古油松八株;2012 年,北京市发布了 6 家公园 2 800 株古树待市民认养;2012 年,颐和园和《北京青年报》联合发起了一项收养活动,鼓励以学校,团队,共青团或少先队的名义集体收养;2013 年,北京宣布了 26 个古树认养地点,为公众提供了 755 棵可供认养的古树;2016 年,设立了 30 个认养点,共 674 株可供认养的古树;2017 年,设立了 34 个认养点,共 684 株可供认养的古树;2017 年春全市有 9 个家庭 25 个个人认养 5 处 37 株古树,吸收认养古树资金 6.78 万元;2018 年北京市古树名木认养目录显示提供可供认养古树 27 处 745 株;2019 年设立古树名木认养活动接待点 32 处,可认养侧柏、桧柏、国槐、黄金树、银杏、椴树、柏树、白皮松、榆树等古树697 株。2012 年北京市启动古树认养工作以来,共面向社会公布古树名木认养点 150 余处,提供可认养古树名木 2700 余株。根据规定,认养一株古树可以转化为 50 棵的植树任务。

（3）市民利用网上信箱反映问题。市民可以通过首都园林绿化政务网的网上信箱,反映相关问题。例如,2015 年 8 月,市民反映北京市文物局院内机关大楼前两株古树,因安装地面工程时受到了电钻及药物的破坏而致死;2016 年 6

月,市民反映在门头沟赵家台附近,有一株千百年的松树,树干伤痕累累,导致树体已经变形,根部也被侵蚀;2016 年 10 月,市民反映希望查询北京师范大学附近的古柏树情况,建议开放古树数据库查询。

(4)市民的自发保护。2016 年 3 月,百子湾地铁站附近拆迁工地上有一棵相对粗壮的百年枣树,未挂有北京市园林绿化局统一规定的挂牌,被市民用竹竿围起,并自发挂了标牌进行保护。

由以上古树名木保护管理的现状可以看出,近年来对古树名木保护管理的工作重视力度日益加大,管护技术、管护方式也日益多样化。

3.3 北京市古树名木保护与管理中的问题

3.3.1 北京市古树名木保护形势依然严峻

北京的古树名木是北京悠久历史的见证,是北京生态文明建设的重要标志,对展示古都风貌、体现古都特色、弘扬历史文化、寄托乡思乡愁等方面具有重要意义。然而,古树经历了长时期的各种环境变迁和生态条件的变化,经受了自然灾害、病虫害、人为破坏等因素的考验,北京市古树名木保护形势不容乐观,其主要原因有三个:首先,古树自身的因素。古树基本上都是树龄较长的过熟树木,经历了上百年甚至上千年的风风雨雨,树龄不断增大,自身生理机能老化下降,根部吸收水分和养分的能力与再生能力减弱,不能满足地上部分生长的需要;其次,环境因素。部分古树所处的环境立地条件差,营养面积小,土壤板结,排水不畅,根部通气性相对较差;最后是自然灾害等因素。部分古树遭受自然灾害、病虫草害、人为因素等不同程度的破坏。另外还有空气污染严重、害虫天敌减少等因素的影响(石河,2019)。

根据北京市园林绿化局 2017 年数据,北京市现存的 40 721 株古树名木中,生长势状况为正常的有 31 672 株,占比 77.78%;生长势状况为衰弱的有 8 211 株,占比 20.16%;生长势状况为濒危的有 838 株,占比 2.06%。由此可知,共有 9 049 株 22.22%的古树名木处于生长势处于衰弱和濒危状态,反映出当前北京市古树名木保护复壮任务的艰巨。

据分析,古树生长势衰弱和濒危占比大的原因,除了古树自身的因素外,所谓环境立地条件因素、自然灾害等因素中很多都与人为因素有关,主要是古树周边人流量都比较大,古树生长环境遭到了一定的人为破坏,周边有永久性或者临时性建筑物、杂物等,侵害了古树的生长环境,影响了古树的生长状况(石河,2019),这在城区最为明显。因此,要为古树生长创造良好的生长环境,不仅仅是政府及相关部门、单位加强保护与管理能力建设、不断提升保护与管理水平的问题,还必须要加大保护古树名木工作的宣传力度,呼吁公众共同参与古树名木的保护工作。

3.3.2 北京市古树名木保护与管理中存在的问题

由本章 3.2 节可知,当前北京市对古树名木保护管理的工作重视力度日益加大,管护技术、管护方式也日益多样化,但仍存在一些问题。本节从管护资金、管护队伍、科学技术研究、管护技术水平、法规及管理办法、社会尤其公众的保护意识和古树名木的内涵价值方面进行概括与分析。

(1)管护资金匮乏,古树名木管护工作难以正常开展。对古树名木的管护经费投入不足。据资料显示,在 2006~2013 年的七年间,全市累计投入资金为 0.70 亿元(尹俊杰等,2014),即每年平均投入的资金为 0.10 亿元;2011 年以来,全市累计投入资金 1.2 亿元(贺勇,2018),即年均不足 0.15 亿元。相比较每年古树名木养护及复壮需要的 0.50 亿元,目前的资金投入远远不够。

由于对古树名木的管护只有投入,没有资金回报,因此北京市大部分负责古树名木管护工作的单位和个人力不从心,未能投入应有资金进行管护,导致日常管护工作不能顺利开展,延误了对于衰弱、长势较差的古树名木的复壮时间。根据北京市林业局林政资源管理处 2005 年的《北京市古树名木管理情况报告》,据不完全统计,近 10 年来死亡古树已达 300 多株,平均每年死亡约二三十株(王丹英等,2007),同期有专家估计每年有 3‰ 的古树死亡(巢阳等,2005)。

古树名木的管护工作离不开资金的支持。需组织专家对长势濒危、较差的古树名木实施抢救复壮;需选取样本到科研单位进行量化测定;需对未采取工程管护措施或工程管护措施不符合技术规定要求的,实施新建或修建工程;需对古树名木管理软件进行升级与修改完善;需每年对古树名木生存现状进行检查;需对死亡古树名木的死亡原因进行诊断论证;针对工程建设过程中对于古树名木的保护与回避进行许可;此外还需要进行养护复壮技术培训等。以上提及的所有任务都离不开资金的使用,一些先进的管护手段受到成本的影响,也未得到推广(王丹英等,2007)。

当前主管部门虽尽可能地争取管护资金,但就总量巨大的古树名木来说,并不能满足需求。仅仅是北京市公园管理中心和少量区县有一定预算,而大量的古树名木的资金仍然缺乏,仅仅是分重点对较少的古树名木进行复壮(王丹英等,2007)。

(2)管护队伍难以满足需要。目前,北京市园林绿化局野生动物保护处负责协调整个北京市的古树名木的保护和管理工作,各区由各区林政资源管理部门负责。野生动植物保护处需要履行的职能很多,专就古树名木的保护与管理来说,需承担的职能包括古树名木死亡的审核、新确认古树名木的审核、古树名木的损失鉴定、古树名木的监督检查、培训、病虫害防治、档案管理、科技复壮等工作。除了承担古树名木管护的相关职能外,还承担着野生动植物管理方面的职能,不能将全部精力用于古树名木的保护与管理工作。各区林政资源管理部门的主要职能是林地确权和林木采伐管理,对古树名木管护工作投入的时间十分有限。且由于古树名木管护的工作量大,涉及的业务面比较广,仅仅依靠野生动植物保护处及林政资源管理部门并不能使全市古树名木均得到有效管护,因此充分调动和发挥相关公众的力量极为重要。

据北京市园林绿化局统计,全市古树名木中有 9 049 株生长势处于衰弱和濒危状态,其中 8 211 株处于衰弱状态,838 株处于濒危状态。分析近几年来京郊古树死亡的原因,主要为以下四个方面:一是气候干旱,树木缺水,浇水不及时;二是病虫害危害,防治措施不利,有的甚至是病虫危害多年,始终未采取过任何措施;三是部分古树长势衰弱后没有及时对其提供应有的支撑,使其遭到风、雷等袭击后死亡;四是不科学的复壮导致古树死亡。由此可见,古树的死亡大多与管理中的不到位有关。

(3)专事古树名木研究的科技力量薄弱,相关科研有待深入。科研有助于提高养护管理水平。虽然已有相关单位进行古树名木科学技术的研究,但目前专门从事古树复壮研究的单位和人员仍十分缺乏,仅有北京市园林科学研究院(下设京津冀古树名木保护研究中心、城市树木健康评价及复壮技术研究中心等)、北京林业大学、中国林业科学研究院的少数专家进行研究,并未形成规模,仅凭目前个别单位开展的部分项目的研究,并不能照顾到全局,工作没有延续性,也没有达到很好的效果。

(4)管护人员业务水平亟待提高。北京市生长有古树名木的行政村和单位将近 1 000 个,但管护人员的业务素质普遍偏低,专业人员十分缺乏。一些管护人员由于缺乏管护专业知识,实行管护职责不到位,使得管护效果差,甚至导致了古树名木死亡。且管护部门的管护人员流动性大,存在刚熟悉古树名木管护工作就调离或轮岗的现象(尹俊杰等,2014)。

(5)有关标准及管理办法尚不完善。北京市《古树名木评价标准》(DB11/T 478—2007)是赔付标准,但规定的算法存在四点不足:主要规格质量标准不实用、计算参照依据不实用、调整系数确定没有科学依据、忽视了单株古树的特殊性;《首都古树名木认养管理办法》中的规定尚不完善,存在以下三点不足之处:规定的古树名木认养地域范围与古树名木认养人范围不一致、奖励措施只是形式化规定、认养资金未考虑到古树名木现实需要。《北京市古树名木保护管理条例》中关于公众参与的相关规定并不合理、完善,存在以下三点不足之处:没有制定详细的管护渠道、并未对显著成绩及奖励措施作出明文规定、管护费用承担者的规定不合理。

（6）社会尤其公众的保护意识有待增强。一些公众的认知、保护意识不强，使得其生存环境遭到了破坏。例如一些生长在居民庭院、街道、乡村的古树，古树周边常常堆积着杂物、垃圾，长此以往，改变了古树周边的土壤性质，对古树的生存产生了不良影响；甚至存在树体钉钉、烟熏火烤、树下乱倒垃圾、私搭乱建、树上缠绕绳索、攀折树枝等直接对古树造成损害的现象。一些建设工程在规划、施工过程中并未考虑到对古树名木的保护，非法侵占古树名木的保护范围。在旅游景点附近的停车场，每日汽车排放的大量废气对周边古树名木造成了严重的污染，古树树干及枝叶上存在大量粉尘，且很难清洗。一些政府机关也未能正确认识古树名木保护的重要性，仅重视古建筑的修缮，却忽视古树名木的管护，或只是以形式上的设立护栏、修小围堰的方式保护。

（7）历史文化内涵有待挖掘。古树名木具有极高的历史文化价值，代表了中国文化，是时代发展的烙印。但目前对古树名木仅是以保护为主，对其历史文化内涵的挖掘与文化创意的开发尚不深入，文化景观价值利用较少，古树名木的多种效益尚未很好地发挥。

这些问题的存在，反映出仅仅依靠现有人力、物力、财力资源进行的管护并未使古树名木得到很好保护，部分古树名木的生存已岌岌可危。

由以上分析可知，目前面临着诸多问题，应及时采取措施解决问题。

3.4 北京市古树名木保护与管理中的公众参与存在的问题

3.4.1 实际参与主体人数少，参与客体有限

3.4.1.1 公众参与主体较多，但数量很少

由本章第3.2节中的介绍可知，当前参与的主体有普通公众、企业、专家、媒体（包括网站、报纸、书籍、杂志、广播、电视）。虽涉及的参与主体较多，但每一类主体包含的数量很少，并没有形成规模。

就普通公众来说，本章第3.2节可知，2017年春全市仅有9个家庭认养了37株古树，相对于北京市40 721株古树名木来说，占比仅为0.09%。根据课题组在北京市开展的针对普通公众进行的调研，得出在2 201个样本中，仅有3人出资认养过古树名木，16人参与过保护古树名木的志愿活动，2人参与过与古树名木相关的科普活动。可见普通公众参与数量极少，目前参与到古树名木保护中的普通公众仅为极个别热爱古树名木的公众，而相当大一部分公众还未参与

进来。

　　就企业来说,仅有及个别企业通过出资认养的方式参与到古树名木的保护中。例如,2007 年,中国移动通信集团北京有限公司认养香山公园古油松 8 株。企业在古树名木保护与管理中的参与并未形成规模。

　　就专家来说,专门从事古树名木保护与管理研究的专家并不充足,由本章第3.2 节可知,从事过古树名木保护与管理研究的专家仅有北京市园林科学研究院、北京林业大学、中国林业科学研究院等少数几位专家,相对于北京市 9 049株需要进行养护复壮的古树名木来说,专家的数量远远不够。

　　就媒体来说,虽然网站、报纸、书籍、杂志、广播、电视等媒体发布或刊登过古树名木相关信息,但是发布或刊登的次数很少,例如,电视台《直播北京》节目仅在 2007 年对北京市古树名木保护重要性做过一次进行报道。

3.4.1.2　公众参与客体比较有限

　　由本章第 3.2 节可知,当前参与的客体有:检查树木本身的生长情况;古树名木信息管理系统的开发;古树名木健康恢复技术的研发;古树名木保护与管理重要性宣传;建立古树名木基因库,进行无性繁殖研究;古树名木保护杰出人物宣传;古树名木的日常管护。由此可知,目前参与的客体有限,偏向于技术层面,并不能解决当前古树名木存在的管护资金匮乏、管护人员不足的问题,也不能满足公众的参与需求。

3.4.2　公众参与形式少,参与运行机制缺失

3.4.2.1　公众参与形式比较少

　　由本章第 3.2 节中的介绍可知,北京市古树名木保护与管理中公众参与的形式:科研机构进行古树名木相关课题研究;成立古树名木保护研究中心;个人、企业认养古树名木;市民利用网上信箱反映问题;自发挂牌、竹竿包围保护;专家、学者参加座谈会、评审会、论证会。由此可知,目前参与形式少,尤其缺少适合普通公众参与的各类途径,不能满足古树名木得到良好的保护与管理的需要,也不能满足公众参与的需要。

3.4.2.2　公众参与的运行机制缺失或不够完善

　　公众参与运行机制涉及公众参与法治机制、公众参与教育机制、公众参与激励机制、公众参与资金投入机制等多个机制,而目前北京市古树名木保护与管理中的公众参与运行机制并不完善。

　　就北京市古树名木保护与管理中的公众参与运行机制而言,当前并没有系统的针对公众参与的法治机制,仅是在政策法规中简要提及在古树名木的保护与管理中要发动公众参与。北京市地方政府层面与古树名木保护与管理中公众

参与相关法规见表 3-7。

表 3-7　北京市地方政府层面与古树名木保护与管理中公众参与相关的法规

Tab. 3-7　Regulations related to public participation in the protection and management ofold and notable trees at the level of Beijing local government

序号	年份	法规名称	规定的具体内容
1	1982 年	《关于加强城市和风景名胜区古树名木保护管理的意见》	古树名木保护管理要发动群众
2	1998 年	《北京市古树名木保护管理条例》	鼓励单位和个人对管护资助
3	2007 年	《北京市古树名木保护管理条例实施办法》	利益相关者可提请组织听证会
4	2016 年	《关于进一步加强古树名木保护管理的意见》	为公众参与建立保护管理机制,增加资金来源,将古树名木保护管理纳入全民义务植树尽责形式,鼓励公众通过多种形式参与
5	2016 年	《北京市园林绿化局关于进一步加强古树名木保护管理工作的通知》	利用电视、网络、微信等媒介,加大宣传提高公众保护意识

就北京市古树名木保护与管理中的教育机制而言,并没有构建系统的教育机制,由本章第 3.2 节可知,目前举办的技术培训班仅是针对园林绿化局内部古树名木技术人员的培训,而缺少对企业中古树名木技术人员的培训。

就北京市古树名木保护与管理中的激励机制而言,当前仅是规定对认养和管护成绩突出的单位和个人给予奖励(《北京市古树名木保护管理条例》第五条),除此之外,无其他激励措施,也没有说明奖励的规则和标准,由此可见,激励机制并不完善,并不能调动公众参与的积极性。

就北京市古树名木保护与管理中的资金投入机制而言,当前的古树名木管护资金主要来源于财政部门、单位自筹、北京绿化委员会以及公众通过出资认养古树名木而缴纳的认养资金,除此之外,并无其他资金来源渠道,投入资金量相对保护需求还不足,关键是来自公众的比例过低。由此可见,资金投入机制并不完善。

由以上分析可知,当前的公众参与对古树名木保护带来的作用十分有限,效果并不显著。公众参与仍处于初级阶段,尚需进一步完善。

3.5　本章小结

掌握北京市古树名木保护与管理概况和公众参与问题,是本研究的基础。本章从古树名木的含义、分类、数量、类型、分布、价值方面对北京市古树名木进行了总结与概括,依据时间顺序从不同层面对保护与管理的现状及存在的问题进行了总结与概括,从公众参与主体、客体、形式、机制方面总结了当前公众参与存在的问题。基于本章研究,得出以下几点总结及讨论:

(1)对当前北京市古树名木概况进行了介绍和分析,讨论了古树名木具有的价值。总结出当前北京市古树名木具有总量多、分布密度不均、分布范围广、种类多的特点,可以概括为"多、散、广、杂"。在价值方面,分析了古树名木具有的历史文化价值、景观价值、科学研究价值、生态价值和林副产品价值。

(2)对当前北京市古树名木保护与管理概况及存在的问题进行了总结与概括。发现,在20世纪70年代北京市就开始重视古树名木的保护与管理工作,保护与管理工作涉及政策法规和标准、科学技术、养护管理、管理培训、执法监督和考核、文化传承与知识宣传、公众参与等方面。存在的问题有:缺乏管护资金、管护队伍难以满足实际需要、古树名木研究的科技力量薄弱、管护技术水平亟待提高、法规及管理办法尚不完善、保护意识有待增强、内涵价值有待深入挖掘。

(3)对北京市古树名木保护与管理中的公众参与存在的问题进行了总结。在参与主体上,虽涉及的参与主体较多,但每一类主体包含的数量很少,并没有形成规模;在参与客体上,偏向于技术层面,并不能解决当前古树名木存在的管护资金匮乏、管护人员不足的问题,也不能满足公众的参与需求;在参与形式上,目前参与形式少,尤其缺少适合普通公众参与的各类途径;在参与运行机制上,目前北京市古树名木保护与管理中的公众参与运行机制并不完善。当前的公众参与对古树名木保护带来的作用十分有限,效果并不显著,公众参与仍处于初级阶段,尚需进一步完善。

4 北京市古树名木保护与管理中的公众认知、参与情感对参与行为意向的影响机理研究

由第 3 章的分析可知,当前北京市古树名木保护与管理中的公众参与成效并不显著,公众参与仍处于初级阶段,尚需进一步完善。基于第 3 章的分析,本章通过实证分析的方法,研究当前公众对古树名木保护与管理的认知、参与情感对参与行为意向的影响机理,进而可以有针对性地采取措施来提升公众参与行为意向,调动公众参与的积极性。

4.1 理论分析框架

在构建理论分析框架之前,首先应对北京市古树名木保护与管理中的公众认知、参与情感、参与行为意向的概念进行界定。在明晰了三者概念的基础上,依据相应理论,构建本章分析的理论框架,作为本章实证分析的理论基础。

首先是对于北京市古树名木保护与管理中的公众认知的界定。认知是人类从外界获取信息,并进行信息加工的过程。北京市古树名木保护与管理中的公众认知是指公众在接受广播、电视、公益活动宣传等各种形式对于古树名木相关信息传播的基础上,形成的对于古树名木基本情况及保护与管理重要性、现状、价值的认知。本章初步从基本认知、规定认知、现状认知三大方面考察北京市古树名木保护与管理的公众认知。

其次是对于北京市古树名木保护与管理中的公众参与情感的界定。情感是个人对对象的内在感受,可体现在价值感和道德感方面。北京市古树名木保护与管理中的公众参与情感是指公众对参与古树名木保护与管理的价值感知和道德感知。本章初步将是否认为参与管护活动有意义、参与管护活动是否感到很愉快、是否认为会得到身边人的支持、参与管护活动会为自身带来的好处四个因素作为考察北京市古树名木保护与管理的公众参与情感的因素。

最后是对于北京市古树名木保护与管理中的公众参与行为意向的界定。行为意向是个人对对象做出实际行动前的行为的准备状态。本章初步将愿意参与的活动、是否会劝阻损坏古树名木行为、是否会揭发损坏古树名木行为、是否愿意出资认养古树名木、是否愿意出劳认养古树名木、是否愿意宣传古树名木管护的重要性、是否愿意向管护责任者献言献策、是否愿意为古树名木的管护支付一

定金额八个因素作为考察北京市古树名木保护与管理的公众参与行为意向的
因素。

当前古树名木保护与管理中存在的诸多问题及古树名木自身"多、散、广、
杂"的特点,反映出仅仅依靠现有人力、物力、财力资源进行管护并未实现保护
古树名木的效果,部分古树名木的生存已岌岌可危。政府应在工作过程中考虑
到公众以实现社会公平;应避免以往的精英主义思想,将更为广泛的普通群众纳
入公共事务管理中;为实现古树名木的有效管护,应充分利用公众的力量;在大
力支持现有热心群众基础上,挖掘潜在公众。

要想使更多的公众参与到古树名木的保护与管理中,应对目前公众对于古
树名木的认知状况有清醒的认识,以及对公众对于古树名木保护与管理中的参
与情感、参与行为意向有清醒的认识。

由第 3 章分析可知,当前相当大一部分公众尚未参与到古树名木的保护与
管理中,原因值得深入思考。知情行理论指出,个体行为的改变包含三个阶段:
知、情、行。"知"指的是认知,"情"指的是情感,"行"指的是行为。个体对于某
一事物首先产生认知,通过对该事物的认知会产生对该事物的情感,最终在认知
和情感的指导下,产生相应的行为。以此为基础的研究逐渐成为组织行为学相
关研究的热点问题(贺爱忠等,2013)。

由于行为意向对行为具有直接影响,除此之外,还有其他因素也会影响行
为,但这些因素对行为产生的影响,是需要先影响行为意向的;在行为意向转换
成行为的过程中还受其他条件的制约(Ajzen I,1991),因此,本研究将知情行理
论进行拓展,将其分为两个阶段,如图 4-1。

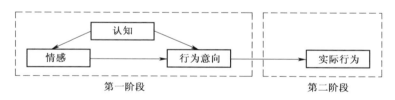

第一阶段　　　　　　　　　　　　第二阶段

图 4-1　拓展的知情行理论模型

Fig. 4-1　Expanded theoretical model of cognition, emotion, and the intention of behavior

由于当前北京市古树名木保护与管理中的公众参与尚处于初级阶段,实际
参与的人数很少,因此,本研究仅将拓展的知情行理论模型的第一阶段作为本研
究的理论基础,初步构建公众认知和参与情感对参与行为意向影响的理论模型,
如图 4-2 所示,在此基础上进行实证分析。

综合以上分析,本章以拓展的知情行理论的第一阶段为本章分析的理论出
发点,进行问卷调查与样本统计,在进行公众认知、参与情感、参与行为意向的探
索性因子分析,受访者特征与公众认知、参与情感、参与行为意向相关关系研究

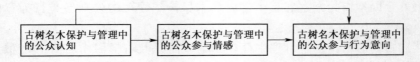

图 4-2　参与行为意向影响机理初始理论模型

Fig. 4-2　Initial theoretical model of the influence mechanism of behavioral

intention on participation

的基础上,进行公众认知、参与情感对参与行为意向的影响机理研究。

4.2　问卷调查与样本统计

4.2.1　问卷设计

　　根据以上分析,本研究从北京市古树名木保护与管理中的公众认知、参与情感、参与行为意向角度出发,设计调查问卷。具体问卷如附录 A 所示。调查问卷主要包括四部分:北京市古树名木保护与管理中的公众认知、参与情感、参与行为意向及受访者的人口学特征。在问卷设计中将受访者的人口学特征置于最后,目的是尽可能避免受访者对于问卷的排斥心理而对问卷题项作答的干扰。四部分具体说明如下:

　　第一部分为北京市古树名木保护与管理中的公众认知,本研究初步将认知分为基本认知、规定认知、现状认知三个方面,从这三个方面设计调查问卷中关于认知的题项。

　　(1)基本认知。包括对于古树名木的含义、分类、价值及保护与管理重要性认知的调查,设置了 8 个题项,见表 4-1。

表 4-1　基本认知(BC)题项设置

Tab. 4-1　Basic cognition(BC)item setting

变量	代码	测 量 题 项
古树名木含义	BC1	您了解古树名木的含义吗?
古树名木分类	BC2	您了解古树名木的分类吗?
历史文化价值	BC3	您认为古树名木有历史文化价值吗?
景观价值	BC4	您认为古树名木有景观价值吗?
科学研究价值	BC5	您认为古树名木有科学研究价值吗?
生态价值	BC6	您认为古树名木有生态价值吗?
林副产品价值	BC7	您认为古树名木有林副产品价值吗?
管护必要性	BC8	您认为有必要对古树名木进行保护与管理吗?

（2）规定认知。这是针对北京市古树名木保护与管理相关规定的调查。具体包括对当前北京市已经发布的 15 项关于与古树名木保护与管理相关的规定是否了解，对当前古树名木保护与管理责任的划分情况、权利义务、损害行为等是否了解。设置了 4 个题项，见表4-2。

表4-2 规定认知（RC）题项设置
Tab. 4-2 Regulations cognition（RC）item setting

变量	代码	测量题项
管护规定认知	RC1	当前北京市共发布 15 项关于古树名木管护的规定。您听说过几项？
责任划分认知	RC2	您了解当前北京市古树名木管护责任的划分情况吗？
权利义务认知	RC3	您认为保护古树名木是每个人都具有的权利和义务吗？
损害行为认知	RC4	以下行为中，您认为哪些属于损害古树名木的行为？

（3）现状认知。这是针对当前公众对于北京市古树名木保护与管理现状认知的调查。包括获得古树名木保护与管理相关知识渠道、当前保护管理力度与效果、保护管理专家与技术人员水平的认知情况调查。设置了 3 个题项，见表4-3。

表4-3 现状认知（CC）题项设置
Tab. 4-3 Cognition of current situation（CC）item setting

变量	代码	测量题项
了解渠道	CC1	您从以下哪些渠道了解过古树名木？
管护效果认知	CC2	您是否认为当前北京市古树名木管护力度很大、管护效果良好？
技术水平认知	CC3	您是否认为当前北京市古树名木管护专家、技术人员技术水平高？

第二部分为北京市古树名木保护与管理中的公众参与情感的调查。设置了 4 个题项，见表4-4。

表4-4 公众参与情感（EM）题项设置
Tab. 4-4 Public participation emotion（EM）item setting

变量	代码	测量题项
是否有意义	EM1	您认为参与北京市古树名木管护活动是一件很有意义的事情吗？
是否会得到支持	EM2	您认为参与北京市古树名木管护活动会得到身边人的支持吗？
是否感到很愉快	EM3	您认为参与北京市古树名木管护活动会使您感到很愉快吗？
获得的好处	EM4	您认为自己会从中获得哪些好处？

第三部分为北京市古树名木保护与管理中的公众参与行为意向的调查。设

置了 8 个题项,见表 4-5。

表 4-5 公众参与行为意向(BI)题项设置

Tab. 4-5 Public participation behavior intention (BI) item setting

变量	代码	测量题项
愿意参与的活动	BI1	以下北京市举办的古树名木保护活动中,您愿意参加的是?
是否会劝阻	BI2	对于损坏古树名木的行为,您是否会进行劝阻?
是否会揭发	BI3	对于损坏古树名木的行为,您是否会向政府揭发违法犯罪行为?
是否愿意出资认养	BI4	您愿意以"出资认养"方式认养古树名木吗?
是否愿意出劳认养	BI5	您愿意以"出劳认养"方式认养古树名木吗?
是否愿意宣传重要性	BI6	您愿意向身边人宣传北京市古树名木保护与管理的重要性吗?
是否愿意献言献策	BI7	您愿意就北京市古树名木管护问题向管护责任者献言献策吗?
是否愿意支付金额	BI8	您愿意为北京市古树名木管护支付一定金额吗?

第四部分是受访者人口学特征的调查。涵盖不同性别、民族、年龄、月收入水平、学历、职业、婚姻状况、居住区域、来京时间等信息。设置了 12 个题项,见表 4-6。

表 4-6 受访者人口学特征题项设置

Tab. 4-6 Demographic characteristics ofinterviewee item setting

变量	代码	测量题项	变量	代码	测量题项
性别	SEX	您的性别是?	职业相关性	COR	您的职业与资源保护是否有关?
民族	NAT	您的名族是?	婚姻状况	MAR	您的婚姻状况是?
年龄	AGE	您的年龄范围在?	居住地	RES	您的居住区域在?
收入	INC	您的月均收入是?	居住区域类型	BEL	您的居住区域属于?
受教育程度	EDU	您的学历为?	附近是否有古树名木	HAV	住所附近有古树名木吗?
职业	PRO	您的职业为?	来京时间	TIM	您来到北京的时间为?

4.2.2 问卷的预调查及改进

本研究是从社会公众的角度出发,研究公众对于古树名木保护与管理的相关认知、参与情感、参与行为意向,受访群体为社会公众,不包括政府部门工作人员。

在问卷设计完成后,首先进行预调查,通过预调查来发现问卷设计中的不完善的地方,进而做出进一步改进。2018 年 6 月,项目组在北京市景山公园、紫竹院公园、丰台区花乡造甲村进行了预调查,作为调查的第一阶段。共发放 125 份问卷,回收了 109 份有效问卷,有效率 87.2%,经过对发现的问题进行修改,最终确定了问卷内容。

4.2.3 问卷正式调查与数据搜集

正式调查于 2018 年 7 月在北京进行,调查采用纸质问卷及问卷星在线问卷调查相结合的方式进行。大部分受访者均积极配合。纸质问卷共发放问卷 1 910 份,调查范围包括市区公园及乡村范围,具体调研地点的选取采用典型抽样和分层抽样的方式,其中发放 1 700 份用于市区公园的古树名木保护与管理相关情况调查,发放 210 份用于乡村范围的古树名木保护与管理相关情况调查;在线问卷共发放 405 份,包含不同学校、企事业单位人员。问卷发放的具体情况如下:

(1) 市区公园古树名木保护与管理情况的纸质问卷调查。选取天坛公园、地坛公园、景山公园、人定湖公园等北京市 34 家公园发放问卷,每个公园 50 份,共发放 1 700 份。具体涉及的 34 家公园如附录 B 所示。

(2) 乡村范围的古树名木保护与管理相关情况的纸质问卷调查。选取北京市 14 个村庄,每个村庄发放 15 份,共发放 210 份。具体涉及的 14 个村庄如附录 B 所示。

问卷在设计中,尽可能地做到题项数量精简,题意通俗易懂,且参与答题即可获得小礼品馈赠,并告知受访者不会向其索要姓名、联系方式、身份证号等信息,因此受访者抵触回答、厌烦回答的情绪得到了有效地控制;调查员人数为 10 人,公园调研每人每日的任务量为 25 份,乡村范围调研每人每天的任务量为 7~8 份,合理的任务量安排,使得调研员有充足的时间对受访者进行调研,因而使问卷质量得到保证。剔除应付性填写(将填写时间低于四分钟的问卷视为应付性填写问卷)、填答的题项明显前后矛盾和题项漏填的问卷,最终获得有效问卷 1 871 份,有效率 98.0%。

(3) 网络问卷。通过专业在线问卷调查平台——问卷星,共发放 405 份。剔除应付性填写和填答明显前后矛盾的问卷,最终获得有效问卷 330 份,有效率 81.5%。

问卷总共发放 2 315 份,有效问卷总共有 2 201 份,有效率为 95.1%。

4.2.4 样本描述性统计

4.2.4.1 受访者人口学特征的描述性统计分析

在对受访者人口学特征进行描述性统计分析之前,首先对各变量进行赋值。

表 4-7 即为对各变量的赋值说明。

表 4-7 受访者人口学特征变量赋值表

Tab. 4-7 Assignment table of demographic characteristic variables

变量	取值说明
性别	1=男性,2=女性
民族	1=汉,2=其他
年龄	1=18 岁及以下,2=19~22 岁,3=23~25 岁,4=26~30 岁,5=31~40 岁,6=41~50 岁,7=51~60 岁,8=61 岁及以上
收入	1=没有收入,2=有收入,在 3 000 元及以下,3=3 001~5 000 元,4=5 001~8 000 元,5=8 001~10 000 元,6=10 001~13 000 元,7=13 001~15 000 元,8=15 001~18 000 元,9=18 001 元及以上
受教育程度	1=小学及以下,2=初中,3=高中及中专,4=专科,5=本科,6=硕士,7=博士
职业	1=退休人员,2=农民,3=工人,4=学生,5=公务员,6=事业单位人员,7=企业人员,8=教师,9=私营企业主或个体经营,10=受雇于个体经营者,11=其他
职业相关性	0=不先关,1=相关
婚姻状况	1=未婚,2=已婚,3=离异,4=再婚,5=丧偶
居住地	1=未在北京市,2=东城区,3=西城区,4=昌平区,5=怀柔区,6=海淀区,7=朝阳区,8=房山区,9=丰台区,10=通州区,11=顺义区,12=大兴区,13=平谷区,14=密云区,15=延庆区,16=门头沟区,17=石景山区
居住区域类型	1=村,2=镇(乡),3=县城,4=市区/城区
附近是否有古树名木	2=有,1=没有,0=不清楚
来京时间	1=外地游客,短暂停留,2=1 年以下,3=1~3 年,4=3~5 年,5=5~10 年,6=10~15 年,7=15~20 年,8=20 年以上,9=北京本地人,一直生活在北京

对正式调研所得的数据进行整理分析,所得到的受访者的基本情况见表 4-8。由表 4-8 可知,受访者中的男性和女性所占比例接近 1∶1;绝大多数为汉族人,与北京市当前的民族结构大体相符;年龄范围在 19~22 岁、31~40 岁的青壮年群体占比较多,占比最少的是 61 岁及以上的群体,与北京市当前的年龄结构大体相符;月平均收入在没有收入和 3 001~5 000 元的居多,没有收入的人数占绝对优势是因为受访者年龄范围在 19~22 岁的居多,这一年龄段的受访者绝大多数为在校大学生,尚未有收入来源,在有收入的群体中,3 001~5 000 元的人群占比最多,与 2017 年北京市全市居民人均可支配月收入 4 769 元的状况大体相符;受教育程度方面,将近 70%为本科及专科、硕士、博士,与北京市的受教育程度较高的现状基本相符;职业方面,占比最多的前两名是学生群体和企事业

单位人员；职业与资源保护相关的约占 20%，大部分受访者的职业与资源保护无关；未婚和已婚人数比例接近 1:1；居住区域在北京市以外的占 32.4%，其余均在北京市居住；居住地在市区或城区的占绝大多数；明确清楚住所附近有古树名木的群体占比约 40%，仅约有 16% 的群体住所附近无古树名木，这与北京市古树名木"多、散、广、杂"的分布特点大体一致；来京时间方面，超过七成的受访者在北京居住。因此，样本具有代表性，基本能反映北京市的总体情况。

表 4-8 受访者人口学特征的描述性分析
Tab. 4-8 Descriptive analysis of demographic characteristics of interviewees

变量	类别	样本数	比例(%)	变量	类别	样本数	比例(%)
性别	男	997	45.3	职业与资源保护是否有关	有关	413	18.8
	女	1 204	54.6		无关	1 788	81.2
民族	汉族	2 069	94.0	婚姻状况	未婚	1 177	53.5
	少数民族	132	6.0		已婚	997	45.3
年龄	18 岁及以下	239	10.9		离异	16	0.7
	19~22 岁	581	26.4		再婚	2	0.1
	23~25 岁	232	10.5		丧偶	9	0.4
	26~30 岁	214	9.7	居住区域	未在北京市	714	32.4
	31~40 岁	367	16.7		东城区	138	6.3
	41~50 岁	245	11.1		西城区	221	10.0
	51~60 岁	181	8.2		昌平区	65	3.0
	61 岁及以上	142	6.5		怀柔区	17	0.8
月平均收入	没有收入	882	40.1		海淀区	525	23.9
	1~3 000 元	345	15.7		朝阳区	237	10.8
	3001~5000 元	373	16.9		房山区	26	1.2
	5 001~8 000 元	294	13.4		丰台区	83	3.8
	8 001~10 000 元	135	6.1		通州区	39	1.8
	10 001~13 000 元	74	3.4		顺义区	21	1.0
	13 001~15 000 元	27	1.2		大兴区	37	1.7
	15 001~18 000 元	21	1.0		平谷区	16	0.7
	18 001 元以上	50	2.3		密云区	18	0.8
受教育程度	小学及以下	109	5.0		延庆区	11	0.5
	初中	241	10.9		门头沟区	15	0.7
	高中及中专	333	15.1		石景山区	18	0.8
	专科	215	9.8	居住地在	农村	262	11.9
	本科	1 028	46.7		镇(乡)	216	9.8
	硕士	245	11.1		县城	190	8.6

(续)

变量	类别	样本数	比例(%)	变量	类别	样本数	比例(%)
职业	博士	30	1.4	住所附近	市区或城区	1 533	69.7
	退休人员	161	7.3		有古树名木	914	41.5
	农民	136	6.2		无古树名木	361	16.4
	工人	100	4.5		不清楚	926	42.1
	学生	873	39.7	来京时间	外地游客	651	29.6
	公务员	56	2.5		北京本地人	419	19.0
	事业单位人员	207	9.4		1 年以下	150	6.8
	企业人员	347	15.8		1~3 年	375	17.0
	教师	77	3.5		3~5 年	206	9.4
	私营企业主或个体经营者	76	3.5		5~10 年	149	6.8
	受雇于个体经营者	69	3.1		10~15 年	115	5.2
	其他职业	99	4.5		15~20 年	50	2.3
					20 年以上	86	3.9

4.2.4.2 公众认知的描述性统计分析

(1)基本认知的描述性统计分析。表 4-9 为对 2 201 份数据中的基本认知类变量进行描述性统计分析的结果。由表 4-9 可知,变量 BC3、BC4、BC5、BC6、BC8 的均值接近其相应的极大值,表明受访者绝大多数人认为古树名木具有历史文化价值、景观价值、科学研究价值、生态价值,并且有必要对古树名木进行保护与管理。而其他变量的均值相较于各自的极大值较低,说明受访者对古树名木的含义、分类、林副产品价值的认知程度较低;从各个变量的标准差来看,相对来说,变量 BC7 相对较大,说明该变量的大部分取值和均值之间的差异较大。

表 4-9 基本认知描述性统计分析
Tab. 4-9 Descriptive analysis of basic cognition

变量	代码	取值说明	极小值	极大值	均值	标准差
古树名木含义	BC1	2=十分了解,1=了解一些,0=不了解	0	2	0.635	0.567
古树名木分类	BC2	2=十分了解,1=了解一些,0=不了解	0	2	0.392	0.540
历史文化价值	BC3	1=有,-1=没有,0=不清楚	-1	1	0.903	0.338
景观价值	BC4	1=有,-1=没有,0=不清楚	-1	1	0.947	0.270
科学研究价值	BC5	1=有,-1=没有,0=不清楚	-1	1	0.869	0.391
生态价值	BC6	1=有,-1=没有,0=不清楚	-1	1	0.899	0.360
林副产品价值	BC7	1=有,-1=没有,0=不清楚	-1	1	0.479	0.704
管护必要性	BC8	1=有必要,-1=没必要,0=无所谓	-1	1	0.968	0.215

（2）规定认知描述性统计分析。表4-10为对2 201份数据中的规定认知类变量进行描述性统计分析的结果。由表4-10可知，变量RC3、RC4的均值接近其相应的极大值，表明受访者大多数认为保护古树名木是每个人都具有的权利和义务，且对损害古树名木的行为认识较多；从各个变量的标准差来看，相对来说，变量RC4相对较大，说明该变量的大部分取值和均值之间的差异较大。

表4-10　规定认知描述性统计分析

Tab. 4-10　Descriptive analysis ofregulations cognition

变量	代码	取值说明	极小值	极大值	均值	标准差
管护规定认知	RC1	0＝0项,1＝1～3项,2＝4～6项,3＝7～9项,4＝10～12项,5＝13～15项	0	5	0.561	0.937
责任划分认知	RC2	2＝十分了解,1＝了解一些,0＝不了解	0	2	0.297	0.512
权利义务认知	RC3	2＝是每个人都具有的权利和义务 1＝是每个人都具有的权利,但不是义务 1＝是每个人都具有的义务,但不是权利 −1＝既不是权利,也不是义务 0＝不清楚	−1	2	1.606	0.710
损害行为认知	RC4	n＝选择了损害行为中的n项	1	14	11.279	3.605

（3）现状认知描述性统计分析。表4-11为对2 201份数据中的现状认知类变量进行描述性统计分析的结果。由表4-11可知，变量CC2、CC3的均值接近其相应的极大值，表明受访者大多数对于北京市古树名木管护力度、效果和管护专家、技术人员的技术水平有所了解。而变量CC1的均值与其极大值相差很大，表明大多数受访者了解古树名木的渠道较少；从各个变量的标准差来看，相对来说，变量CC1的标准差较大，说明该变量的大部分取值和均值之间的差异较大。

表4-11　现状认知描述性统计分析

Tab. 4-11　Descriptive analysis ofcognition of current situation

变量	代码	取值说明	极小值	极大值	均值	标准差
了解渠道	CC1	n＝选择了了解渠道中的n项	0	11	3.133	2.254
管护效果认知	CC2	1＝是的,我认为管护力度很大、管护效果良好 1＝我认为有一定管护力度,但仍存在问题 1＝我认为管护力度不大,管护效果不好 0＝不清楚	0	1	0.770	0.421
技术水平认知	CC3	1＝是的,我认为管护专家、技术人员技术水平高 1＝我认为有一定技术水平,但仍需提高 1＝我认为管护水平不高 0＝不清楚	0	1	0.666	0.472

4.2.4.3　公众参与情感类变量的描述性统计分析

表 4-12 为对 2 201 份数据中的参与情感类变量进行描述性统计分析的结果。由表 4-12 可知,变量 EM1、EM2、EM3 的均值接近其相应的极大值,表明受访者大多数认为参与北京市古树名木的管护活动很有意义,且会得到身边人的支持,在参与过程中也会感到很愉快。而变量 EM4 的均值与极大值相差较大,表明大多数受访者并不认为参与古树名木管护能给自己带来很多好处;从各变量的标准差来看,变量 EM4 的标准差较大,说明该变量的大部分取值和均值之间的差异较大。

表 4-12　公众参与情感描述性统计分析
Tab.　4-12　Descriptive analysis of public participation emotion

变量	代码	取值说明	极小值	极大值	均值	标准差
是否有意义	EM1	1=是,-1=不是,0=说不准	-1	1	0.900	0.351
是否会得到支持	EM2	1=会,-1=不会,0=说不准	-1	1	0.754	0.476
是否感到很愉快	EM3	1=会,-1=不会,0=说不准	-1	1	0.848	0.412
获得的好处	EM4	n=选择了好处中的 n 项	0	6	2.854	1.251

4.2.4.4　公众参与行为意向类变量的描述性统计分析

表 4-13 为对 2 201 份数据中的公众参与行为意向类变量进行描述性统计分析的结果。由表 4-13 可知,在变量 BI1~BI7 中,极大值均为 5,均值由高到低排序,依次为:BI2、BI6、BI7、BI3、BI5、BI4、BI1,表明从整体来看,受访者的行为意向,由高到低依次为:对于损伤、破坏古树名木的行为进行劝阻,向身边的人宣传保护与管理的重要性,就保护与管理问题向管护责任者献言献策,向政府部门揭发损伤、破坏古树名木违法犯罪行为,以"出劳认养"方式认养古树名木,以"出资认养"方式认养古树名木,参与特定的古树名木保护活动。由于 BI8 变量取值 0 代表不愿意支付,1 代表愿意支付,而 BI8 变量的均值为 0.602,表明约有 60% 的受访者愿意支付。从各个变量的标准差来看,变量 BI1~BI7 的标准差均较大,说明变量的大部分取值和均值间差异较大。为更详细地分析不同公众的参与行为意向选择,通过绘制柱状图来分析不同选项的比例(图 4-3 至图 4-10,其中图 4-4 至图 4-9 中,A、B、C、D、E 分别代表表 4-13 中相应变量 5、4、3、2、1)。

表4-13 公众参与行为意向描述性统计分析

Tab. 4-13 Descriptive analysis of public participation behavior intention

变量	代码	取值说明	极小值	极大值	均值	标准差
愿意参与的活动	BI1	n=选择了活动中的n项	0	5	2.100	1.317
是否会劝阻	BI2	5=绝对会,4=应该会,3=说不准, 2=应该不会,1=绝对不会	1	5	4.109	0.807
是否会揭发	BI3	5=绝对会,4=应该会,3=说不准, 2=应该不会,1=绝对不会	1	5	3.743	0.912
是否愿意出资认养	BI4	5=十分愿意,4=比较愿意,3=说不准, 2=不太愿意,1=十分不愿意	1	5	3.095	0.988
是否愿意出劳认养	BI5	5=十分愿意,4=比较愿意,3=说不准, 2=不太愿意,1=十分不愿意	1	5	3.537	0.934
是否愿意宣传重要性	BI6	5=十分愿意,4=比较愿意,3=说不准, 2=不太愿意,1=十分不愿意	1	5	4.010	0.823
是否愿意献言献策	BI7	5=十分愿意,4=比较愿意,3=说不准, 2=不太愿意,1=十分不愿意	1	5	3.872	0.861
是否愿意支付金额	BI8	1=愿意,0=不愿意	0	1	0.602	0.490

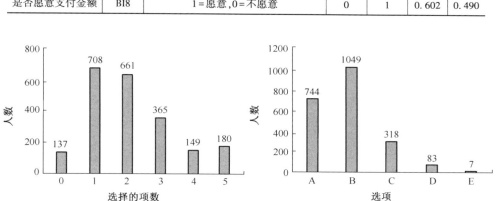

图4-3 变量BI1人数分布情况   图4-4 变量BI2人数分布情况

Fig. 4-3 Variable BI1 population distribution Fig. 4-4 Variable BI2 population distribution

由图4-3可知,在愿意参与的活动这一变量的调查中,仅有137人不愿意参与任何活动(占比约6%),其余94%的受访者均愿意参与至少一项活动,表明绝大部分人都有参与古树名木保护与管理相关活动的积极性。

由图4-4可知,在是否会劝阻损伤、破坏古树名木的行为这一变量的调查中,将近一半比例的人选择了应该会,其次是绝对会,两者共占比约81%,而选择说不准、应该不会和绝对不会的人数仅为408人(占比19%)。表明公众在遇到损坏古树名木的行为时,绝大部分会进行劝阻。

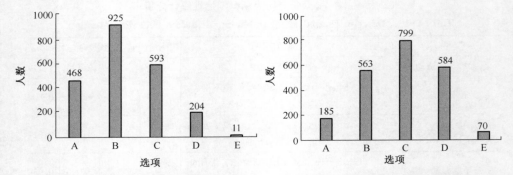

图 4-5 变量 BI3 人数分布情况   图 4-6 变量 BI4 人数分布情况
Fig. 4-5 Variable BI3 population distribution   Fig. 4-6 Variable BI4 population distribution

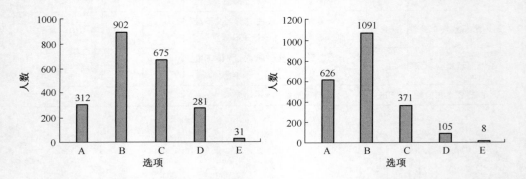

图 4-7 变量 BI5 人数分布情况   图 4-8 变量 BI6 人数分布情况
Fig. 4-7 Variable BI5 population distribution   Fig. 4-8 Variable BI6 population distribution

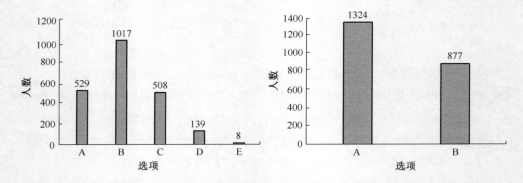

图 4-9 变量 BI7 人数分布情况   图 4-10 变量 BI8 人数分布情况
Fig. 4-9 Variable BI7 population distribution   Fig. 4-10 Variable BI8 population distribution

（注:A、B 分别代表表 4-13 中的变量 BI8 选项 1、0）

由图 4-5 可知,在是否会揭发损伤、破坏古树名木的行为这一变量的调查中,将近一半比例的人选择了应该会,其次是说不准,而选择绝对会的人数略低于选择说不准的人数。选择绝对会和应该会的人数占总人数的 63%。在进一步与公众的交谈中可知,公众选择说不准主要是基于以下两点原因:一是担心自己揭发损害古树名木的行为时,自身的安全会遭到威胁;二是并不知道向什么部门揭发,通过什么方式揭发。为此,应采取如下措施:一是构建公众参与法治机制,保护公众权利;二是构建公众参与教育机制、信息沟通机制、合作机制,促使公众能够与政府之间进行良好的沟通与合作;三是创新公众参与形式,使公众选择适合自身的参与形式。

由图 4-6 可知,在是否愿意出资认养古树名木这一变量的调查中,选择说不准的人数最多,其次是不太愿意和比较愿意,选择十分愿意认养古树名木的人数仅为 185 人。由此可知,在 2 201 个受访者中,愿意出资认养(包括十分愿意和比较愿意)古树名木的人数有 748 人,仅占总人数的 34%,这表明公众出资认养古树名木的积极性还有很大的激发空间。应构建教育机制,通过宣传教育,增强公众参与的积极性。而选择说不准的人数占总人数的 36%,这一部分人可能是出于对古树名木了解并不深入的原因,若扩大对古树名木保护重要性的宣传,并构建完善的教育机制作为保障,则极有可能激发这部分公众参与的热情,使参与行为意向由说不准转变为愿意。

由图 4-7 可知,在是否愿意出劳认养古树名木这一变量的调查中,将近一半的人选择了比较愿意,其次为说不准,而选择了十分愿意与选择不愿意(包括不太愿意和十分不愿意)的人数大致相同。总体来看,选择愿意出劳认养(包括十分愿意和比较愿意)的人数占受访者总数的比例为 55%,表明相较于出资认养,有更多的公众愿意出劳认养。此外,有 675 人选择了说不准,应通过构建机制,使参与行为意向由说不准转变为愿意。

由图 4-8 可知,在是否愿意宣传重要性这一变量的调查中,将近一半的人选择了比较愿意,其次为十分愿意。因此,选择愿意(包括十分愿意和比较愿意)的人数为 1 717 人,占调查总人数的 78%,表明公众对于宣传古树名木重要性这一行为的积极性较高。而尚有 371 人选择说不准,应通过创新形式,构建机制,使参与行为意向由说不准转变为愿意。

由图 4-9 可知,在是否愿意向管护责任者献言献策这一变量的调查中,结果与是否愿意宣传重要性这一变量的调查结果大体一致。其中选择说不准的 508 人是本研究重点需考察分析的对象,应通过创新形式,构建机制,使参与行为意向由说不准转变为愿意。

由图 4-10 可知,在被调查者中,有 1 324 人愿意为古树名木管护支付金额,约占 60%,有 877 人不愿意支付,约占 40%。这与实践中实际支付数量极少形成较大反差(例如 2017 年北京市设置了共 684 株可供认养的古树,结果仅有 9 个家庭 25 个个人认养 5 处 37 株古树),说明现有公众出资参与形式和机制存在很大问题,严重制约了公众支付意愿的实现。

在对公众参与支付意愿的调查中,进一步对其不愿意支付的原因进行了调查。具体是通过设置如下问题与选项进行调查。问题为"若您不愿意支付一定金额,原因是(多选题)",选项为"自己收入有限,无能力支付""担心费用并没有用到古树名木保护中""费用不应由个人支付,而应该由政府管护责任者或企业支付""景区门票费中应该包括保护费用(若在收费景区)""对古树名木的保护与管理不感兴趣""自身居住地距此地远,是否支付不会对自身带来影响"。此题为多选题,受访者可以选择一个及以上的选项。具体调查结果如图4-11。

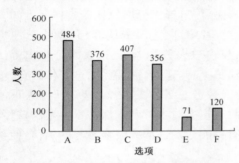

图 4-11 不愿意支付的原因分析
**Fig. 4-11 Analysis of reasons for
unwilling to pay**

由图 4-11 可知,在不愿意支付的 877 人中,选择最多的是选项 A:自己收入有限,无能力支付。有 484 人选择,这是由于受访者中有一部分人是学生、农民和无业者;其次是选项 C:费用应该由政府、管护责任者或企业支付,有 407 人选择。这反映出该部分受访者并未深刻意识到保护古树名木是每个人的权利和义务;再次是选项 B:担心所支付的费用很可能用不到资源保护上,有 376 人选择,这表明受访者希望资金的使用是透明的。因此,政府应为公众提供便于获取信息的渠道,确保政府的各项活动能够及时被公众所获知;然后是选项 D:景区门票费中应该包括保护费用(若在收费景区),有 356 人选择。在调查中,也有公众建议门票实行二类收费。一类门票费用包括古树名木的管护费用,一类门票费用不包括古树名木的管护费用,购买哪一类门票,依据公众自愿的原则;有 120 人选择了选项 F:自身居住地距此地远,是否支付不会对自身带来影响。选择这一选项的受访者大多为在北京市以外居住的人;有 71 人选择了选项 E:对古树名木的保护与管理不感兴趣。这表明公众是否对古树名木感兴趣并不构成其是否愿意支付的主要原因。

在对公众参与行为意向的调查中,进一步对公众参与古树名木保护与管理遇到的困难进行了调查与分析。具体是通过设置如下问题与选项进行调查。问题为"您认为您在参与北京市古树名木保护中,遇到的困难是(多选题)",选项为 A. 政府的奖励措施不够,没有调动我参与古树名木保护的积极性、B. 政府缺乏支持参与的政策,担心参与过程中权利得不到保障、C. 遇到问题不知向谁反映、D. 对古树名木并不了解,不能提出有针对性的意见和问题、E. 没有时间参与、F. 居住地离北京市较远。此题为多选题,受访者可选择一个及以上选项。具体调查结果如图4-12。

由图4-12可知,在公众参与到古树名木保护与管理遇到的困难中,选择最多的是选项D:对古树名木并不了解,不能提出有针对性的意见和问题,有1 165人选择,约占受访者总人数的53%,表明政府应增强对公众的宣传教育,提高其参与能力。其次是选项C:遇到问题不知向谁反映,有957人选择,约占受访者总人数的43%,表明当前政府为公众参与提供的渠道有待于进一步完善,政府与公众之间的沟通有待于进一步加强。

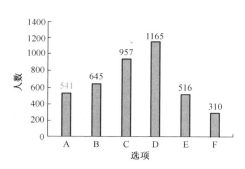

图4-12 公众参与遇到的困难
Fig. 4-12 Difficulties encountered in
public participation

然后是选项B:政府缺乏支持参与的政策,担心参与过程中权利得不到保障,有645人选择。因此应构建公众参与法治机制。有541人选择选项A:政府的奖励措施不够,没有调动我参与保护的积极性。这反映出公众将政府给予的奖励作为是否会参与到古树名木保护中的一个重要的考虑因素。因此应构建公众参与激励机制,调动公众参与的积极性。有516人选择E:没有时间参与。这是因为在北京市,绝大多数人的生活节奏很快,空余时间相对较少。考虑到这一情况,政府在公众参与中,应确保参与是高效的,应为公众提供方便参与的渠道,不会因为参与而影响到正常的生活作息。有310人选择F:居住地离北京市较远。这一选项为未在北京市居住的受访者所选。通过对公众参与到古树名木保护与管理遇到的困难的分析可知,当前公众参与形式的缺乏、公众参与运行机制的缺失,并未对公众参与提供良好的客观环境。

4.3 信度检验和效度检验

在进行信度检验和效度检验之前,先采用STATA13.0软件对数据进行标准化处理,以消除不同调查题项量纲设置不同的影响。

4.3.1 信度检验

信度检验的目的是检验问卷的可靠性。当对一个对象采用相同的测量方法多次测量后,能够得到相同的结果,就代表问卷具有可靠性,可以反映实际情况。

通常采用 Alpha 信度系数进行信度检验。信度系数取值范围在 0~1 之间，信度系数越高，表明信度越好，所得结果一致性越好，问卷的可靠性越高。一般认为，当 Alpha 信度系数取值<0.35 时，代表低信度；当取值在 0.35~0.7 之间时，代表中信度；当取值在 0.7~0.9 之间时，代表高信度；当取值在 0.9~1 之间时，代表信度非常好。

利用 STATA13.0 软件对变量进行信度检验见表 4-14。由表 4-14 可以看出，各变量的内部一致性检验所得到的 Alpha 信度系数均大于 0.6，且全部变量之间的一致性检验所得到的 Alpha 信度系数为 0.835，表明问卷的信度属于高信度，一致性结果可以接受，问卷调查的数据是可靠的。

表 4-14 变量信度检验的 Alpha 信度系数取值
Tab. 4-14   Value of Alpha reliability coefficient of variable reliability test

变量	项数	Alpha 信度系数取值
基本认知(BC)	8	0.621
规定认知(RC)	4	0.698
现状认知(CC)	3	0.784
公众参与情感(EM)	4	0.737
公众参与行为意向(BI)	8	0.797
总变量	27	0.835

4.3.2 效度检验

效度检验的目的是检验选取的变量是否准确地反映了所要研究的对象，即在多大程度上反映了研究对象的内容。效度越高，表明变量就越能反映研究对象的特征。由于信度高是效度高的必要条件，而非充分条件，因此需对变量做进一步的效度检验。常用于调查问卷效度分析的方法是结构效度分析。本研究采用因子分析法进行结构效度分析，根据 KMO 值和 Bartlett 球形检验作为各个变量相关性检验和独立性检验的判断标准。KMO 值取值范围在 0~1 之间，越接近于 1，表明变相关性越强，越适合做因子分析。当 KMO 值>0.9 时，表明十分适合；当取值在 0.8~0.9 之间时，表明很适合；当取值在 0.7~0.8 之间时，表明适合；当取值在 0.5~0.7 之间时，表明较适合；当取值<0.5 时，表明不适合。当 Bartlett 球形检验的 P 值≤0.01 时，表明适合。

通过对问卷数据做因子分析，得到整体 KMO 值为 0.848，Bartlett 球形检验 P 值为 0.000，表明问卷数据很适合做因子分析。

4.4 探索性因子分析

探索性因子分析是对变量进行降维的技术。由上文可知，问卷数据适合做因子分析,因此采用 STATA13.0 软件,运用主成分分析法,对问卷数据进行探索性因子分析。通过特征值>1 来确定主成分。由表 4-15 可知,前 7 个主成分特征值均>1,第八个主成分特征值<1,因此,选取前 7 个主成分进行分析。

表 4-15 主成分特征值及方差贡献率
Tab. 4-15 Principal component characteristic value and variance contribution rate

主成分	特征值	方差贡献率	累计贡献率	主成分	特征值	方差贡献率	累计贡献率
1	5.335	0.198	0.198	15	0.685	0.025	0.778
2	2.550	0.094	0.292	16	0.671	0.025	0.802
3	1.819	0.067	0.359	17	0.633	0.023	0.826
4	1.410	0.052	0.412	18	0.615	0.022	0.849
5	1.295	0.048	0.460	19	0.567	0.021	0.870
6	1.184	0.044	0.503	20	0.529	0.020	0.889
7	1.060	0.039	0.543	21	0.500	0.019	0.908
8	0.958	0.036	0.578	22	0.481	0.018	0.926
9	0.908	0.034	0.612	23	0.467	0.017	0.943
10	0.812	0.030	0.642	24	0.423	0.016	0.959
11	0.782	0.029	0.671	25	0.408	0.015	0.974
12	0.751	0.028	0.699	26	0.375	0.014	0.988
13	0.738	0.027	0.726	27	0.336	0.012	1.000
14	0.706	0.026	0.752				

依据方差最大化正交旋转方法,运算而得的旋转后因子载荷矩阵见表4-16。

表 4-16 旋转后因子载荷矩阵
Tab. 4-16 Rotational factor loading matrix

变量名称	因 子						
	1	2	3	4	5	6	7
含义认知	0.514	-0.121	0.033	0.020	0.073	0.046	-0.074
分类认知	0.554	-0.021	0.024	0.034	-0.022	-0.064	-0.015
历史文化价值认知	0.051	-0.138	0.392	0.007	0.105	0.037	-0.045
景观价值认知	-0.028	-0.026	0.518	-0.070	0.056	-0.011	-0.005
科学研究价值认知	0.045	0.110	0.441	-0.021	-0.092	-0.004	0.021
生态价值认知	-0.001	0.112	0.424	-0.008	-0.102	0.027	0.017
林副产品价值认知	0.046	0.189	0.219	0.079	-0.251	-0.032	0.109
管护重要性认知	-0.048	-0.117	0.339	0.153	0.157	-0.072	-0.040
规定项数认知	0.406	0.093	-0.054	-0.063	-0.018	0.078	0.054

（续）

变量名称	因 子						
	1	2	3	4	5	6	7
责任划分认知	0.457	0.070	−0.037	0.013	−0.000	−0.051	0.049
权利义务认知	−0.071	−0.017	0.076	0.200	0.157	0.028	0.157
损害行为认知	−0.066	−0.172	0.056	−0.011	0.165	0.416	−0.060
了解渠道认知	0.149	0.024	0.037	−0.095	−0.032	0.460	0.046
管护效果认知	−0.023	−0.039	0.008	0.006	0.013	−0.002	0.695
管护技术水平认知	0.013	0.009	−0.013	−0.025	−0.002	0.005	0.672
感到很有意义	−0.012	−0.060	0.084	0.531	−0.040	0.014	−0.027
会得到身边人支持	0.053	0.000	−0.062	0.491	−0.026	0.023	0.002
感到很愉快	0.009	0.032	−0.061	0.573	−0.030	−0.007	−0.011
会得到的好处	−0.077	−0.014	−0.015	0.066	−0.066	0.575	−0.010
愿意参加的活动	0.012	0.100	−0.042	0.007	0.000	0.500	0.020
是否会劝阻	0.017	−0.044	0.001	−0.004	0.576	−0.021	0.026
是否会揭发	0.015	0.058	0.003	−0.110	0.548	−0.016	−0.002
是否愿意出资认养	−0.008	0.521	−0.008	−0.034	0.070	−0.063	−0.014
是否愿意出劳认养	−0.014	0.477	−0.017	0.029	0.037	0.046	−0.056
是否愿意宣传	−0.007	0.216	−0.055	0.162	0.299	−0.001	0.037
是否愿意献言献策	0.019	0.237	−0.013	0.105	0.275	0.031	0.001
是否愿意支付金额	−0.046	0.473	0.061	−0.038	−0.098	0.051	−0.038

由表 4-16 可知,通过正交旋转后所得因子分析结果较上文中的划分更为详细。具体来看,因子 1 中包含:含义认知、分类认知、规定项数认知、责任划分认知。这些变量属于基本情况的认知,因此,命名为"基本认知"。因子 2 中包含:是否愿意出资认养、是否愿意出劳认养、是否愿意支付金额。这些变量属于公众投入劳动力、投入资金方面的行为意向变量,因此命名为"投入行为意向"。因子 3 中包含:历史文化价值认知、景观价值认知、科学研究价值认知、生态价值认知、林副产品价值认知、管护重要性认知。这些变量属于价值及重要性认知的变量,因此,命名为"价值及重要性认知"。因子 4 中包含:权利义务认知、感到很有意义、会得到身边人支持、感到很愉快。由于"权利义务认知"在初次分类中属于"规定认知"方面,现与初次划分不一致,可能是由于受访者对于权利义务的认知与其所持的情感态度有关,为保证问题分析的一致性,将"权利义务认知"这一变量剔除。因子 4 中的其他三个变量,均是反映公众参与情感方面的变量,因此,将其命名为"参与情感"。因子 5 中包

含:是否会劝阻、是否会揭发、是否愿意宣传、是否愿意献言献策。这些变量均属于公众是否愿意在古树名木的保护管理中采取行动的变量,因此,命名为"保护行为意向"。因子6中包含:损害行为认知、了解渠道认知、会得到的好处、愿意参加的活动。其中,"会得到的好处"在初次分类中属于"参与情感"方面,"愿意参加的活动"在初次分类中属于"参与行为意向"方面,现与初次划分不一致,可能是因为这两个变量受到了公众对古树名木的认知的影响,为保证问题分析的一致性,将"会得到的好处""愿意参加的活动"这两个变量剔除。因子6中的其他两个变量,均是反映公众对于古树名木相关信息的认知,因此,将其命名为"信息认知"。因子7中包含:管护效果认知、管护技术水平认知。这两个变量属于对古树名木管护情况的认知,因此,将其命名为"管护认知"。最终重新划分后的类别见表4-17。

表4-17　重新调整划分后的变量类别情况
Tab. 4-17　Re-adjust the variable category status

类别	包含变量	测量题项
基本认知（BC）	BC1	您了解古树名木的含义吗?
	BC2	您了解古树名木的分类吗?
	BC3	北京市共发布了15项关于古树名木保护与管理的规定。您听说过几项?
	BC4	您了解当前北京市古树名木管护责任的划分情况吗?
价值及重要性认知（VI）	VI1	您认为古树名木有历史文化价值吗?
	VI2	您认为古树名木有景观价值吗?
	VI3	您认为古树名木有科学研究价值吗?
	VI4	您认为古树名木有生态价值吗?
	VI5	您认为古树名木有林副产品价值吗?
	VI6	您认为有必要对古树名木进行保护与管理吗?
信息认知（IC）	IC1	以下行为中,您认为哪些属于损害古树名木的行为?
	IC2	您从以下哪些渠道了解过古树名木?
管护认知（MP）	MP1	您是否认为当前北京市古树名木管护力度很大、管护效果良好?
	MP2	您是否认为当前北京市古树名木管护专家、技术人员技术水平高?
参与情感（EM）	EM1	您认为参与北京市古树名木管护活动是一件很有意义的事情吗?
	EM2	您认为参与北京市古树名木管护活动会得到身边人的支持吗?
	EM3	您认为参与北京市古树名木管护活动会使您感到很愉快吗?
投入行为意向（II）	II1	您愿意以"出资认养"方式认养古树名木吗?
	II2	您愿意以"出劳认养"方式认养古树名木吗?
	II3	您愿意为北京市古树名木管护支付一定金额吗?

（续）

类别	包含变量	测 量 题 项
保护行为 意向 （PI）	PI1	对于损伤、破坏古树名木的行为,您是否会进行劝阻?
	PI2	对于损伤、破坏古树名木的行为,您是否会向政府部门揭发违法犯罪行为?
	PI3	您愿意向身边的人宣传北京市古树名木保护与管理的重要性吗?
	PI4	您愿意就北京市古树名木的保护与管理问题向管护责任者献言献策吗?

4.5 受访者特征与公众认知、参与情感、参与行为意向相关关系研究

通过分析受访者特征与公众认知、参与情感、参与行为意向之间的相关关系,可以获知不同特征的受访者对古树名木保护与管理的认知情况、参与情感及参与行为意向,为下文结构方程分析及公众参与形式创新、公众参与运行机制构建、公众参与有效决策模型构建提供思路与方向。由上文可知,受访者特征包括性别、民族、年龄、月平均收入、学历、职业、职业与资源保护的相关性、婚姻状况、居住区域、居住地性质、居住地附近是否有古树名木、来京时间。依据 $R \times C$ 列联表卡方检验来分析相关关系。

4.5.1 受访者特征与公众认知相关关系研究

由上文的探索性因子分析结果可到,公众认知分为基本认知、价值及重要性认知、信息认知、管护认知四类认知。依次对受访者特征与四类认知之间的关系进行相关关系分析。采用 STATA13.0 软件进行分析。

4.5.1.1 受访者特征与基本认知相关关系分析

对受访者特征与基本认知进行 $R \times C$ 列联表卡方检验,以分析相关关系。结果见表 4-18。由表 4-18 可知,性别、年龄、月平均收入、学历、职业、职业相关性、婚姻状况、居住区域、居住区域性质、附近是否有古树名木、来京时间与基本认知具有显著相关关系。居住区域的卡方值最大(404.872 0),表明其是主导影响因子。性别方面,男性的得分高于女性的得分;年龄方面,得分由高到低排序为:41~50 岁>51~60 岁>31~40 岁>61 岁以上>26~30 岁>18 岁及以下>23~25 岁>19~22 岁;收入方面,得分排序为:5 001~8 000 元>8 001~10 000 元>10 001~13 000 元> 3 001~5 000 元> 13 001~15 000 元>有收入,在 3 000 元及以下>没有收入>15 001~18 000 元>18 001 元及以上;学历方面,得分排序为:专科>博士>高中及中专>硕士>本科>初中>小学及以下;职业方面,得分排序为:公务员>事业单位人员>退休人员>教师>受雇于个体经

营者>工人>农民>其他职业>私营企业主或个体经营>学生>企业人员;职业相关性方面,与资源保护相关的公众比无关的公众得分高;婚姻状况方面,得分排序为:离异>已婚>再婚>未婚>丧偶;居住区域方面,得分排序为:门头沟区>石景山区>怀柔区>丰台区>顺义区>延庆区>平谷区>大兴区>房山区>昌平区>密云区>西城区>东城区>海淀区>朝阳区>没有在北京市>通州区;居住区域性质方面,得分排序为:县城>镇(乡)>市区/城区>村;居住地附近是否有古树名木方面,得分排序为:有>没有>不清楚;来京时间方面,得分排序为:20年以上>北京本地人,一直生活在北京>15~20年>10~15年>5~10年>外地游客,短暂停留>3~5年>1~3年>1年以下。

表 4-18 受访者特征与基本认知的 $R×C$ 列联表卡方检验
Tab. 4-18 Chi-square test of $R*C$ contingency table of the characteristics and basic cognition of the interviewees

变量	卡方值	P 值	变量	卡方值	P 值
性别	26.2176***	0.006	职业相关性	141.3334***	0.000
民族	12.9445	0.297	婚姻状况	71.1072***	0.006
年龄	127.8661***	0.000	居住区域	404.8720***	0.000
月平均收入	128.5621***	0.003	区域性质	54.7250***	0.010
学历	94.5635**	0.012	附近是否有古树名木	144.9709***	0.000
职业	239.0085***	0.000	来京时间	181.8943***	0.000

注:***、**、*分别表示在1%、5%、10%的水平下通过显著性检验。

4.5.1.2 受访者特征与价值及重要性认知相关关系分析

对受访者特征与价值及重要性认知进行 $R×C$ 列联表卡方检验,结果见表4-19。由表4-19可知,性别、年龄、学历、职业、职业相关性、婚姻状况、居住区域、居住区域性质与价值及重要性认知具有显著相关关系,居住区域的卡方值最大(326.4125),表明其是主导影响因子。性别方面,女性得分高于男性得分;年龄方面,得分排序为:19~22岁>26~30岁>23~25岁>31~40岁>41~50岁>61岁以上>18岁及以下>51~60岁;学历上,得分排序为:博士>专科>本科>硕士>高中及中专>初中>小学及以下;职业方面,得分排序为:公务员>事业单位人员>教师>退休人员>学生>企业人员>私营企业主或个体经营>受雇于个体经营者>其他职业>工人>农民;职业相关性方面,与资源保护相关的公众比无关的公众得分高;婚姻状况方面,得分排序为:未婚>已婚>离异>丧偶>再婚;居住区域方面,得分排序为:石景山区>海淀区>丰台区>密云区>朝阳区>大兴区>没有在北京市>平谷区>西城区>门头沟区>东城区>昌平区>通州区>怀柔区>房山区>顺义区>延庆区;居住区域性质方面,得分排序为:市区/城区>县城>村>镇(乡)。

表 4-19　受访者特征与价值及重要性认知的 *R×C* 列联表卡方检验

Tab. 4-19　Chi-square test of *R * C* contingency table of the characteristics and recognition of value and importance of the interviewees

变量	卡方值	*P* 值	变量	卡方值	*P* 值
性别	27.726 2***	0.002	职业相关性	22.084 2**	0.015
民族	15.543 6	0.113	婚姻状况	113.835 1***	0.000
年龄	98.682 9**	0.014	居住区域	326.412 5***	0.000
月平均收入	76.631 4	0.586	区域性质	104.726 5***	0.000
学历	219.783 5***	0.000	附近是否有古树名木	24.159 8	0.235
职业	215.194 6***	0.000	来京时间	83.792 1	0.364

注：***、**、*分别表示在 1%、5%、10%的水平下通过显著性检验。

4.5.1.3　受访者特征与信息认知相关关系分析

对受访者特征与信息认知进行 $R×C$ 列联表卡方检验,结果见表 4-20。由表 4-20 可知,性别、年龄、月平均收入、学历、职业、职业相关性、婚姻状况、居住区域、居住区域性质、附近是否有古树名木、来京时间与信息认知具有显著相关关系,居住区域卡方值最大(613.990 2),表明居住区域是影响信息认知的主导因子。在性别方面,女性的得分高于男性的得分;在年龄方面,得分排序为:41～50岁>26～30 岁>31～40 岁>61 岁以上>51～60 岁>23～25 岁>18 岁及以下>19～22岁;收入方面,得分排序为:15 001～18 000 元>8 001～10 000 元>10 001～13 000 元>5 001～8 000 元>13 001～15 000 元>3 001～5 000 元>18 001 元及以上>有收入,在 3 000 元及以下>没有收入;在学历上,得分排序为:博士>硕士>专科>本科>硕士>高中及中专>初中>小学及以下;职业方面,得分排

表 4-20　受访者特征与信息认知的 *R×C* 列联表卡方检验

Tab. 4-20　Chi-square test of *R * C* contingency table of the characteristics and information cognition of the interviewees

变量	卡方值	*P* 值	变量	卡方值	*P* 值
性别	33.215 3*	0.100	职业相关性	112.816 0***	0.000
民族	36.010 6	0.765	婚姻状况	177.100 8***	0.000
年龄	287.025 9***	0.000	居住区域	613.990 2***	0.000
月平均收入	241.1660***	0.009	区域性质	108.387 0***	0.004
学历	261.470 6***	0.000	附近是否有古树名木	104.784 1***	0.000
职业	357.005 7***	0.000	来京时间	276.431 3***	0.000

注：***、**、*分别表示在 1%、5%、10%的水平下通过显著性检验。

序为:教师>公务员>事业单位人员>退休人员>企业人员>其他职业>受雇于个体经营者>工人>私营企业主或个体经营>学生>农民;职业相关性方面,与资源保护相关的公众比无关的公众得分高;婚姻状况方面,得分排序为:离异>已婚>未婚>丧偶>再婚;居住区域方面,得分排序为:门头沟区>石景山区>密云区>西城区>丰台区>朝阳区>没有在北京市>大兴区>平谷区>昌平区>东城区>海淀区>通州区>房山区>延庆区>顺义区>怀柔区;居住区域性质方面,得分排序为:市区/城区>县城>镇(乡)>村;居住地附近是否有古树名木方面,得分排序为:有>没有>不清楚;来京时间方面,得分排序为:20 年以上>北京本地人,一直生活在北京>10~15 年>外地游客,短暂停留>15~20 年>5~10 年>1~3 年>1 年以下> 3~5 年。

4.5.1.4 受访者特征与管护认知相关关系分析

对受访者特征与管护认知进行 $R \times C$ 列联表卡方检验,结果见表 4-21。由表 4-21 可知,性别、年龄、月平均收入、学历、职业、职业相关性、婚姻状况、居住区域、附近是否有古树名木、来京时间与管护认知具有显著相关关系,居住区域的卡方值最大(72.025 2),表明居住区域是主导影响因子。性别方面,男性的得分高于女性的得分;年龄方面,得分排序为:51~60 岁>61 岁以上>41~50 岁>31~40 岁>26~30 岁>18 岁及以下>23~25 岁>19~22 岁;收入方面,得分排序为:3 001~5 000 元>8 001~10 000 元>15 001~18 000 元>13 001~15 000 元>5 001~8 000 元>10 001~13 000 元>有收入,在 3 000 元及以下>没有收入>18 000元及以上;学历上,得分排序为:专科>高中及中专>初中>博士>本科>硕士>小学及以下;职业方面,得分排序为:退休人员>公务员>私营企业主或个体经营>工人>事业单位人员>教师>受雇于个体经营者>企业人员>农民>学生>其他职业;职业相关性方面,与资源保护相关的公众比无关的公众得分高;婚姻状况上,得分排序为:再婚>已婚>离异>未婚>丧偶;居住区域上,得分排序为:石景山区>大兴区>密云区>平谷区>西城区>昌平区>门头沟区>丰台区>怀柔区>朝阳区>东城区>通州区>房山区>顺义区>海淀区>延庆区>没有在北京市;居住地附近是否有古树名木上,得分排序为:有>没有>不清楚;来京时间上,得分排序为:北京本地人,一直生活在北京>10~15 年>20 年以上>15~20 年> 3~5 年>5~10年>外地游客,短暂停留>1 年以下>1~3 年。

表 4-21 受访者特征与管护认知的 $R \times C$ 列联表卡方检验

Tab. 4-21 Chi-square test of $R * C$ contingency table of the characteristics and cognition of management protection of the interviewees

变量	卡方值	P 值	变量	卡方值	P 值
性别	12.446 3***	0.002	职业相关性	19.664 8***	0.000
民族	1.082 1	0.582	婚姻状况	24.948 5***	0.002
年龄	32.293 1***	0.004	居住区域	72.025 2***	0.000

(续)

变量	卡方值	P 值	变量	卡方值	P 值
月平均收入	47.903 9***	0.000	区域性质	5.872 3	0.438
学历	25.958 5**	0.011	附近是否有古树名木	55.179 4***	0.000
职业	66.348 4***	0.000	来京时间	63.797 9***	0.000

注:***、**、*分别表示在 1%、5%、10%的水平下通过显著性检验。

4.5.2　受访者特征与公众参与情感相关关系研究

对受访者特征与参与情感进行 $R \times C$ 列联表卡方检验,结果见表 4-22 所示。由表 4-22 可知,性别、学历、职业、职业相关性、婚姻状况、居住区域、居住区域性质、附近是否有古树名木与参与情感具有显著相关关系,居住区域的卡方值最大(132.053 6),表明其是主导影响因子。性别方面,女性的得分高于男性;学历上,得分排序为:专科>高中及中专>硕士>博士>本科>初中>小学及以下;职业方面,得分排序为:公务员>事业单位人员>退休人员>教师>企业人员>私营企业主或个体经营>其他职业>学生>受雇于个体经营者>工人>农民;职业相关性方面,与资源保护相关的公众比无关的公众得分高;婚姻状况方面,得分排序为:丧偶>已婚>未婚>离异>再婚;居住区域方面,得分排序为:密云区>延庆区>平谷区>房山区>石景山区>西城区>丰台区>门头沟区>没有在北京市>朝阳区>东城区>昌平区>海淀区>大兴区>通州区>怀柔区>顺义区;居住区域性质方面,得分排序为:市区/城区>县城>镇(乡)>村;居住地附近是否有古树名木方面,得分排序为:有>没有>不清楚。

表 4-22　受访者特征与参与情感的 $R \times C$ 列联表卡方检验

Tab. 4-22　Chi-square test of $R * C$ contingency table of the characteristics and public participation emotion of the interviewees

变量	卡方值	P 值	变量	卡方值	P 值
性别	21.576 8***	0.001	职业相关性	13.205 6**	0.040
民族	6.251 2	0.396	婚姻状况	110.583 4***	0.000
年龄	51.467 7	0.150	居住区域	132.053 6***	0.009
月平均收入	49.797 9	0.402	区域性质	41.949 5***	0.001
学历	59.299 9***	0.009	附近是否有古树名木	50.736 3**	0.000
职业	102.333 3***	0.001	来京时间	57.920 6	0.155

注:***、**、*分别表示在 1%、5%、10%的水平下通过显著性检验。

4.5.3　受访者特征与参与行为意向相关关系研究

4.5.3.1　受访者特征与投入行为意向相关关系分析

对受访者特征与投入行为意向进行 $R \times C$ 列联表卡方检验,结果见表 4-23。

由表4-23可知,性别、年龄、月平均收入、学历、职业、职业相关性、婚姻状况、居住区域、居住区域性质、附近是否有古树名木、来京时间与投入行为意向具有显著相关关系。居住区域的卡方值最大(208.509 1),表明其是主导影响因子。性别方面,女性的得分高于男性;年龄方面,得分排序为:18岁及以下>41~50岁>26~30岁>51~60岁>31~40岁>61岁以上>19~22岁>23~25岁;收入方面,得分排序为:5 001~8 000元>8 001~10 000元>3 001~5 000元>15 001~18 000元>没有收入>13 001~15 000元>有收入,在3 000元及以下>10 001~13 000元>18 001元及以上;学历上,得分排序为:高中及中专>博士>专科>初中>硕士>本科>小学及以下;职业方面,得分排序为:教师>事业单位人员>私营企业主或个体经营>农民>学生>公务员>退休人员>企业人员>工人>受雇于个体经营者>其他职业;职业相关性方面,与资源保护相关的公众比无关的公众得分高;婚姻状况方面,得分排序为:已婚>未婚>离异>丧偶>再婚;居住区域方面,得分排序为:延庆区>密云区>昌平区>顺义区>没有在北京市>朝阳区>丰台区>房山区>东城区>西城区>海淀区>怀柔区>门头沟区>平谷区>大兴区>石景山区>通州区;居住区域性质方面,得分排序为:县城>村>镇(乡)>市区/城区;居住地附近是否有古树名木方面,得分排序为:有>没有>不清楚;来京时间方面,得分排序为:10~15年>外地游客,短暂停留>20年以上>5~10年>北京本地人,一直生活在北京>15~20年>1~3年>3~5年>1年以下。

表4-23　受访者特征与投入行为意向的 $R \times C$ 列联表卡方检验

Tab. 4-23　Chi-square test of R * C contingency table of the characteristics and capital input intention of the interviewees

变量	卡方值	P 值	变量	卡方值	P 值
性别	26.096 0***	0.002	职业相关性	55.638 4***	0.000
民族	4.984 3	0.836	婚姻状况	57.542 3**	0.013
年龄	129.163 1***	0.000	居住区域	208.509 1***	0.000
月平均收入	90.394 7*	0.070	区域性质	48.247 3***	0.007
学历	92.249 3***	0.001	附近是否有古树名木	74.598 9***	0.000
职业	135.854 5***	0.001	来京时间	104.057 6***	0.008

注:***、**、*分别表示在1%、5%、10%的水平下通过显著性检验。

4.5.3.2　受访者特征与保护行为意向相关关系分析

对受访者特征与保护行为意向进行 $R \times C$ 列联表卡方检验,结果见表4-24。由表4-24可知,年龄、学历、职业、职业相关性、婚姻状况、居住区域、居住区域性质、附近是否有古树名木、来京时间与保护行为意向具有显著相关关系,居住区域卡方值最大(327.292 9),表明其是主导影响因子。年龄方面,得分排序为:

51~60 岁>41~50 岁>18 岁及以下>26~30 岁>61 岁以上>31~40 岁>23~25 岁>19~22 岁;学历上,得分排序为:初中>专科>高中及中专>博士>本科>硕士>小学及以下;职业方面,得分排序为:教师>事业单位人员>私营企业主或个体经营>公务员>农民>退休人员>其他职业>企业人员>工人>受雇于个体经营者>学生;职业相关性方面,与资源保护相关的公众比无关的公众得分高;婚姻状况方面,得分排序为:已婚>离异>未婚>丧偶>再婚;居住区域方面,得分排序为:延庆区>大兴区>密云区>丰台区>门头沟区>房山区>石景山区>怀柔区>没有在北京市>朝阳区>顺义区>昌平区>西城区>东城区>通州区>海淀区>平谷区;居住区域性质方面,得分排序为:镇(乡)>县城>村>市区/城区;居住地附近是否有古树名木方面,得分排序为:有>没有>不清楚;来京时间方面,得分排序为:20 年以上>北京本地人,一直生活在北京>10~15 年>外地游客,短暂停留>15~20 年>5~10 年>1 年以下>3~5 年>1~3 年。

表 4-24 受访者特征与保护行为意向的 *R×C* 列联表卡方检验

Tab. 4-24 Chi-square test of *R* * *C* contingency table of the characteristics and protective behavior intention of the interviewees

变量	卡方值	*P* 值	变量	卡方值	*P* 值
性别	13.023 3	0.525	职业相关性	87.052 9***	0.000
民族	4.487 5	0.992	婚姻状况	150.807 8***	0.000
年龄	183.664 9***	0.000	居住区域	327.292 9***	0.000
月平均收入	110.123 7	0.532	区域性质	77.932 6***	0.001
学历	172.615 2***	0.000	附近是否有古树名木	117.586 4***	0.000
职业	184.855 2***	0.007	来京时间	268.080 0***	0.000

注:***、**、*分别表示在 1%、5%、10%的水平下通过显著性检验。

4.6 公众认知和参与情感对参与行为意向的影响实证研究

上文对古树名木保护与管理中的公众认知、参与情感、参与行为意向进行了描述性统计分析,通过探索性因子分析进行了降维。公众对于古树名木保护与管理的认知与情感影响到他们的行为意向。基于上文中提到的拓展的知情行理论模型的第一阶段,本节采用结构方程模型分析公众认知和参与情感对参与行为意向的影响。

4.6.1 结构方程模型及原理

结构方程模型（Structural Equation Model）在多元数据分析中具有重要应用，依据协方差矩阵来进行变量之间关系的分析，打破了传统方法无法有效测量潜在变量的缺陷，是分析因果关系模型的重要方法。结构方程模型既可包含显变量，也可包含潜在变量，可同时处理多个因变量，允许自变量与因变量有测量误差，可同时估计因子结构与因子关系，允许更加复杂的模型，可估计整个模型的拟合程度，适用于大样本分析，是研究公众态度影响的重要方法。结构方程模型包含两个基本模型：测量模型和结构模型（吴明隆，2017）。

（1）测量模型。由潜在变量与观察变量组成。观察变量是通过问卷等获得的数据；潜在变量是抽象的概念，例如态度、满意度等，数据不能直接测量，需要根据观察变量获得数据。有三个观察变量的测量模型的回归方程式可以为：

$$X_1 = \lambda_1 \xi_1 + \delta_1 \tag{4-1}$$
$$X_2 = \lambda_2 \xi_1 + \delta_2 \tag{4-2}$$
$$X_3 = \lambda_3 \xi_1 + \delta_3 \tag{4-3}$$
$$Y_1 = \lambda_1 \eta_1 + \varepsilon_1 \tag{4-4}$$
$$Y_2 = \lambda_2 \eta_1 + \varepsilon_2 \tag{4-5}$$
$$Y_3 = \lambda_3 \eta_1 + \varepsilon_3 \tag{4-6}$$

矩阵方程式为：

$$X = \Lambda_X \xi + \delta \tag{4-7}$$
$$Y = \Lambda_Y \eta + \varepsilon \tag{4-8}$$

式 4-7、式 4-8 中，X、Y 分别表示外生观察变量、内生观察变量构成的向量，Λ_X、Λ_Y 为向量 X、Y 的因素负荷量，ξ、η 分别表示外生、内生潜在变量因子组成的向量，δ、ε 分别表示外生、内生观察变量的误差项。且式 4-7、式 4-8 应满足：δ、ε 均值为零，δ 与 ε、ξ、η 不相关，ε 与 δ、ξ、η 不相关。

（2）结构模型。用以说明潜在变量间的因果关系。公式 4-9 即为一个结构模型的回归方程式：

$$\eta_1 = \gamma_{11} \xi_1 + \gamma_{12} \xi_2 + \xi_1 \tag{4-9}$$

矩阵方程式为：

$$\eta = \Gamma \xi + \zeta \tag{4-10}$$

式 4-10 中，η 表示内生潜在变量，Γ 表示结构系数矩阵，ξ 表示外生潜在变量，ζ 表示干扰潜在变量。且式 4-10 应满足 ξ 与 ζ 不相关。

基于以上方法，本研究对于北京市古树名木保护与管理中的公众认知、参与情感对参与行为意向的影响进行实证分析。在本章的研究中，采用的变量为潜在变量，因此，构建的结构方程模型属于结构模型。

4.6.2 研究假设的提出与模型构建

4.6.2.1 理论模型

由本章第二节理论分析框架的分析可知,将拓展的知情行理论模型的第一阶段作为研究北京市古树名木保护与管理中的公众参与行为意向影响机理的理论指导模型,由此形成了公众参与意向影响机理理论模型,如图4-13。

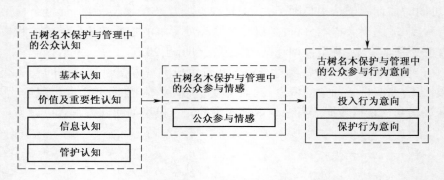

图4-13 参与行为意向影响机理理论模型

Fig. 4-13 Theoretical model of the influence mechanism of behavioral intention on participation

4.6.2.2 研究假设

(1)公众对古树名木保护与管理的认知对参与情感的影响。对事物的认知会对该事物产生相应的情感的观点已经得到心理学界的广泛认同。根据拓展的知情行理论模型的第一阶段,公众首先获取古树名木保护与管理相关信息,在此基础上对信息进行加工,在此过程中增强了敏感度,进而产生参与情感,即参与是否是有意义的,是否会觉得很快乐。基于以上分析,提出假设 H_1。

H_1:公众的认知均对参与情感有显著正向影响。

H_{1a}:公众的基本认知对参与情感有显著正向影响;H_{1b}:公众的价值及重要性认知对参与情感有显著正影响;H_{1c}:公众的信息认知对参与情感有显著正向影响;H_{1d}:公众的管护认知对参与情感有显著正向影响。

(2)公众对古树名木保护与管理的参与情感对参与行为意向的影响。根据拓展的知情行理论模型的第一阶段,个体在对某一事物所持情感的指导下,会对该事物作出相应的行为意向。在古树名木的保护与管理中,公众在参与情感的指导下,可能会产生相应的参与行为意向。基于以上分析,提出假设 H_2。

H_2:公众的参与情感对参与行为意向均有显著正向影响。

H_{2a}:公众的参与情感对投入行为意向有显著正向影响;H_{2b}:公众的参与情

感对保护行为意向有显著正向影响。

（3）公众对古树名木保护与管理的认知对参与行为意向的影响。根据拓展的知情行理论模型的第一阶段，个体对某一事物做出的行为意向，起源于对该事物的认知。公众对古树名木保护与管理的参与行为意向，起源于公众的认知。公众对于古树名木保护与管理的认知越深刻，其参与行为意向可能越积极。因此提出假设 H_3。

H_3：公众的认知对参与行为意向均有显著正向影响。

H_{3a}：公众的基本认知对投入行为意向有显著正向影响；H_{3b}：公众的价值及重要性认知对投入行为意向有显著正向影响；H_{3c}：公众的信息认知对投入行为意向有显著正向影响；H_{3d}：公众的管护认知对投入行为意向有显著正向影响；H_{3e}：公众的基本认知对保护行为意向有显著正向影响；H_{3f}：公众的价值及重要性认知对保护行为意向有显著正向影响；H_{3g}：公众对古树名木保护与管理的信息认知对保护行为意向有显著正向影响；H_{3h}：公众对古树名木保护与管理的管护认知对保护行为意向有显著正向影响。

4.6.2.3　模型构建

结合研究假设，构建古树名木保护与管理公众参与行为意向与影响因子之间的结构方程模型，如图 4-14。此模型包含 7 个感知潜在变量，其中，"基本认

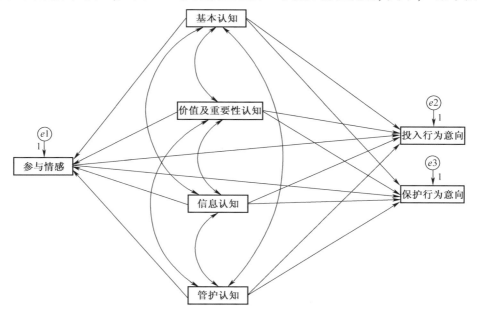

图 4-14　古树名木保护与管理公众参与行为意向影响结构方程模型

Fig. 4-14　SEM of influencing factors on public participation behavior intention of protection and management of old and notable trees

知""价值及重要性认知""信息认知""管护认知"为外生潜在变量,"参与情感""投入行为意向""保护行为意向"为内生潜在变量。

4.6.3 模型运算、检验和结果

4.6.3.1 模型运算

在以上古树名木保护与管理公众参与行为意向影响结构方程模型构建完成的基础上,本节采用 AMOS23.0 软件对模型进行运算。初始模型运算结果如图4-15。

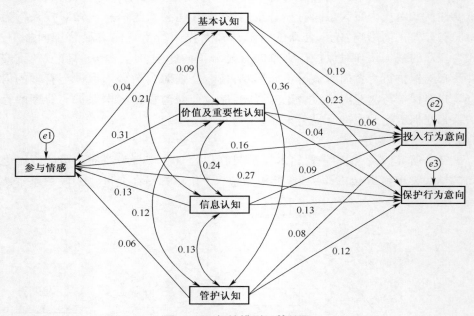

图 4-15 初始模型运算结果

Fig. 4-15 Initial model operation result

4.6.3.2 模型检验

在对模型进行初次运算之后,需对模型进行参数检验及拟合度检验来考察模型的设置是否恰当,以确定模型是否需要修正。

4.6.3.2.1 结构方程模型的参数检验

参数检验是通过对估计参数进行显著性检验,以确定估计参数是否合理。表4-25是显著性检验的结果。Estimate 表示两变量间的协方差,S.E. 表示协方差估计的标准误,C.R. 表示对协方差估计值进行的检验。P 值代表的是原假设(协方差为0)成立的概率。在 0.05 的显著性水平下,若 $P<0.05$ 应拒绝原假设,否则不能拒绝原假设。此时需结合现实情况,通过删除变量间的影响路径或

进一步讨论来对模型进行修正。由表 4-25 可知,基本认知对参与情感路径影响估计的 P 值为 0.07>0.05,其余路径影响估计的 P 值均小于 0.05,因此,下文应考虑对"参与情感←基本认知"这一路径的修正。

表 4-25 估计参数显著性检验结果

Tab. 4-25 Estimated parameter significance test results

路径	Estimate	S. E.	C. R.	P
参与情感←价值及重要性认知	0.31	0.01	15.27	* * *
参与情感←信息认知	0.13	0.03	5.98	* * *
参与情感←管护认知	0.06	0.03	2.39	0.02
参与情感←基本认知	0.04	0.02	1.82	0.07
投入行为意向←价值及重要性认知	0.06	0.01	2.70	0.01
投入行为意向←基本认知	0.19	0.02	8.81	* * *
保护行为意向←管护认知	0.12	0.03	5.91	* * *
保护行为意向←信息认知	.0.13	0.04	6.54	* * *
保护行为意向←价值及重要性认知	0.04	0.02	2.03	0.04
保护行为意向←基本认知	0.23	0.02	11.24	* * *
保护行为意向←参与情感	0.27	0.03	13.51	* * *
投入行为意向←信息认知	0.09	0.03	4.27	* * *
投入行为意向←参与情感	0.16	0.02	7.49	* * *
投入行为意向←管护认知	0.08	0.03	3.54	* * *

注:表 4-25 内的"＊＊＊"代表小数点后三位均为 0。

4.6.3.2.2 结构方程模型的整体拟合度检验

借助拟合指数来进行检验,包括两类:绝对指数和相对指数。绝对指数是衡量初始模型和样本数据的拟合程度,相对指数是衡量相对于独立模型(变量均假设不相关)来说,所评价的模型的卡方值减少的比率。

绝对指数中,有两类最常用。一类是卡方检验(χ^2),适用于样本量在 100~200 之间。一般采用卡方值除以自由度的值代替卡方值,以避免自由度增加影响判断结果的问题。第二类是均方根残差(RMSEA),用以测量模型与数据之差,其值越小越好。若<0.01,表明拟合度极好;若范围在 0.01~0.05 之间,表明拟合度很好;若范围在 0.05~0.08 之间,表明拟合度较好;若范围在 0.08~0.10 之间,表明拟合度一般;若>0.1,表明拟合度不好。

相对指数中,有两类最常用。一类是非标准化拟合指数(TLI),用于测量所评价的模型比独立模型减少的卡方值比率,减少的越多,说明拟合效果越好。具体来说,>0.9 表明拟合效果较好。另一类是比较拟合指数(CFI),取值范围是

0~1,>0.9 表明拟合效果较好。由于卡方检验适用于样本量在 100~200 之间的模型,本研究的样本量为 2 201,因此卡方检验并不适用。本研究采用均方根残差、非标准化拟合指数、比较拟合指数进行模型评价。结果分别见表 4-26、表 4-27。

表 4-26 RMSEA 表
Tab. 4-26 RMSEA table

模型	RMSEA	LO 90	HI 90	PCLOSE
假设模型	0.41	0.38	0.45	0.00
独立模型	0.22	0.21	0.22	0.00

表 4-27 TLI 及 CFI 表
Tab. 4-27 TLI and CFI table

模型	Delta1	RFI rho1	IFI Delta2	TLI rho2	CFI
假设模型	0.83	-2.64	0.83	-2.66	0.83
饱和模型	1.00		1.00		1.00
独立模型	0.00	0.000	0.00	0.00	0.00

由表 4-26 可知,模型的 RMSEA 值 = 0.41 > 0.08,表明模型与数据无法适配;由表 4-27 可知,模型的 TLI 值 = -2.66 < 0.9,CFI 值 = 0.83 < 0.9,均表明模型的拟合程度并不十分理想,整体拟合效果并不好,需对模型进行修正。

4.6.3.2.3 模型的修正

由上述模型评价结果可知,整体拟合效果并不好,模型的设置并不适当,应对模型进行修正。本研究依次使用如下两种方法对模型进行修正。

(1)删除不显著的影响路径。由表 4-25 中的检验结果可知,基本认知对参与情感路径影响估计的 P 值为 0.07 > 0.05,影响路径未达到显著水平。因此,将此路径删除。再次对模型进行运算,参数的显著性检验结果及模型的整体拟合度检验结果见表 4-28、表 4-29、表 4-30 所示。

表 4-28 估计参数显著性检验结果
Tab. 4-28 Estimated parameter significance test results

路径	Estimate	S. E.	C. R.	P
参与情感←价值及重要性认知	0.20	0.01	15.27	* * *
参与情感←信息认知	0.20	0.03	6.40	* * *
参与情感←管护认知	0.08	0.03	3.19	* * *

（续）

路径	Estimate	S. E.	C. R.	P
投入行为意向←价值及重要性认知	0.04	0.01	2.70	0.01
投入行为意向←基本认知	0.15	0.02	8.81	＊＊＊
保护行为意向←管护认知	0.20	0.03	5.91	＊＊＊
保护行为意向←信息认知	0.26	0.04	6.54	＊＊＊
保护行为意向←价值及重要性认知	0.04	0.02	2.03	0.04
保护行为意向←基本认知	0.23	0.02	11.24	＊＊＊
保护行为意向←参与情感	0.36	0.03	13.51	＊＊＊
投入行为意向←信息认知	0.14	0.03	4.27	＊＊＊
投入行为意向←参与情感	0.16	0.02	7.49	＊＊＊
投入行为意向←管护认知	0.10	0.03	3.54	＊＊＊

注:"＊＊＊"代表小数点后三位均为0。

由表4-28可知,各影响路径的 P 值均小于0.05,表明各影响路径均达到了显著性水平。因此,考虑表4-29、表4-30所示的修正后模型的拟合度指标。

表4-29 RMSEA 表

Tab. 4-29 RMSEA table

模型	RMSEA	LO 90	HI 90	PCLOSE
假设模型	0.29	0.27	0.32	0.00
独立模型	0.22	0.21	0.22	0.00

表4-30 TLI 及 CFI 表

Tab. 4-30 TLI and CFI table

模型	NFI Delta1	RFI rho1	IFI Delta2	TLI rho2	CFI
假设模型	0.83	-0.83	0.83	-0.84	0.83
饱和模型	1.00		1.00		1.00
独立模型	0.00	0.00	0.00	0.00	0.00

由表4-29可知,模型的 RMSEA 值=0.29>0.08,虽较修正前的 PMSEA 值有所减少,但仍未达到低于0.08的标准。由表4-30可知,模型的 TLI 值=-0.84<0.9,虽较修正前的 TLI 值有所增加,但仍未达到高于0.9的标准;模型的 CFI 值=0.83<0.9,也未达到高于0.9的标准。

因此,删除未达到显著水平的影响路径后,虽模型有所改善,但模型整体拟合效果仍不好,模型有待于进一步修正。因此参考 AMOS23.0 软件提供的修正指标数据来进行判别。

（2）参考修正指标数据进行判别。AMOS 软件为模型的修正提供了可参考的修正指标值,以使评价模型达到较好的拟合度。表 4-31 所示即为在删除了基本认知对参与情感影响路径后,根据运算结果所得到的协方差修正指标。表4-31 中的 M. I. 值表示,若将误差项 $e2$、$e3$ 由固定参数改为自由参数,则至少可以降低卡方值 347.96;Par Change 值表示,若是将误差项 $e2$、$e3$ 改为自由参数,相较原先界定的模型参数改变会增大约 2.311。

表 4-31　协方差修正指标
Tab. 4-31　Covariance correction indicator

	M. I.	Par Change
$e2 \longleftrightarrow e3$	347.96	2.31

根据表 4-31 的建议,增列误差变量 $e2$ 与 $e3$ 间有共变关系,如图 4-16。

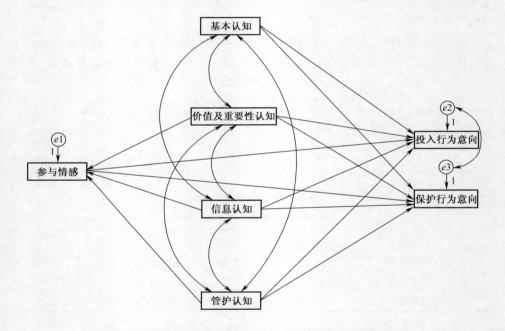

图 4-16　增列误差变量间共变关系后的结构方程模型
Fig. 4-16　The SEM of the covariate relation between incremental error variables

对模型进行修正后,其拟合度指标见表 4-32、表 4-33。

表 4-32　RMSEA 表

Tab. 4-32　RMSEA table

模型	RMSEA	LO 90	HI 90	PCLOSE
假设模型	0.03	0.00	0.07	0.70
独立模型	0.22	0.21	0.22	0.00

表 4-33　TLI 及 CFI 表

Tab. 4-33　TLI and CF table

模型	NFI Delta1	RFI rho1	IFI Delta2	TLI rho2	CFI
假设模型	1.00	0.97	1.00	0.98	1.00
饱和模型	1.00		1.00		1.00
独立模型	0.00	0.00	0.00	0.00	0.00

　　由表 4-32 可知,二次修正后模型的 RMSEA 值 = 0.03<0.05;由表 4-33 可知,二次修正后模型的 TLI 值 = 0.98>0.9,CFI 值 = 1.00>0.9,表明拟合度很好。因此,二次修正后的模型得到了较好的改进,模型图与观察数据能够适配,模型设置适当。

4.6.3.3　修正后的模型及其运算结果

　　最终修正后的模型及其运算结果如图 4-17。

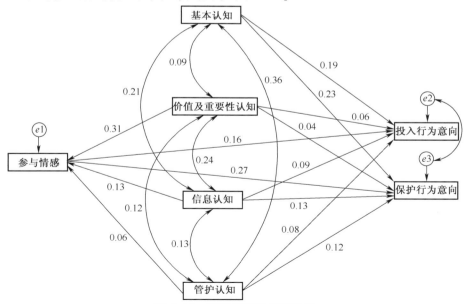

图 4-17　修正后模型运算结果

Fig. 4-17　Modified model operation result

由图 4-17 可知,基本认知、价值及重要性认知、信息认知、管护认知、参与情感对投入行为意向和保护行为意向具有显著正向直接影响。此外,价值及重要性认知、信息认知、管护认知通过参与情感,对投入行为意向和保护行为意向产生显著正向间接影响,参与情感在其中充当了中介变量。通过图 4-17 可以计算得到各变量对投入行为意向和保护行为意向的直接影响、间接影响和总影响,计算结果见表 4-34。根据图 4-17 和表 4-34,对结果进行具体分析。

表 4-34　认知、参与情感对投入行为意向与保护行为意向的影响

Tab. 4-34　Theinfluence of cognition and participation emotion on input behavior intention and protection behavior intention

变量名称	投入行为意向			保护行为意向		
	直接影响	间接影响	总影响	直接影响	间接影响	总影响
基本认知	0.19	—	0.19	0.23	—	0.23
价值及重要性认知	0.06	0.05	0.11	0.04	0.08	0.12
信息认知	0.09	0.02	0.11	0.13	0.04	0.17
管护认知	0.08	0.01	0.09	0.12	0.02	0.14
参与情感	0.16	—	0.16	0.27	—	0.27

注:"—"表示无此影响。

结合图 4-17 及表 4-34,可对上文做出的假设进行验证,验证结果如下所示:

H_1:公众的认知均对参与情感有显著正向影响(拒绝)

　　H_{1a}:公众的基本认知对参与情感有显著正影响(拒绝)

　　H_{1b}:公众的价值及重要性认知对参与情感有显著正向影响(接受)

　　H_{1c}:公众的信息认知对参与情感有显著正向影响(接受)

　　H_{1d}:公众的管护认知对参与情感有显著正影响(接受)

H_2:公众的参与情感对参与行为意向均有显著正向影响(接受)

　　H_{2a}:公众的参与情感对投入行为意向有显著正向影响(接受)

　　H_{2b}:公众的参与情感对保护行为意向有显著正向影响(接受)

H_3:公众的认知对参与行为意向均有显著正向影响(接受)

　　H_{3a}:公众的基本认知对投入行为意向有显著正向影响(接受)

　　H_{3b}:公众的价值及重要性认知对投入行为意向有显著正向影响(接受)

　　H_{3c}:公众的信息认知对投入行为意向有显著正向影响(接受)

　　H_{3d}:公众的管护认知对投入行为意向有显著正向影响(接受)

　　H_{3e}:公众的基本认知对保护行为意向有显著正向影响(接受)

　　H_{3f}:公众的价值及重要性认知对保护行为意向有显著正向影响(接受)

H_{3g}:公众的信息认知对保护行为意向有显著正向影响(接受)

H_{3h}:公众的管护认知对保护行为意向有显著正向影响(接受)

结合以上验证结果及模型运算结果,参照实际情况对模型进行具体讨论。

4.6.3.3.1 公众的基本认知

基本认知对投入行为意向、保护行为意向均产生显著正向影响。由表4-34可知,对投入行为意向的总影响(0.19)最大,对保护行为意向的总影响(0.23)低于参与情感,反映了基本认知对投入行为意向起主导性作用,并对保护行为意向起到一定促进作用。具体来看,相较于其他变量,对投入行为意向的直接影响(0.19)也是最大,对保护行为意向的直接影响(0.23)也仅次于参与情感。由图4-17可知,基本认知对参与情感的直接影响并不显著(反映了公众是否感到愉快、有意义,与基本认知并无紧密关联),因此不对投入行为意向、保护行为意向产生间接影响。

基本认知对投入行为意向、保护行为意向产生显著正向影响,符合预期假设。且对投入行为意向的总影响排第一位,对保护行为意向的总影响排第二位。这是因为公众对于古树名木基本常识的认识越深刻,越能感受到保护古树名木的必要性,越会最大限度地调动其参与行为意向。因此,为提升公众参与行为意向,应首要考虑增强公众的基本认知。具体措施有增加形式多样的信息传播形式,例如开发游戏小程序、研发文创产品(例如古树名木日历、内画壶)、开展古树名木模型展览会、创建古树名木保护日等,在其中赋予古树名木基本信息,并建立公众参与教育机制。

4.6.3.3.2 公众的价值及重要性认知

价值及重要性认知对投入行为意向、保护行为意向均产生显著正向影响。这反映了价值及重要性认知对参与行为意向起到一定促进作用。由表4-34可知,对投入行为意向的直接影响(0.06)最低,间接影响(0.05)最高,总影响(0.11)小于基本认知和参与情感;对保护行为意向的直接影响(0.04)最低,间接影响(0.08)最高,总影响(0.12)也是最低的。这反映出当前公众并未很好地将价值及重要性认知转化为参与行为意向。由图4-17可知,价值及重要性认知对参与情感的直接影响(0.31)最大,这反映出其对参与情感起主导性作用。

价值及重要性认知对投入行为意向、保护行为意向产生显著正向影响,符合预期假设。但对投入行为意向的总影响与信息认知并列第三位,对保护行为意向的总影响是最低的。这是因为目前还没有一个良好的客观环境使得价值及重要性认知转化为参与行为意向。为此,在实际工作中,应考虑将价值及重要性认知向参与行为意向的转化。可通过发挥微博大V的号召作用、在真人秀节目中添加保护古树名木的元素等形式,并建立激励机制,以促成转化。

4.6.3.3.3 信息认知

信息认知对投入行为意向、保护行为意向均产生显著正向影响。这反映了信息认知对参与行为意向起到一定促进作用。由表4-34可知,对投入行为意向的总影响(0.11)和对保护行为意向的总影响(0.17)均小于基本认知和参与情感。具体来看,对投入行为意向的直接影响(0.09)小于基本认知和参与情感,间接影响(0.02)小于价值及重要性认知;对保护行为意向的直接影响(0.13)也得到同样结果。由图4-17可知,信息认知对参与情感产生显著正向直接影响,反映了其对参与情感起到一定促进作用,且直接影响(0.13)小于价值及重要性认知。

信息认知对投入行为意向、保护行为意向产生显著正向影响,符合预期假设,且对投入行为意向的总影响与价值及重要性认知并列第三位,对保护行为意向的总影响排第三位。这是因为当公众了解何种行为会损害古树名木,并通过多种渠道接触过古树名木相关信息后,会更能知道如何保护古树名木,进而在一定程度上调动了参与情感和参与行为意向。因此,可通过采取有奖答题、开发游戏小程序、研发文创产品、发挥微博大V的号召作用,公交车、地铁广告的投放,设立古树名木保护微信公众号等形式,提升公众的信息认知,以增强参与情感,增强参与行为意向。

4.6.3.3.4 公众的管护认知

管护认知对投入行为意向、保护行为意向均产生显著正向影响。这反映了管护认知对参与行为意向起到一定促进作用。由表4-34可知,对投入行为意向的总影响(0.09)最小,对保护行为意向的总影响(0.14)仅高于价值及重要性认知。具体来看,对投入行为意向的直接影响(0.08)仅高于价值及重要性认知,间接影响(0.01)最低;对保护行为意向的直接影响(0.12)同样仅高于价值及重要性认知,间接影响(0.02)最低。由图4-17可知,管护认知对参与情感产生显著正向直接影响(0.06),反映了其对参与情感起到一定促进作用,但直接影响最低。

管护认知对投入行为意向、保护行为意向均产生显著正向影响,符合预期假设。这是因为当公众认为古树名木管护效果好、技术水平高时,会更加信任政府,认为政府的管护行动均能落到实处,产生应有效果,此时也就一定程度上增强了参与的信心。但目前对投入行为意向的总影响是最低的,对保护行为意向的总影响仅高于价值及重要性认知。这表明管护认知的作用还有待于进一步地开发与挖掘。因此,为提高公众的管护认知,应建立有效的信息沟通机制,将古树名木管护信息及时反馈给公众;同时建立合作机制,与公众保持密切合作,使公众能够便捷地获取管护信息。

4.6.3.3.5　公众的参与情感

参与情感对投入行为意向、保护行为意向均产生显著正向影响。由表4-34可知,对投入行为意向的总影响(0.16)仅小于基本认知,对保护行为意向的总影响(0.27)最大,表明公众的参与情感越深厚,其参与行为意向越积极。由于参与情感仅对投入行为意向和保护行为意向产生直接影响,因此其直接影响和总影响相同。此外,参与情感还受价值及重要性认知、信息认知、管护认知的影响(上文已分析),这反映出参与情感是重要的中介变量。

参与情感对投入行为意向、保护行为意向均产生显著正向影响,符合预期假设。且对投入行为意向的总影响排第二位,对保护行为意向的总影响排第一位。这是因为当公众认为参与能够实现自身的价值感时,将会在很大程度上激发参与的积极性。因此,也应首要考虑增强参与情感。可通过创新多种参与形式提高参与体验,以增进参与情感。例如近些年每年均会举办的北京市古树名木摄影评选活动,具有重要意义。此外,还可举办古树名木诗歌评比活动、相声小品创作活动等,并提高活动举办次数,使公众认为参与古树名木的保护与管理中是一件很愉快、很有意义的事情,会得到身边人的大力支持,进而增强参与行为意向。

参与情感同时还受到价值及重要性认知、信息认知和管护认知的影响,这说明参与情感是重要的中介变量。但基本认知对其影响并不显著,不符合预期假设。这可能是因为公众仅对古树名木基本常识的了解,尚不足以调动其参与情感。价值及重要性认知对其产生显著正向影响,符合预期假设,且影响力最大。这是因为当公众意识到古树名木价值所在及管护必要性后,更能深刻地体会到参与管护的意义,也会以自身能够参与而获得自身的价值感。信息认知对其产生显著正向影响,符合预期假设,影响力次于价值及重要性认知。这是因为当公众了解损害行为,并在多种渠道接触过相关信息后,会更能知道如何保护古树名木,因而会在一定程度上体会到参与的意义与愉快所在。管护认知对参与情感产生显著正向影响,符合预期假设,影响力次于价值及重要性认知、信息认知。这是因为当公众认为管护效果好、技术水平高时,会更加信任政府,认为政府的管护行动均能落到实处,产生应有效果,此时会一定程度上增强参与情感。因此,为提升参与情感,应首先考虑增强价值及重要性认知,同时,不断增强信息认知和管护认知。具体措施上文已提及,在此不再重复。

4.7　本章小结

要想提高公众参与水平,首先应考虑古树名木保护与管理的公众认知、参与情感对参与行为意向的影响机理问题,即当前北京市古树名木保护与管理中的公众认知、参与情感对参与行为意向的影响机理是怎样的? 本章对此问题进行了解答。

本章创新性地分析了北京市古树名木保护与管理中的公众认知、参与情感对参与行为意向的影响机理。结合拓展的知情行理论,构建了北京市古树名木保护与管理中的公众认知、参与情感对参与行为意向影响的理论分析框架,对古树名木保护与管理中的公众认知、参与情感、参与行为意向进行了系统调查和分析,回收有效问卷 2 201 份。在对样本数据进行描述性统计、信度检验和效度检验的基础上,运用主成分分析法,对问卷数据进行了探索性因子分析,对变量进行了调整划分。之后采用列联表卡方检验研究了受访者特征与公众认知、参与情感、参与行为意向的相关关系。最后,运用结构方程模型,研究了公众认知、参与情感对参与行为意向的影响。通过本章的分析,得出以下几点结论。

(1)对样本进行描述性统计分析的结果表明:当前公众在参与北京市古树名木保护与管理中具有一定的积极性。公众参与古树名木保护与管理遇到的困难主要有:缺乏认知,遇到问题不知向谁反映、怎么反映,并未意识到管护古树名木的权利和义务,因政府缺乏支持参与的政策而担心在参与中自身权利得不到保障,担心所支付的费用用不到古树名木保护上,因政府的奖励措施不足因而缺乏参与的积极性。当前公众参与形式的缺乏、公众参与运行机制的缺失,并未对公众参与提供良好的客观环境。公众的认知有待于进一步加强,参与情感有待于进一步激发,参与行为意向有待于进一步提升。

(2)对受访者特征与公众认知、参与情感、行为意向相关关系研究的结果表明:性别、年龄、月平均收入、学历、职业、职业相关性、婚姻状况、居住区域、居住区域性质、附近是否有古树名木、来京时间与公众的认知、参与情感、参与行为意向具有显著相关关系。

(3)公众认知和参与情感对参与行为意向的影响实证研究结果表明:基本认知、价值及重要性认知、信息认知、管护认知、参与情感对投入行为意向和保护行为意向具有显著正向直接影响。此外,价值及重要性认知、信息认知、管护认知通过参与情感,对投入行为意向和保护行为意向具有显著正向间接影响。通过分析影响力大小,得出为提升公众的参与行为意向,应首要考虑增强基本认知和参与情感,其次是进一步促使价值及重要性认知、管护认知向参与行为意向的转化,同时,应不断增强信息认知。应通过创新公众参与形式,构建公众参与运行机制,增强公众的认知、参与情感,进而提升公众参与行为意向。

5 北京市古树名木保护与管理中的公众参与形式创新研究

由第 4 章分析可知,当前公众在参与北京市古树名木保护与管理中具有一定的积极性,但是存在缺乏对于古树名木的认知,担心自身权利受到侵害,政府的奖励措施不够,遇到问题不知向谁反映,通过什么方式反映等问题,且公众对于古树名木的认知对参与情感与参与行为意向具有重要影响,公众参与情感也对参与行为意向具有重要影响。而当前公众参与形式较少、公众参与保障机制缺乏,没有为公众参与提供良好的客观环境。合适的参与途径,是引导公众参与的基本要素之一(刘金龙,2004)。因此,为促使公众更好地参与到北京市古树名木保护与管理中,应在借鉴国内外公共管理领域公众参与形式的基础上,深入分析当前北京市古树名木公众参与形式存在的问题,进而创新公众参与形式,并构建公众参与运行机制,为公众参与提供机制保障。

本章在进行具体分析时,首先总结了国内外公共管理领域公众参与形式的经验与不足;其次分析了当前北京市古树名木保护与管理中公众参与形式存在的问题及参与形式创新应遵循的原则,并界定了参与的主体和客体;在此基础上,基于托马斯有效决策模型,进行了公众参与形式创新;最后采用问卷调查法对新型参与形式进行了有效性检验。

5.1 国内外公共管理领域公众参与形式的经验与不足

北京是全国范围内率先开展古树名木保护的省市,北京市古树名木保护与管理中的公众参与现状,反映了全国古树名木保护与管理中公众参与的进程。整体来说,北京市古树名木保护与管理中的公众参与仍处于初级阶段,公众参与形式较少,因此应借鉴公众管理领域公众参与形式。而国外在公共管理领域公众参与形式方面经验丰富,因此本章第 5.1.1 节对国外公共管理领域公众参与形式的经验进行了总结归纳。

5.1.1 国外公共管理领域公众参与形式的经验

5.1.1.1 参与组织的借鉴

(1)日本的经验。日本通过构建公众参与组织,使公众参与到乡村景观保护与食品安全监管中,取得了良好的效果。

在日本的乡村景观保护中,最为典型的例子是乡村中的公众参与组织的构建。在具体的公众参与组织上,白川乡合掌村的全体村民自发组建了村民自治组织——"村落自然环境保护会",负责审查乡村景观状况的变更,宣传扩散保护意识、分析研究保护对策、实地应用保护项目。在日常工作上,每月定期召开工作会议,每年均与外界开展1次沟通交流;在制度安排上,制定了多项保护制度。在越后妻有村的保护中,构建的参与组织中最为突出的主要有两个:一个是外界力量构建的组织,另一个是当地内部构建的组织。外界力量构建的组织是来自城市的志愿者构建的志愿者小队——蛇队,小队的成员大都为青年,他们的日常工作有:①以越后妻有村作为创作题材,进行作品创作,并与国内外艺术家、国外学生进行沟通交流;②协助村民从事农业生产活动;③协助其他大型社会组织对该村的规划活动。当地内部构建的组织是当地居民在2008年构建的里山合作组织,组织的主要职能有四个:①协助大地艺术节,为之正常运作提供服务;②管理该村文化设施的运营;③提升该村形象;④针对该村的发展振兴开展调研,并提出发展方案(刘小蓓,2016)。

在日本的食品安全监管中,最为典型的例子是成立了食品安全委员会和食品安全协会使公众参与其中。一是专门设置了食品安全委员会,该委员会由7名食品安全专家、学者和若干专家委员组成,专家委员全部来自民间,从而保障决策的中立性,其主要职责是负责食品安全事务管理、调查审议食品安全政策等。同时在委员会下设立了独立的监督员,监督员的职责是独立于食品安全委员会的,在其日常生活中发现食品安全问题之后应该将信息及时反馈给食品安全委员会。同时,对于食品监督员的报告,食品安全委员会及时进行调查并举行会议,开会的意见讨论、监督员的反映过程都会在相关网站上进行公开,从而确保消费者得到充分的信息。二是日本还成立了食品卫生协会,协会的成员包括食品制造商、生产者、加工者和销售商组成,该组织通过举办食品安全月、为消费者举办食品安全通报会、为成员举办培训班、提供食品安全信息、为新开餐馆提供咨询意见等方式开展食品安全教育(毋晓蕾,2015)。

参与组织的日本经验中包含的组织如图5-1。

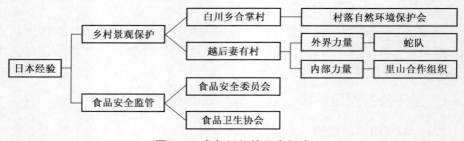

图5-1 参与组织的日本经验

Fig. 5-1 Japanese experience of participation organizations

（2）英国的经验。英国十分重视非政府组织的建设。英国的非政府组织发挥的重要作用主要体现在充当了政府的环保立法与公众实际行动之间的桥梁，联通政府与公众，将政府的整体目标细化到公众的具体目标。在英国，非政府组织在公众心目中的信任度很高（侯小伏，2004）。例如，英国斯旺西大学构建的环境教育平台，旨在进行环保宣传，实现可持续发展。在该平台中，有专门与立法部门进行沟通联系的工作人员，可以随时获悉立法动态，并对法规进行解析、宣传，将理论性强的书面化语言转化为供大众阅读的简洁明了的语言，并具体研究应该如何具体履行。此外，在斯旺西河治理方面，鉴于非政府组织在公众心目中的高度信任，当地政府将斯旺西河净水计划委托给斯旺西环境保护协会。为执行净水计划，该协会通过构建专门的项目组调查得到污水来源，之后对周围居民传播英国政府对于污水禁排的规定，最终使斯旺西河道的污水问题得到很好的解决（环境保护部宣传教育司公众参与调研组，2017）。

（3）新加坡的经验。与上述发达国家的经验不同的是，新加坡虽然在非政府组织方面并不具备优势，但也有其突出的特点，体现在其组织机构在日常职责运行中，包含了无处不在的公众参与。新加坡的城市治理十分健全完善，具有健全的制度保障公众的有效参与。其城市治理部门包括公园和康乐局、理事会和环境卫生局，环境卫生局是环境部的一部分。城市治理部门的结构如图 5-2。各个部门分工明确，责权明晰。成员的组成包含政府官员，也包含社区居民、专业人士。部门在制度的制定、城市的管理、实际的运作中，均囊括了公众参与，以确保公众可以真实有效地参与到城市治理中，因此使得城市的治理政策在很大程度上代表了广大公众意愿，实现了公众和政府利益的协同。

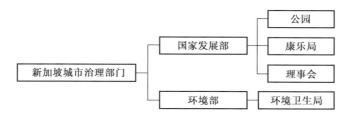

图 5-2　新加坡城市治理部门结构图

Fig. 5-2　Structural chart of urban governance sector in Singapore

（4）法国的经验。法国通过构建公众参与组织，使公众参与到生态街区建设中，取得了良好的效果。

在法国，公众参与的组织机构十分健全（图 5-3），既包括政府组织，又包括非政府组织，还包括政府与非政府共同组成的多元化组织。法国克里希街区项目的公众参与中的组织结构便是政府组织与多元化组织均参与决策的典型代表。在初期的公众意见咨询阶段，通过非政府组织（例如智囊团）来收集整理公众意见,整合成项目报告,作为项目决策的参考依据。在项目的中期和后期,构建了由政府机构人员和企业、项目开发商、社区居民、社会专家、非政府机构人员中的利益相关者组成的多元化组织结构。在组织中,通过召开研讨会来协调不同利益相关者间的矛盾,并针对具体的项目规划问题进行研讨协商。这在极大程度上维护了公众的利益。

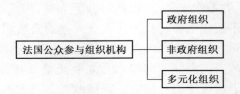

图 5-3　法国公众参与的组织机构图

Fig. 5-3　Organization chart of public participation in France

(5)德国的经验。德国通过构建公众参与组织,使公众参与到农村发展中,取得了良好的效果。德国在促进农村发展上已经有一百余年的历史,获得了突出的成绩,其中以巴伐利亚州农村的发展最为典型。在促进农村发展的过程中,巴伐利亚州将公众参与作为农村发展的核心部分,并建立了参与农村发展的参与者联合会。参与者联合会是农村发展过程中涉及的土地所有者组建的社团,可以自主负责农村发展或土地整理过程。参与者联合会通过理事会履行职责,理事会是由联合会的成员选举的,由政府中从事农村发展事业的官员进行领导(王敬,2008)。

5.1.1.2　公众参与活动的借鉴

(1)日本的经验。日本在乡村景观保护与食品安全监管中,开展的代表性参与活动有:举办大地艺术节、运用食品质量保证系统、定期举办食品生产发布会、公众与政府建立伙伴关系。

由上文的分析可知,日本越后妻有村在景观保护中的公众参与是公众参与中的典型案例。其除了在参与组织方面具有借鉴意义外,在举行大型活动方面也有重要的借鉴意义。该村在 2000 年成功举办首届"大地艺术节",之后每年举办一次,"大地艺术节"规模庞大,被视为全球范围内规模最大的国际艺术节。在艺术节举办期间,通过开展艺术展,以表演、研讨会等形式加强村民、游客、志愿者、艺术家等不同群体之间的沟通交流。这一活动极大地增强了公众对该村的保护意识(刘小蓓,2016)。

日本的食品生产企业通过运用食品质量保证系统,并定期举办发布会,来进行信息公开,并确保公众能够监督。在政府对企业施加的压力下,诸多企业在食品生产中运用了食品质量保证系统。市场上流通的食品的包装袋上有二维码,消费者通过扫描二维码,便会显示食品生产者的相关信息,如生产者姓名、地址、食品配料来源等。食品生产企业会定期举办发布会,向公众介绍食品生产情况,甚至邀请公众参观食品生产过程(毋晓蕾,2015)。

公众参与是2005年日本爱知世博会的一大亮点。公众与政府建立了伙伴关系,在环境保护问题上形成了积极的互动。在海上广场,公众可以向他人讲解自己在环境保护方面的发明创造;小孩可以在广场上发挥自己的创造力,借助黏土等材料,动手制作植物、花卉;在爱知县馆陈列了小孩借助废纸、废塑料等制作的昆虫。通过类似于这样的一系列的互动,使人们体验环境保护,参与到环境保护中,具有很有价值的教育意义(王春雷,2008)。

参与活动的日本经验如图5-4。

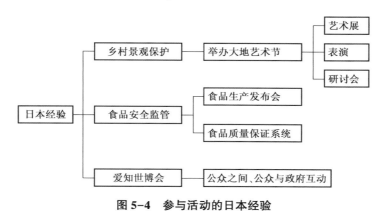

图5-4 参与活动的日本经验

Fig. 5-4 Japanese experience of participation activities

(2)英国的经验。英国在环境保护中,开展的具有代表性的公众参与活动有:建立职工菜园,成立放养蜜蜂基地,举办观鸟活动,通过电子邮箱、短信、网站等途径进行信息公开。

英国在开展环境保护公众参与活动时,通过设计公众喜爱且方便参与的活动,达到了很好的参与效果。例如,斯旺西大学通过建立职工菜园,成立放养蜜蜂基地等项目,使学生、教职工在乐趣中领略生物保护的意义;英国为提升公众对于鸟类的保护意识,鉴于公众的喜爱花园之情,皇家鸟类协会专门举办了观鸟活动,号召公众统计自家花园在一天中出现的鸟类类别及数目,公众怀着愉悦之情自愿参与其中。此活动有效地增强了公众对于鸟类的认知,提升了公众对于鸟类的保护意识(环境保护部宣传教育司公众参与调研组,2017)。

此外,英国十分重视环境相关信息的公开,目的是确保公众的知情权得以实现。英国政府通过电子邮箱、短信、网站等途径,尽可能详细地为公众公开相关信息。例如,在评估英国威尔士海滩某等级水质是否适合游泳的事项中,评估结果除了在该等级水质附近设置禁止游泳标识牌外,还将评估结果发布到游泳爱好者日常浏览的官方网站上(环境保护部宣传教育司公众参与调研组,2017)。

环境保护公众参与活动的英国经验如图5-5。

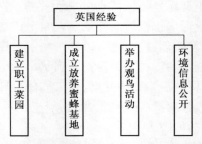

图5-5 环境保护公众参与活动的英国经验

Fig. 5-5 British experience of Public participation activities in environmental protection

(3)美国的经验。美国在食品安全监管与奥运会举办中,开展的具有代表性的公众参与活动有:设立食品安全教育月、资助教育计划、进行教育培训、发起公众投票、政府与公众建立合作关系。

美国在食品安全监管的公众参与中,注重对公众进行教育培训,为此专门规定每年的9月是食品安全教育月,政府对众多教育计划进行了资助,对公众进行形式多样的培训,加强公众对食品安全问题的认识(毋晓蕾,2015)。

美国在举办2002年冬奥会时,就将0.59亿美元税收用于奥运设施建设是否值得的问题发起了公众投票。最终得到的结果是将近3/5的公众表示了支持。这一事件鼓励了公众在奥运会问题上积极表达自己的态度,并且在公众的支持下,冬奥会获得了大量的资金,为奥运会的成功举办打下了基础。此外,在2002年冬奥中,奥组委与大学、环保非政府组织、企业建立了合作的关系,以有利于环境保护的相关研究工作及环境保护成果公布。在与企业的合作中,仅与绿色酒店、绿色商店合作(王春雷,2008)。

公众参与活动的美国经验如图5-6。

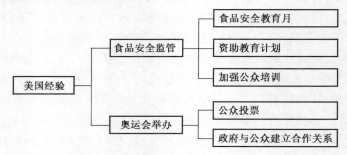

图5-6 参与活动的美国经验

Fig. 5-6 American experience of participation activities

(4)德国的经验。德国在世界杯选址问题上,开展的具有代表性的公众参与活动是举办辩论会。德国巴伐利亚州的首府慕尼黑就2006年世界杯的选址问题,举办了激烈的辩论会,可以堪称是德国历史上规模最大的辩论会。辩论会围绕建造新球场和将奥运会遗留场馆改建为球场两种观点进行辩论,参与者包含体坛、城市文物保护界、学生、普通市民、各领域的专家学者等,最终2/3的参加者选择了建造新球场(王春雷,2008)。

(5)加拿大的经验。加拿大在世博会筹备问题上,开展的具有代表性的公众参与活动是向公众进行咨询。加拿大多伦多在申办和筹备1967年世博会时,向公众进行了咨询,约有4/5的受邀请者参与了咨询,这些受邀请者来自于不同的行业,有经济类、文化类、旅游类等行业,推动了多伦多在城市治理方面的发展(王春雷,2008)。

(6)韩国的经验。韩国在奥运会筹备问题上,开展的具有代表性的公众参与活动是志愿者计划。在1988年韩国汉城奥运会中,共有5万名工作人员,其中超过3/5的工作人员由志愿者组成。根据志愿者的性别、学历、专长等因素划分工作,工作内容包括迎宾、解说、记录、报道、颁奖等,在主场、竞技场、训练场上,均发挥了重要的作用(王春雷,2008)。

(7)澳大利亚的经验。澳大利亚在奥运会筹备问题上,开展的具有代表性的公众参与活动是政府与非政府组织、企业建立了合作伙伴关系。在公众参与2000年悉尼奥运会中,非政府组织、企业同政府达成了伙伴关系。一个生动的例子是由Tai Fu Global公司培训数万名悉尼奥运会员工,其中包括了志愿者。这一形式延续到了2004年雅典奥运会中。此外,合作伙伴关系还表现在各个非政府组织举办一系列的交流活动,向世界各地来悉尼的游客展示了澳大利亚的风采(王春雷,2008)。

5.1.1.3 公众参与阶段的借鉴

法国在生态街区建设上取得了突出的成就,而有效的公众参与是其取得突出成就的重要原因之一。其公众参与的突出特点是贯穿了建设的整个阶段,建立了从宣传、意见调查与协商、决策的一整套参与程序,形成了公众的有效参与。就里昂汇流区一期项目这一具体实例来说,公众参与贯穿于整个时期。在初期,委员会采取多个渠道向公众宣传项目有关信息。例如,在信息交流中心展示项目信息,接受社会访问,并根据需求安排讨论会,以增强公众对于项目的认识;通过项目的官方网站发布相关信息,并在网站上建立讨论板块。在中期和后期,主要通过研讨会、讨论会的形式进行公众调查与协商,之后政府工作人员及专家学者依据会议中公众的建议提出项目的改进措施,并通过报告会的形式向公众反馈意见的采纳情况及原因(田达睿,2014)。

5.1.2　国内公共管理领域公众参与形式的经验和不足

　　相较于国外来说,国内在公共管理领域公众参与形式的创建较晚,出现的问题较多,因此,在国内公共管理领域公众参与形式的分析中,即归纳总结经验,也归纳总结了其存在的不足之处。

5.1.2.1　参与式林业政策过程的经验与不足

5.1.2.1.1　经　　验

　　刘金龙等(2011)提出了参与式林业政策过程,如图5-7。这一过程是一个循环往复的过程,将利益相关者纳入到了林业政策的制定、实施、监测与评估中。具有的特点是:林业政策是利益相关者共同的目标,林业发展与国家发展的目标一致,林业政策的设计要基于森林的土地利用方式和自然资源形态,能够实现利益相关者对政策的归属感和主人公意识,有利于利益相关者相互学习以形成学习型社会,需通过培训等手段来克服参与的能力与权力不平衡的问题、需要跨部门合作。在三明市的实践中,制定政策阶段包含了五个阶段:参与培训班、组建组织机构工作组、利益相关者的咨询与协商、听证会、发布实施(刘金龙等,2010)。过程的实施增进了各部门间的合作,林木采伐得到了规范(刘金龙等,2014)。

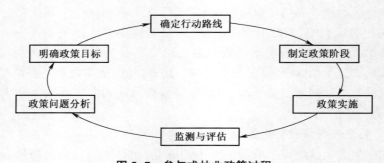

图5-7　参与式林业政策过程

Fig. 5-7　Participatory forest policy process

5.1.2.1.2　不足之处

　　参与式林业政策过程仍存在三点不足:①除林业部门以外的利益相关者,大都被动接受政策相关信息;②信息的双向反馈需进一步增强;③尚未融入我国林业发展的主流中(刘金龙等,2014)。不足的原因:①当前缺乏研究参与式林业的专家学者,缺乏实地调研,且支持科研的力度不够,缺乏进行交流沟通的平台;②当前的林业相关法律法规没能为参与式林业提供良好的客观环境,使得参与式林业在发展过程中面临诸多制度障碍;③我国林业发展总体规划尚未将林业纳入乡村发展的视角进行整体探索(刘金龙,2012)。

5.1.2.2　建筑遗产保护中公众参与形式的经验与不足

5.1.2.2.1　经　验

天津市建筑遗产保护的公众参与的经验体现在多个参与主体通过多种参与形式参与其中。天津市建筑遗产保护的公众参与始于 20 世纪 80 年代,包括"自上而下"的参与和"自下而上"的参与,参与主体包含普通公众、非政府组织、精英及企业等。

在普通公众参与中,市民张强先生的参与最具代表性。张强先生参与到天津建筑遗产的保护始于 1988 年五大道桂林路的拆迁事件,其通过向市政府提交倡议信来强调保护历史建筑的重要性。在随后的 20 年中,老城区拆迁的进程逐渐加快,张强先生便时常采取向政府、政协委员、媒体、专家写信、致电的形式,强调、讨论建筑遗产保护事务,并通过相机、摄像机记录建筑遗产,形成了规模庞大并十分珍贵的影像资料。此外,张强先生通过中国记忆论坛结识了一大批遗产保护爱好者,并共同成立了天津市建筑遗产保护队。张强先生还通过志愿者论坛等网络媒体形式,向公众呼吁建筑遗产保护(刘敏,2012)。

在非政府组织参与中,具有典型代表性的社团包括天津论坛(我国第一个由民间志愿者创办的论坛)、遗产保护志愿者论坛、中国记忆论坛天津版(并组建了天津拍摄队)。主要工作有:①开展实地调研记录;②通过博客、论坛、报刊等媒体向公众宣传文保理念;③监督破坏文化遗产的违法违规行为。实际参与的保护事件有跟踪报道"疙瘩楼"破坏事件、"盐业银行"破坏事件、大沽北路改造事件、盛锡福旧址拆迁事件、女星社旧址破坏事件、劝业场拆迁事件、原佛照楼拆迁事件等(刘敏,2012)。

在精英参与中,最具有代表性的是天津大学文学艺术学院院长冯骥才先生,其发起倡议的抢救估衣街等保护活动有力地推动了天津的遗产保护进程。在抢救估衣街活动中,冯先生向当时天津市市长写信,呼吁留住天津历史,在次日,即得到百年老店谦祥益不予拆除的消息。随后冯骥才先生召集遗产保护志愿者,将估衣街原始面貌通过录像带记录下来,并通过在报纸上撰写长文、接受记者采访、策划估衣街明信片、签名销售明信片并进行演讲、参加专家论证会的形式,参与到估衣街的改造中,最终政府做出的估衣街的改造方案是保护为主,依据明清建筑风格进行重建(刘敏,2012)。

企业家在保护天津建筑遗产方面也发挥了重要作用。其中比较有名的杰出代表是大沽船坞船厂厂长王可有先生。王可有先生以企业家的身份,通过图书出版、建立船坞遗址纪念馆、四处寻找遗失的文物等行动,致力于保护天津的建筑遗产(刘敏,2012)。

天津市建筑遗产保护的公众参与形式的经验如图 5-8。

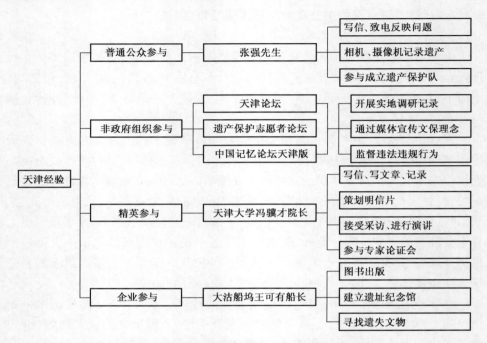

图 5-8 天津市建筑遗产保护的公众参与形式的经验

Fig. 5-8 Experience of public participation forms in the protection of architectural heritage in Tianjin

5.1.2.2.2 不足之处

在天津市建筑遗产保护中,非国有企业主导参与其中,缺少了其他公众的参与,导致商业盈利味道严重,没有考虑到公共利益。非国有企业的根本目的是盈利,一般而言对于类似遗产保护类的投资金额大、资金回报周期长、资金回报比例小的项目,并不感兴趣,除非可从中高额盈利。在天津市老城厢改造事例中,非国有企业主导参与到其中,只追求短期利益,忽视应承担的社会责任。新建的仿真古董,在材料、工艺处理上,均与原古董差别很大。新增加的建筑与现有建筑的搭配并不和谐,商业盈利味道严重。而政府也并未对老城中的遗产保护做出明文规定,而是将改造的决定权赋予以盈利为目的的开发商,最终使得遗产造成了很大的破坏。在改造过程中,忽视了对老城居民的关心慰问,缺少其他公众的参与,没有考虑到公共利益(刘敏,2012)。

5.1.2.3 社区治理中公众参与形式的经验与不足

5.1.2.3.1 经 验

杭州是我国首个城市社区的设置地,在十余年的时间内,杭州积极通过公众参与来推进社区管理的创新。杭州在社区治理中公众参与形式的经验主要体现在建立非政府组织、举办公众参与志愿活动、引入新媒体技术。

（1）建立非政府组织。杭州积极鼓励发展非政府组织,可分为文娱组织和公益组织两大类。

第一类,文娱组织。例如上城区目前已有 346 支文艺小队,内容包含歌唱、舞蹈、演说、戏曲等多方面内容,对于创建良好、融洽的社区文化具有重要作用（陈剩勇等,2013）。

第二类,公益组织。2006 年由杭州农民工组织创建的自助服务组织"草根之家",以自助和自我完善为组织的创建理念,以改善民工生活环境、丰富民工业余生活为创建目的,以开展文艺活动、提供法律咨询服务、提供职业培训服务为工作内容。2007 年,该组织在杭州市工会联合会的支持下组织了第一届文化艺术节。2008 年,第一届农民工春节联欢晚会在杭州青少年活动中心的支持下举行。当前该组织已在全国范围内受到了广泛关注,组织的创建理念已被广泛流传（陈剩勇等,2013）。

此外,还有以服务社区、缓和家庭纷争为宗旨,在 2007 年成立的"鲍大妈聊天室",目前已服务了 3 万余人;以为空巢老人、经济困难老人、生活需照料的老人提供日常便民服务为宗旨,在 2007 年成立的"帮一把"为老服务社。目前已解决了 700 余起问题,受到了老人的一致好评。在服务社中,一是构建了"帮一把"服务平台。通过成立服务小组,开辟服务办理窗口,设置服务热线电话,开发服务软件,为老人提供多方面服务。二是建立了"帮一把"服务网络。通过街道门户网站和报纸来宣传服务理念,召集下岗失业人员、自谋职业人员创建服务点和餐饮企业、家政企业等,建立由服务队、服务点、加盟网组成的便民服务网。三是构建服务机制。构建社区平台的基础上进行市场运作的运作机制,为参与服务的老人低偿提供家政、医疗、生活等服务,并对服务进行跟踪、监测。例如,针对独居老人吃饭难的问题,通过召集餐饮企业,为老人专门建造老年食堂,老年人既可以到食堂就餐,食堂也可以为老人送餐上门。四是构建了"帮一把"服务品牌。建立服务宗旨,设计服务 LOGO,设计服务流程,建立服务制度,对服务进行全程跟踪（陈剩勇等,2013）。

（2）举办公众参与志愿活动。在杭州社区治理的公众参与中,通过举办公众参与的志愿活动和邻里互帮互助活动来构建感召式的公益参与活动。在公众参与的志愿者活动中,杭州专门出台了《杭州市志愿者条例》,并建立了首个志愿者工作指导中心,规定每月的最后一个周六为杭州市社区志愿者活动日;在邻里互帮互助活动中,杭州建立了全国首个城市邻居节,将"邻里和谐"作为宗旨,进行了多种邻里交流活动（陈剩勇等,2013）。

（3）引入新媒体技术。杭州市在社区管理的公众参与中，引入了新媒体技术，建立了自主型媒体参与。具体体现在，杭州市绝大多数社区均有自己的网站，为社区居民提供服务，与沟通的网络平台；此外，杭州市政府官网开设了"政务论坛"板块及"议事厅"板块，为公众参与提供了便捷的渠道（陈剩勇等，2013）。

杭州市社区治理中公众参与形式的经验如图5-9。

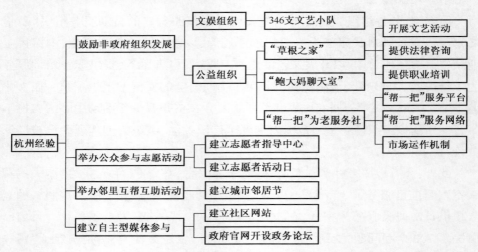

图5-9 杭州市社区治理中公众参与形式的经验

Fig. 5-9 Experience of public participation forms in community governance in Hangzhou

5.1.2.3.2 不足之处

（1）政府向组织赋权不足，使得组织与政府互动不足。充分的赋权是有效参与的保障，政府应在适当的空间进行适当的赋权。目前杭州市缺乏严格的社会赋权机制，且目前的组织中的参与类型，属于政府引导型的参与，这些组织尽管已得到政府许可，但存在政府赋权不足的问题，政府与组织间不能进行平等合作，组织与政府互动不足。

（2）现有组织规模并不能满足需要。虽目前参与组织数量较多、种类较多，但根据其吸收公众参与、实现组织功能的需求来看，现有规模并不能满足需要。公众目前仍不能依靠组织来实现公众参与的目的（陈剩勇等，2013）。

5.1.2.4 重大民生决策中公众参与形式的经验与不足

5.1.2.4.1 经 验

在重大民生决策中，我国公众参与形式的经验主要体现在成立公众咨询监督委员会，以及在不同的阶段采取不同的公众参与形式。

（1）成立公众咨询监督委员会。广州组建了公众咨询监督委员会，规定在会员的组成中,利益相关者应达到1/3及以上。委员会具有参与权,在委员会对政府提出建议后,政府均应有所回复。

(2)在不同的阶段采取不同的公众参与形式。在我国某机场扩建征地拆迁中,在不同阶段,采取了不同的参与形式(周建等,2010)。

①在准备阶段,项目单位通过公众意见调查的形式搜集意见,以初步了解当地的社会经济状况及公众对于项目的了解状况。

②在安置规划阶段,规划人员通过问卷调查、举办社区会议的形式,了解拆迁户对于安置的意见;通过召开委员会,来确定拆迁补偿的具体形式;通过召开由政府部门、拆迁方、拆迁户、社会公正方参与的听证会(采用直播形式),来获取各方对于拆迁方案的意见。拆迁户参与到了拆迁调查与补偿、新安置地点的规划、拆迁户的安置与补偿等事务中。拆迁户还可依据自身就业意向,获得相应的职业培训。在新安置地点的规划中,政府部门提供给拆迁户多个地点,拆迁户可通过投票决定;对新房户型的选择,通过问卷调查每个拆迁户的所需,最大限度地满足拆迁户的不同需求。

③在方案制定阶段,方案是在征求拆迁户意见,在法律规定的单位内尽可能地遵循拆迁户意愿后制定的,制定完成的方案通过各种大众媒介进行了公示。若制订出的方案需进行大量调整,应再次征求拆迁户意见,并进行相应解释。

④在拆迁实施阶段,项目单位提前一个月在拆迁地进行了信息宣传,采用设置展板、巡回车、广播、发放资料等形式,使拆迁户了解了拆迁政策。

公众参与征地拆迁的经验如图5-10。

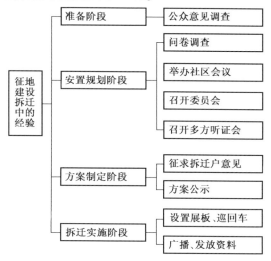

图5-10 公众参与征地拆迁的经验

Fig. 5-10 Experience of public participation forms in land expropriation

5.1.2.4.2 不足之处

广州在 2015 年成立了与重大民生决策相关的公众咨询监督委员会,存在的不足之处是:①目前尚未从程序上确保公众参与项目决策的全过程;②在决策过程的公众参与中,公众的代表性与广泛性有待于进一步完善;③如何确保在决策中公众与政府具有平等的地位也是应进一步考虑的内容(刘小康,2017)。

我国某机场扩建中的征地建设拆迁中存在的不足之处是,在拆迁工作的具体实施阶段,进行信息披露的方式较为传统,忽视了新媒体技术在信息披露中的应用。例如,忽视了通过网站、设置免费热线电话、建立拆迁问题反馈系统等方式进行宣传,宣传方式有待于进一步创新(周建等,2010)。

5.1.2.5 生态文明建设中公众参与形式的经验与不足

5.1.2.5.1 经 验

在生态文明建设中,我国公众参与形式的经验主要体现在建立非政府组织、举办听证会、宣传倡议、绿色消费、现代信息技术的应用。

(1)建立非政府组织。我国生态文明建设的非政府组织已成为推动中国生态文明建设的关键要素。目前的工作内容包括组织公众参与、为生态文明建设提供建议、监督生态文明建设、保障公众的环境权益。

我国生态文明建设的非政府组织主要包括三类:①由政府发起的非政府组织,例如,环境科学协会、中华环保基金会等;②由民间发起的非政府组织,目前主要是以学生为主体的组织;③国际非政府组织,这类组织与前两类组织在发起人、组织机构等方面有诸多不同之处,参与的能力更强,产生的影响力更大(王越,2015)。

(2)举办听证会。听证会是目前公众参与的最有效的形式,通过召集利益相关者,听取利益相关者的建议,在此基础上进行决策,从而增强决策的科学性(王越,2015)。

(3)宣传倡议。宣传倡议是当前的主要形式之一,通过对公众宣传生态文明建设的重要性,增强公众对于生态文明建设的认知,强化公众的参与意识,从而更充分地发挥公众参与的作用(王越,2015)。

(4)绿色消费。绿色消费是从点滴做起,通过在日常生活中对于资源、能源进行节约以及转变消费方式的形式参与,目前已成为生态文明建设中不可忽视的力量(王越,2015)。

(5)现代信息技术的应用。我国的研究学者提出了将现代信息技术运用到环境影响评价中,建立“互联网+”参与平台,通过构建电子系统,运用配备 LBSN 社会网络的社交网络服务平台和点评类网站,例如微信、微博、大众点评网等,并开发相应的 APP,鼓励公众对环境问题畅所欲言,同时借助遥感技术平台以及时获取公众的信息。技术运用的优点是可通过匿名的方式对环境问题自由地表达自己的看法,可避免部分具有特殊地位、在特殊行业工作的公众由于各种因素不敢表达个人意见的能够反映现实问题。此外,现代信息技术具有工作速度快、可靠性高、具有动态性的优点,使得在处理公众的决策建议中可以节约成本,提高效率、使数据得到及时更新(胡乙等,2017)。

生态文明建设中公众参与形式的经验如图 5-11。

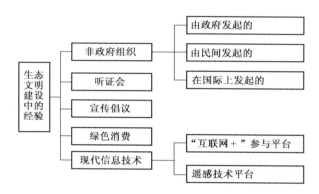

图 5-11 生态文明建设中公众参与形式的经验

Fig. 5-11 Experience of public participation forms in the construction of ecological civilization

5.1.2.5.2 不足之处

虽然在公共文明建设中当前公众参与的形式较多,但仍存在以下三个问题。

(1)参与程度低。体现在参与形式主要是指在宣传倡议中,通过各种节日、讲座、培训班、人物评选等来倡议生态文明活动,虽有利于提高公众参与意识,但这种形式仅仅是暂时性的参与,难以形成持久的参与(王越,2015)。

(2)制度化水平低。体现在我国法律制定的特点。我国法律仅是在宏观层面规定参与的原则及权利,而对于参与的形式、主体、客体等未作出具体规定,或交由规范性文件进行规定。这样容易导致参与流于表面,不利于公众全面有效参与(王越,2015)。

(3)"自下而上"的参与形式少。目前,我国公众参与主要是由政府发起的,是"自上而下"的参与,而不是由公众自发的"自下而上"的参与。参与的性质属于被动型参与,而不是主动型参与。这样就使得公众参与形式会随着政府中主导力量的更换而告终,同时,也很难将公众自身的真实意见表达出来(王越,2015)。

5.1.2.6 城乡规划中公众参与形式的经验

城乡规划中公众参与形式的经验除了传统的公众参与形式,等多体现在数字城管、旧城改造中利用现代信息技术上。

(1)数字城管。数字城管系统已在我国多个城市管理中进行应用,并产生了良好的效果。参与形式主要包括三种类型:①电话参与——公众通过热线电话参与,虽属于传统参与形式,但使用数字平台提高了工作效率;②网站参与——公众通过登录相应网站与政府互动;③APP 手机客户端参与——公众通过使用城管通手机客户端参与。数字城管网站包含的栏目有信息公开类、时事新闻类、公众参与专栏、统计数据类、交流互动类、在线服务类、办公博客类、论坛跟帖类。在"公众参与"项目中,通过网站留言板、领导者邮箱和电子邮件收集公众意见,请求和进行在线民意调查。还有网上投诉、评价信息等页面,可在评价信息页面给责任部门打分。不同的城市,各类项目多包含的具体内容不同,有详有略(刘福元,2017)。

(2)旧城改造中利用现代信息技术。在广东省广州市西湖路骑楼改造的公众参与问题上,作为新媒体技术的微博发挥了重要作用。2011 年广东省总工程师马向明在微博上发布了关于骑楼改造的消息,随后形成了数千次转发,并引爆了报纸、电台、电视对于骑楼改造问题的热议。规划局也在 7 日内对此问题进行了回复,并作出重新规划。在此事件中,很好地运用了新媒体(微博)+传统媒体(报纸、电视)的参与形式,取得了良好的效果(王鹏,2014)。

在广州市恩宁路旧城改造中,由于多方博弈,改造屡次形成僵局,在此情境下,成立了专门的学术关注组。关注组在成立之初通过豆瓣网等社交网络平台组织召集活动,关注组的规模也随之扩大,组内成员涵盖了大学生等各类志愿者,这些志愿者具有经济学、城市规划、新闻学等学科的专业知识。关注组的主要任务是评估改造项目,作为第三方来为旧城发展提供建议,构建供各利益主体沟通交流的平台。关注组与旧城居民的沟通交流日益频繁,共同致力于旧城改造的公众参与的实现(王鹏,2014)。

在江苏省南京市锁金村社区更新中,通过 PPGIS 平台实现公众参与。PPGIS 是指采用卫星图像、数字地图等可视化工具,使公众参与同地理规划相结合,实现"自下而上"的参与。在江苏省南京市锁金村的 PPGIS 平台构建中,包含由设计师、技术人员、政府人员、公众组成的用户对象作为信息交换窗口的交互端,在 PPGIS 平台应用中,利用户外助手应用程序和谷歌地球引擎进行信息的采集。公众可采用浏览器登录 PPGIS 平台(张文博等,2018)。

(3)土地规划中传统的公众参与形式。台湾省彰化县过沟村在 2006 年进行土地重新规划,改善公共设施,以繁荣社区经济。在此过程中,公众参与受到高度重视。①在制定初期规划前,通过实地挨家挨户走访的形式,以更为详细全面地获悉公众的真正需求及对重划的建议。②在初步确定划区范围后,通过举办研讨会来征求利益相关者的建议,若支持者比例达到1/2以上,则可进入下一步程序,反之应扩大宣传,增强公众的重划积极性。接着举行重划委员会和更新促进会,会议中均包括相关公众。③在制定了规划后,举办了专家勘测会,邀请相关专家学者、企业等针对社区规划方面交换意见;并通过举办听证会,再一次考察公众的重划意愿;在重划完成后进行的土地再分配中,让利益相关的公众执行讨论方案,达成一致意见后进行上报并公示,完成最终分配(张占录等,2013)。

城乡规划中公众参与形式的经验如图5-12。

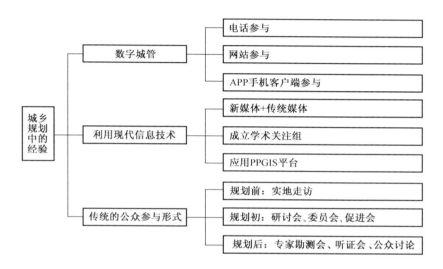

图5-12　公众参与城乡规划的经验

Fig. 5-12　Experience of public participation forms in urban and rural planning

5.1.2.7　参与活动的经验与不足

5.1.2.7.1　经　验

公众参与活动的经验主要体现在志愿者计划及文创产品的研发销售。

(1)志愿者计划。在2008年北京奥运会中,最为突出的公众参与形式是志愿者计划。共有约7万名志愿者参与了该项目,包括大学生、中学生、社会工作者、华侨、海外华人和国际志愿者;工作岗位包含迎宾接待、医疗卫生、物品发放、翻译、文化活动及辅助等;创作了主打歌《我是明星》;设计了专门的志愿者制服;在奥运会结束后,为志愿者颁发志愿者证书;进行了志愿者评比表彰活动;根据志愿服务的时间与效果,颁发了奥运会纪念品,使志愿者拥有一个难忘的工作经历;并建立了志愿者纪念设施。

（2）文创产品的研发和销售。在文化遗产的保护中,比较有特色的公众参与形式是进行文创产品的研发和销售。例如,北京故宫博物院推出 8 000 多种衍生文创产品,包括故宫日历、朝珠耳机、御前侍卫手机座创意产品;南京六朝博物馆开发了"六朝魔方"、瓦当冰箱贴和印有王羲之书法名作《兰亭序》的鼠标垫等。在打造文化创意品牌的过程中,采用了实体店、电商平台和展会推广相结合的销售模式,将"互联网+"模式引入文博创意产业。例如,故宫博物院不仅在博物院内部、王府井商圈和首都机场开设了文创产品体验店,还在国内设立了首个官方网店,灵活运用微博、微信、电商网站及 APP 等新媒体形式拓宽文创产品的销售渠道。

5.1.2.7.2　不足之处

（1）如若不顾实际问题,盲目地选择公众参与主体,并不能达到有效参与的目的,反而会使公众参与流于形式。

选择合适的参与主体,是确保公众有效参与的重要因素。2007 年峨眉山景区门票定价听证会的案例,便是一个失败的教训。在该听证会中,景区管委会提供了三个门票调整方案:门票定价为 170 元/人、门票定价为 160 元/人、门票定价为 150 元/人。最终的决定为第一种方案。这一结果与设想恰好相反。一般来说,景区门票越低,对消费者越有利。通过进一步了解发现,造成这一反常现象的原因是此次听证会中的消费者代表的选取出现了失误,并未能真正代表消费者。在 8 名消费者代表中,有 4 人是本地居民,其中一位是该市消费者协会的秘书长。由于本地居民在景区的优惠政策并不会因为门票价格上涨而产生影响,因此支持涨价最多的方案。其余 4 人也非外地消费者选出。因此,消费者代表的 8 人并未能代表外地消费者,在听证会中,并未能如实反映实际情况（江国华等,2017）。

（2）如若没有选择恰当的公众参与形式,也将不利于决策的顺利实施,甚至可能会引起公众对于决策的强烈反对。

2014 年广东省茂名市芳烃项目的案例,便是一个惨痛的教训。在 2014 年 3 月底,茂名市市民为表示对芳烃项目的不满,在茂名市委员会聚集,最后演化为严重的打砸烧事件。虽茂名市政府针对芳烃项目通过报纸、宣传手册、发布会、电视宣传视频等形式向公众进行了大量宣传,但这些宣传对公众带来的作用仅仅体现在了解芳烃项目的层面上,而没有使公众真正参与到项目的预备、立项、实施过程中,当前的宣传仅仅代表了政府的"一厢情愿",缺少了"自下而上"的参与,市民并未能与政府形成互动交流。这就造成了公众的意见无处反映,而政府却主观地认为芳烃项目已被公众默默接受,最终酿成了公众反抗的结果（江国华等,2017）。

5.1.2.8　公众参与所属类型的经验与不足

5.1.2.8.1　经　验

（1）李天威等（1999）将公众参与分为协商型和参与型。协商型的信息流动方式有由决策到公众和由公众到决策两种方式。参与型是指受直接影响的人群与项目方共同对项目进行协调、控制和决策。

（2）俞可平（2006）分析出当前的公众参与形式主要有：投票、竞选、公决、结社、请愿、集会、抗议、游行、示威、反抗、宣传、动员、串联、检举、对话、辩论、协商、游说、听证、上访、电视辩论、网络论坛、网络组织、手机短信。

（3）刘淑妍（2009）将城市管理中的公众参与形式划分为：行政主导推动，市民主导参与，市民、市政共同参与，市民全过程参与。

（4）周建等（2010）认为公众参与城市管理的形式应主要包括：问卷调查，召开社区代表大会，建立以"拆迁代表委员会"为核心的谈判机制。

（5）向德平等（2012）认为公众参与城市管理的形式应主要包括：社区动员，公共自发，协同参与。

（6）肖萍等（2016）认为城市管理中的公众参与形式应主要包括：听证会、论证会、座谈会、公开征集意见及公众自发参与。

5.1.2.8.2　不足之处

当前公众参与类型存在五个不足之处。

（1）在目前的公众参与形式中，以行政主导推动式为主，参与的深度、广度均有待于进一步提升。在现实公众参与决策中，专家是参与的主体。政府工作人员怀有"城市管理资金来源于政府拨付或自筹，政府是城市的建设者，首先应考虑向上级政府负责"的心态，而普通公众也怀有"城市管理与我无关，属于政府的责任""既不了解也不想了解"的心态，导致诸多建设项目是由政府与专家协商决定，普通公众在其中的参与度很小（刘淑妍，2009）。

（2）当前参与十分零散，缺少专门组织将公众整合到一起。政府虽针对社区进行了权力下放，但却忽视了非政府组织的构建，使得公众在参与决策时，仅仅是以个人身份参与其中来表达自身意愿，相较于以一个组织的身份表达意愿，对决策的影响力十分微小（刘淑妍，2009）。

（3）公众虽然逐渐开始关注与自身密切相关的事物，但关注、参与的积极性仍较小（刘淑妍，2009）。

（4）没有相应法规进行公众参与具体实施阶段的操作程序，使得公众参与流于形式（刘淑妍，2009）。

（5）集会、抗议、游行、示威、反抗等这些公众参与形式是公众出于维护自身利益，在迫不得已的情况下采用的，这类参与形式在实际生活中发生的越少越好。例如,2016 年 6 月湖北省仙桃市垃圾焚烧发电厂的建立事件,该发电厂的建立早在 2011 年已经开始,预计在 2016 年年底正式完工投入使用,但在 2016 年 6 月这一项目才为公众所熟知。公众得知这一项目后表示强烈不满,通过创建微信群等形式来进行集体抗议,并于当月 25 日进行了集体游行,在次日政府即对外公布停止该项目(邓敏贞,2016)。

5.2 北京市古树名木保护与管理中的公众参与形式的讨论

本节依据第 5.1 节对国内外公众参与形式的讨论,首先找出当前北京市古树名木保护与管理中公众参与形式存在的问题,然后提出公众参与形式创新应遵循的原则,最后,由于公众参与主体表明的是"谁参与",公众参与客体表明的是"参与什么",公众参与形式表明的是"公众参与途径",参与形式需要依附于一定的参与主体和参与客体,因此,对参与的主体和客体进行了讨论与界定。

5.2.1 当前北京市古树名木保护与管理中的公众参与形式存在的问题

由第 3 章第 3.3.3 节可知,当前的公众参与形式有:①研究机构对古树名木进行研究;②成立古树名木保护研究中心;③个人、企业认养古树名木;④市民利用网上信箱反映问题;⑤自发挂牌、竹竿包围保护;⑥专家、学者参加座谈会、评审会、论证会。

结合本章 5.1 节国内外公众参与形式,以及第 3 章关于北京古树名木保护管理现状及公众参与形式分析,可以得知当前北京市古树名木保护与管理中的公众参与形式存在如下六点问题。

5.2.1.1 对社会力量的调动不足

由第 3 章可知,当前参与北京市古树名木保护与管理的社会力量,主要是科研院所的研究人员、高校的研究人员、少数热爱古树名木的热心群众。而目前他们参与古树名木保护与管理的形式,仅有六种类型。

对于科研院所和高校的研究人员来说,目前的参与形式有两种:一是通过开展课题研究,例如 1991~1994 年由北京市园林科研所王宜或主持了《古树名木综合复壮技术的研究》,对北京市古树树种的衰弱原因和复壮措施进行了研究。二是邀请专家和学者参加研讨会等会议。例如,2018 年 6 月初在圆明园举行了古树保护论证会,来自北京市园林绿化局、北京林业大学、北京市园林科学研究院的专家组成了专家组,讨论研究了圆明园内 27 株濒危古树存在的隐患、衰弱濒危的原因等问题。

对于少数热爱古树名木的热心群众来说,目前的参与形式有四种:一是通过编写北京市古树名木相关的书籍,在报刊发表相关文章。例如,北京大学第一附属医院的退休员工张忠贵,被誉为"树痴",在报纸和杂志上发表了近 2 000 篇关于古树名木的文章,并编写了《北京古树名木趣谈》一书;夫妻二人莫容、胡洪涛编写了《北京古树名木散记》一书,并在报刊上发表多篇文章。二是通过认养古树名木的形式,例如 2007 年,中国移动通信集团北京有限公司认养香山公园古油松八株。三是公众通过首都园林绿化政府网络的在线邮箱反映相关问题。例如,2016 年 6 月,市民通过在线邮箱反映在门头沟赵家台附近,有一棵千百年的松树,树干伤痕累累,导致树体已经变形,根部也被侵蚀。四是市民的自发保护。例如,2016 年 3 月,百子湾地铁站附近拆迁工地上有一棵相对粗壮的百年枣树,未挂有市园林绿化局统一规定的挂牌,被市民用竹竿围起来,树体上面带着公众自制的保护标牌。

　　根据本章第 5.1 节中分析的国内外经验中对于公众力量进行调动的公众参与形式可知,其往往能够调动大部分公众都参与进来,例如,日本白川乡合掌村的村落自然环境保护会,使得白川乡合掌村的全体村民都参与了进来;新加坡的城市治理部门中包含社区居民和专业人士,所有的部门中,都展现出了无所不在、无时不在的公众参与。而当前北京市古树名木保护与管理中公众参与形式仅仅调动了一小部分专家学者和原本热爱古树名木的一少部分公众,而并没有使得大部分公众参与进来。

5.2.1.2　对社会资金的吸纳不足

　　由第 3 章可知,当前北京市古树名木保护与管理中对社会资金的吸纳形式,单单是通过出资认养古树名木的形式来吸纳社会资金。根据北京市园林绿化部门测算,一级古树与名木的日常管护标准为每年每株 1 800 元,二级古树每年每株 900 元(石河,2019)。而认养一株古树的费用,据记者调查,密云、延庆、平谷 3 个郊区县以及劳动人民文化宫的古树认养费用普遍在 1 000 元每株每年,门头沟西峰寺林场古松古柏的认养价格在 2 000~3 000 元每株每年,东城地坛公园古树的认养价格在 1 000~2 000 元每株每年,西城区顺城公园、金融街中心绿地古槐、古银杏每株每年的认养价格在 2 500 元(王海燕,2014)。根据《首都古树名木认养管理办法》,"古树名木认养资金应专款专用",即认养的是哪一株树,认养的费用必须全部用到该株树的养护管理中,"对认养资金的收支、使用情况应进行登记。"这也即是说,只有已经认养的树木,可以享受认养资金,其余树木并不能享受认养资金。而北京市每年公开发布认养信息的树木相较于北京市古树名木总株数来说,所占比例很小。例如,2018 年对外公布开展古树名木认养信息的株数为 745 株,仅占北京市古树名木总株数(41 865 株)的 1.78%,实际认养占比应该只有更少。例如 2017 年提供可供认养古树 34 处 684 株,2017 年春全市有 9 个家庭 25 个个人认养 5 处 37 株古树,不足可供认养古树的 6%,吸收认养古树资金 6.78 万元。由此可见,目前在面临庞大的养护管理费用情况下(且目前实际能够得到的养护管理费用并不充足,后文中会进行详细说明),对社会资金的吸纳远远不够。

根据本章第 5.1 节中分析的国内外经验中对于社会资金吸纳的公众参与形式可知,其往往能够通过各种形式广泛吸纳社会资金,例如,通过研发文创产品来吸收社会资金。在文创产品的研发中,例如北京故宫博物院推出的衍生文创产品达 8 000 余种,包括故宫日历、朝珠耳机、御前侍卫手机座创意产品;在打造文化创意品牌的过程中,采用了实体店、电商平台和展会推广相结合的销售模式,将"互联网+"模式引入文博创意产业等。因此,吸纳社会资金的形式有待于进一步创新。

5.2.1.3 公众参与在深度和广度上处于初级水平,缺乏实质性参与

在公众参与的深度和广度上,国外发达国家都高于我国。当前我国的公众参与在环境保护、城市规划、建筑遗产保护方面发展相对较快,而在古树名木的保护与管理中,公众参与的理念尚未深入人心,目前正处于初级阶段。

在公众参与的深度上,由本章第 5.1 节中的介绍可知,国外的公众参与涉及政府决策制定的全过程,包括初期,中期和后期。例如,在法国克里希街区项目的公众参与中,在初期的公众意见咨询阶段,通过智囊团来收集整理公众意见,整合成项目报告的形式,作为项目决策的参考依据;在项目的中期和后期,构建了由政府机构人员和企业、项目开发商、社区居民、社会专家非政府机构人员中的利益相关者组成的多元化的组织结构,在组织中,通过召开研讨会的形式来协调不同利益相关者之间的矛盾,并针对具体的项目规划问题进行研讨协商。而当前北京市古树名木保护与管理中的公众参与,并没有让公众参与到决策的全过程中。例如,古树名木的评价标准的确定仅由北京市园林绿化局和北京林业科技推广站的内部专家确定。而作为公众的高校方面的专家、科研机构方面的专家并没有参与到其中;在 2018 年圆明园举办的古树保护论证会中,来自北京林业大学、北京市园科院的专家只是听取了保护设计的报告,并没有参与到保护方案的制订、修改和实际应用中。

在公众参与的广度上,由本章第 5.1 节中的介绍可知,国外在某个项目中的公众参与涉及了各个方面,例如,日本在乡村景观保护的公众参与中,涉及了审查乡村景观状况的变更、保护意识的宣传扩散、保护对策的分析研究、保护项目的实地应用、保护工作的沟通交流、协调冲突、解析政策、作品的创作等方方面面。而当前北京古树名木保护与管理中公众参与涉及领域较窄,在政策制定、保护意识的宣传教育、保护项目的实地应用、保护工作的沟通交流等方面参与较少

甚至没有。

5.2.1.4 尚未融入到文化遗产保护中

古树名木作为我国的自然文化遗产,但在文化遗产保护中,鲜少涉及古树名木的保护。

一方面,体现在文化遗产政策文件里面并没有明确指出古树名木的保护。在《中国文化遗产事业法规文件汇编》中,收录了二百多件文化遗产保护重要文件,涉及了古迹、珍贵文物、图书、稀有生物、革命文物、古文物建筑、宗教遗迹、古器物、雕刻、书画、碑志等方面,但并没有专门的古树名木保护法规文件。

另一方面,在北京市文化遗产保护中心这一非政府组织中,并没有将古树名木的保护包含在内;在历史文化遗产保护网中,也没有古树名木保护专栏。

5.2.1.5 专门的非政府组织较少

正如本章第 5.1 节所述,非政府组织已成为公众参与国外社区治理的不可或缺的力量。例如,在杭州的社区治理中,建立的非政府组织可分为两大类,一类是文娱组织,例如上城区目前已有 346 支文艺小队,内容包含歌唱、舞蹈、演说、戏曲等多方面内容,对于创建良好、融洽的社区文化具有重要作用。第二类是公益组织,例如杭州市农民工于 2006 年成立的自助互助服务组织"草根之家";以为空巢老人、经济困难老人、生活需照料的老人提供日常便民服务为宗旨,在 2007 年成立的"帮一把"为老服务社等。

而针对北京市古树名木保护来说,目前仅有一个非政府组织:京津冀古树名木保护研究中心,研究中心成立时间较晚(2016 年成立),目前也有待于进一步完善;而其他公益类非政府组织(例如,北京市文化遗产保护中心)中,也并没有涉及古树名木的保护。

5.2.1.6 目前已有的公众参与形式少

由本章第 5.1 节中的介绍可知,在公众参与发展较为成熟的领域,其公众形式往往多种多样。例如,在我国天津市建筑遗产保护中,参与形式涉及普通公众通过写信、致电反映问题,并成立遗产保护队;通过成立天津论坛、遗产保护志愿者论坛、中国记忆论坛天津版等非政府组织,来开展实地调研,通过媒体宣传文保理念,监督违法违规行为;精英通过策划明信片、接受采访、进行演讲、参与专家论证会的方式参与;企业通过建立遗址纪念馆等形式参与到建筑遗产保护中。

而当前北京市古树名木保护与管理的公众参与形式主要有科研机构进行课题研究,成立古树名木保护研究中心,个人、企业认养古树名木,市民利用网上信箱反映问题,自发挂牌、竹竿包围保护,专家、学者参加座谈会、评审会、论证会。公众参与形式有待于进一步地创新。

5.2.2 北京市古树名木保护与管理中的公众参与形式创新应遵循的原则

从以上分析可以看出,北京古树名木的保护和管理缺乏公众参与形式,还存在很多问题。因此,需创新公众参与形式,尽可能全面地便于各类公众参与。在创新参与形式时,应遵循以下原则。

(1)愿意参与。应结合不同参与主体的不同特点,构建适合该参与主体的参与形式。

(2)方便参与。创新后的参与形式应方便公众参与其中。在公众有参与热情的情况下,没有方便的参与渠道,最终仍无法实现公众参与的目的。

(3)有序参与。在方便公众参与的基础上,需要注意的问题是,要确保公众是有序参与的。通过创新公众参与形式,公众有了便捷的参与途径,但同时也要求确保公众的参与是有序的,应通过正常的途径来进行参与,否则会造成参与的混乱,严重的会造成一定程度的社会问题。因此,应引导公众有序参与其中。

(4)有效参与。要明确古树名木保护与管理中的公众参与并不等同于事事均全民参与,不同的参与主体在参与过程中的利益追求不同,应避免出现无效参与。应结合不同参与主体的不同特点,使其有效参与其中。

5.2.3 北京市古树名木保护与管理中公众参与的主体

主体的界定解决的是"谁参与"的问题,即公众是主体。在本研究第2.1.3节即对本研究所指的公众从包含的范畴和地域范围方面进行了界定。在本节,从公众参与主体的角度进行更为详细的界定。

北京市古树名木保护与管理中公众参与主体是指在北京市古树名木保护与管理中公众参与活动的承担者。公众是参与的主体,政府是参与执行的主导者、推动者。本研究将参与主体划分为如下六类。

(1)个人参与。公众中的个人,尤其是北京当地人或北京市常住居民,是北京市古树名木保护与管理中参与的重要力量,是数量最多,也是最基本的组成成分。这里的个人参与仅指的是普通个人的参与,不包括专家、学者、研究人员的参与。

(2)非政府组织参与。非政府组织是指除政府之外的,不具备盈利、亲缘和政治宗教性质的其他社会公共组织。非政府组织的参与代表的是公共的利益,多是通过自愿的形式来进行参与。相较于个人参与而言,非政府组织的参与产生的号召力更强,产生的影响力更大,可以为古树名木保护与管理的参与结果提供进一步的保障。

（3）精英参与。本研究中所提到的精英是指古树名木保护与管理方面的专家、学者、研究人员。精英参与是北京市古树名木保护与管理中参与的中坚力量，代表了古树名木保护与管理中公众参与的先进技术水平。在技术层面，承担着古树名木日常养护技术的进步、先进复壮技术的推广等的任务；在管理层面，承担着为古树名木管护责任者提供先进管理策略的任务。

（4）企业参与。本研究中提到的企业是指参与北京古树名木保护和管理的爱心企业。虽然企业参与古树名木保护与管理的根本动因可能是要扩大自身知名度，是另一种方式的营销手段，但企业的参与却是古树名木公众参与中重要的资金投入来源。现阶段，企业的主要参与形式是出资认养。例如，移动通信公司认养香山的古树名木，以及多个企业认养地坛公园中的古树名木。

（5）媒体参与。本研究中提到的媒体包括传统媒体和新兴媒体。媒体参与是迅速、有效传播古树名木相关信息的渠道，且其受众面十分广泛，只要受众接触媒体，均可接收到古树名木相关信息。随着技术的进步，媒体不仅限于传统的电视、广播、报纸、杂志，还囊括了网站、微信、微博、APP 客户端等。

（6）其他社会团体参与。其他社会团体，例如宗教团体。宗教也是公众参与的重要动力来源。宗教中体现的文化因素，也可以很好地利用起来为古树名木的保护与管理服务。

5.2.4 北京市古树名木保护与管理中公众参与的客体

客体的界定解决的是"参与什么"的问题。北京市古树名木保护与管理中公众参与客体指的是公众参与活动的对象，具体包括参与领域和参与范围，如图5-13。

5.2.4.1 公众参与的领域

本节借鉴国内外公众参与形式，将公众参与的领域划分为制度性参与、社会性参与、经济性参与三个方面的领域。

（1）制度性参与。指在北京市古树名木保护与管理中，公众在制定古树名木相关法律法规时的参与。在古树名木的保护与管理中，特别是在公众参与方面，目前缺乏相应的法律法规。公众仅拥有部分知情权和参与权，没有监督权，公众的参与并没有对政府的决策产生影响。虽多个部门下发的相关文件中涉及发动公众参与，但仅是简单提及，没有进行深入规定。且文件不同于法律，没有约束力，仅仅是指导的作用。

（2）社会性参与。指在日常养护、日常监督、科技复壮等技术研究、重要性宣传方面的参与。这一类参与涉及的内容最广。目前北京市古树名木保护与管理中公众并没有形成社会性参与的风气。在古树名木的日常养护、科技复壮方

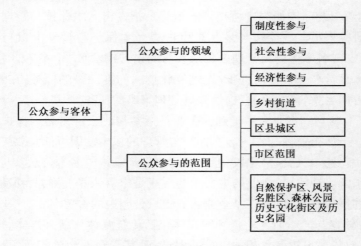

图 5-13 公众参与客体所包含的内容

Fig. 5-13 The content contained in the object of public participation

面,仅是政府委派特定技术人员、专家学者对古树名木进行保护与管理;在日常监督方面,仅有个别公众自发进行破坏古树名木等行为的监督。例如,天坛公园中,一株古树的宣传石碑上面标注的是一级古树,但古树树体上挂的标牌却显示二级古树。热心群众发现这一失误后,向园林绿化局进行反映。在重要性宣传方面,并没有构建一个系统的宣传渠道。

(3)经济性参与。指具有融资性质的参与。目前经济性的参与,主要是通过出资认养古树名木的方式使公众参与进来,除此之外,并无其他合适的渠道来广泛筹集社会闲散资金用于古树名木的保护与管理中,使得当前公众空有参与热情,却没有合适的渠道进行参与。

5.2.4.2 公众参与的范围

北京市《古树名木评价标准》(DB11/T 478—2007)中,将北京市古树名木的生长场所划分成了五类:远郊野外,乡村街道,区县城区,市区范围,自然保护区、风景名胜区、森林公园、历史文化街区及历史名园。本研究借鉴这一分类,考虑到远郊野外的古树名木处于野生状态,无人干涉其生长。因此,将北京市古树名木保护与管理中公众参与涉及的范围规定为四类:乡村街道,区县城区,市区范围,自然保护区、风景名胜区、森林公园、历史文化街区及历史名园。

5.3 北京市古树名木保护与管理中新型公众参与形式分析

参与形式解决的是"公众参与途径"的问题。北京市古树名木保护与管理中公众参与形式是指公众在参与古树名木保护与管理中,采用的参与途径,是参与的技术手段。当前古树名木保护与管理中公众参与形式较少,没有构成一个系统的公众参与形式体系,公众参与的积极性并没有得到很好地发挥。应在借鉴国内外公众参与形式的基础上,结合托马斯有效决策模型,考虑北京市古树名木保护与管理中公众参与的特殊性,进行参与的形式创新。

5.3.1 北京市古树名木保护与管理中新型公众参与形式的分类

由第2章第2.2.2节对托马斯有效决策模型的介绍可知,在决策问题中纳入公众参与时,应考虑决策的质量要求和公众对于决策的可接受性,进而确定对公众参与的需求程度。本节借鉴这一思路,将北京市古树名木保护与管理中的公众参与形式整体划分为四大类,如图5-14。在这四大类整体分类中,除了第一类"无公众参与"类之外,其余三大类中均可进行二次分类,每一个二次分类里面又包含了更为具体的参与形式。四大类公众参与形式下包含的二次分类,如图5-15。考虑到现实中参与的复杂性,各大类参与形式下面包含的二次分类之间并不是互相独立的,而是有重合的部分。

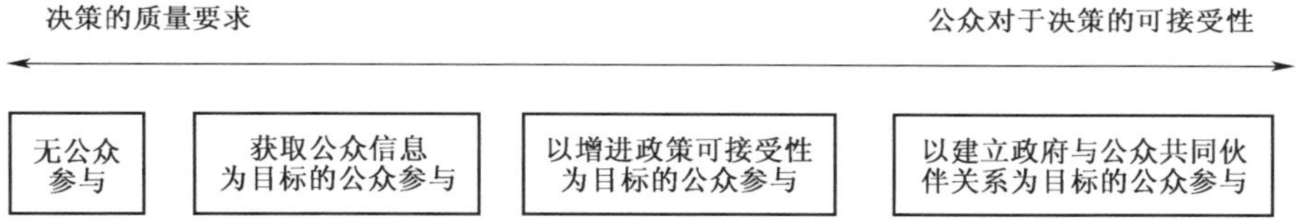

决策的质量要求 ←――――――――――――――――――――→ 公众对于决策的可接受性

无公众参与	获取公众信息为目标的公众参与	以增进政策可接受性为目标的公众参与	以建立政府与公众共同伙伴关系为目标的公众参与

图 5-14　公众参与形式整体分类

Fig. 5-14　Classification of public participation forms

(1)无参与。当需解决的问题高度专业化和结构化时,也即对问题决策的质量要求较高,问题具有高度约束,此时为确保问题得到有效解决,必须对公众参与加以限制。例如,对于古树名木的建档及档案保管,涉及了技术、安全、保密方面的约束,这一事项仅需古树名木管护部门自行完成,不需调动大量公众参与其中。

(2)以获得公众信息为目标的参与。此类公众参与的主要目的是从公众中获取决策所需的信息,是政府进行政策制定的基础,之后政府进行独自决策。因此,此类决策对参与的深度要求不高,但需要确保进行参与的公众具有代表性,以确保政策达到规定的质量要求,此时对参与的广度要求较高。参与形式包括关键公众接触、由公众发起的接触、公众调查、多媒体参与。

(3)以提高政策接受度为目标的参与。此类公众参与的主要目的是促使公

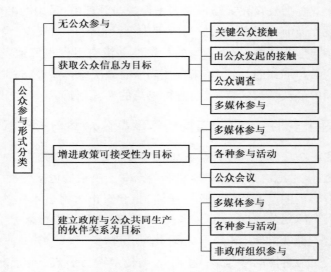

图 5-15　公众参与形式二次分类

Fig. 5-15　Subclassification of public participation forms

众理解和接受政策,进而保障政策顺利实施。此类政策的执行需要得到公众的广泛支持,否则无法顺利实施。只有公众和政府进行深入的双向沟通,才能最终实现决策目标。参与形式包括多媒体参与、各种参与活动、公众会议。具体可以分为两类情形:一类是公众与政府的目标不一致的情形。此时政府为促使决策目标的实现,会保留较多权力,同时为了决策的可接受性,政府需与公众协商,进而使决策能够在一定程度上体现公众利益。第二类是目标一致的情形。由于公众与政府的目标一致,因此公众的决策并不会对决策质量造成威胁,政府应赋予公众更多决策权力,同公众共同制定决策。

(4)以建立政府与公众共同生产的伙伴关系为目标的参与。如果政府和公众在古树名木的保护和管理上建立合作关系,就表明公众参与的形式超越了上述形式,向更高层次发展。例如,多媒体参与、各种参与活动、非政府组织。政府与公众共同生产关系的建立,能够缓解政府在古树名木保护与管理中人力、资金的压力,提升古树名木保护与管理效果,增进公众对于政府的信任。伙伴关系的建立,需提前加以规划,加强对公众的培训、指导,在合作过程中需政府与公众签署合作协议。

目前在古树名木的保护与管理中,已出现了关于政府与公众共同生产的例子,例如认养古树名木。由第 1 章介绍可知,2007 年,中国移动通信集团北京有限公司认养香山公园古油松八株;2016 年,首都园林绿化政府事务网负责规划和组织"我身边的古树名木"故事征集活动;2017 年春全市有 9 个家庭 25 个个人认养 5 处 37 株古树,吸收认养古树资金 6.78 万元。

5.3.2　北京市古树名木保护与管理中新型公众参与的具体形式

根据以上讨论,对几种公众参与形式二次分类中包含的具体形式进行讨论。参与形式的整体分类、二次分类及所包含的具体参与形式情况如图 5-16。

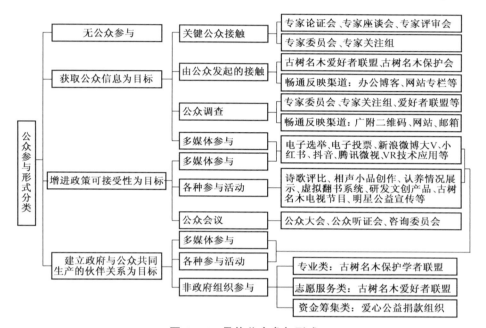

图 5-16　具体公众参与形式
Fig. 5-16　Specific forms of public participation

5.3.2.1　关键公众接触

古树名木保护与管理中的关键公众接触,指政府通过会议、访谈等形式向公众中的精英、相关组织中的领导征询意见。这种形式是由政府发起的参与,也是产生时间最长的公众参与形式。优点在于目标明晰、信息沟通方便、便于操作,容易获取对决策有用的高质量的信息;缺点是难以表达其他没有组织起来的公众的意见,难以把控关键公众选取的代表性。因此此种参与形式适用于专业化要求的决策。例如,关于古树名木保护复壮技术的规定、关于古树名木防雷技术的设计。当前在古树名木保护与管理中的公众参与形式中,此种类型的公众参与形式最为常见。例如,2013 年在京召开的古树名木保护专家座谈会,2018 年6 月举办的圆明园古树保护专家论证会。由以上讨论可知,当前已有的此种类型的公众参与形式主要是专家论证会、专家座谈会、专家评审会的形式,在继续发挥以上参与形式作用的基础上,借鉴上文中提到的国内外公众参与形式的经验,吸取不足之处,创新此种类型的具体的公众参与形式。

具体创新的公众参与形式可分为两类:一是设置专门的古树名木专家委员会,二是具体针对某一活动,可设置专门的专家小组。

(1)设置专门的古树名木专家委员会(图5-17)。专家委员会是在古树名木保护这一宏观层次上设置的关键公众接触类的公众参与形式,而不是具体针对某一活动而设置的,一经成立,可在任何古树名木保护的决策中发挥作用,不会随着某一活动的结束而终止。通过建立古树名木专家委员会,召集古树名木保护权威专家,开展古树名木保护管理研究和学术交流,掌握最新动态,以充分利用专家资源的权威及优势。在成立了专家委员会后,需要做到的是:①制定委员会的宗旨,宗旨应围绕开展古树名木学术研究,推动古树名木保护事业的发展。②在委员会的机构职务设置上,可设置主任委员、副主任委员、顾问委员、秘书长、副秘书长、委员等。③设定成为委员应具备的条件,例如应是从事古树名木保护工作多年的专家,或是高校、科研院所中经验丰富的有名望人士,或对古树名木保护与管理熟悉的专业人士,或是相关企业推荐的专家。④规定委员会的入会程序,可以是自我推荐、委员推荐,然后填写申请表,评审通过后成为准委员并登记入册,准委员通过在指定期限内达到评审要求后转正为正式委员,评审通过者则继续参加评审或直接取消入会资格。⑤规定委员享有的权利,例如委员会内部的选举表决权、参与委员会活动的权利、监督权、建议权、入会退会自由

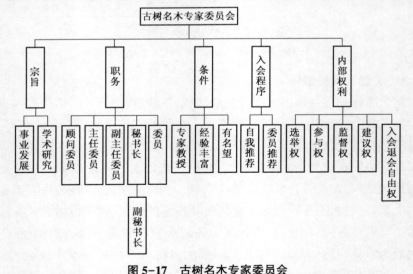

图 5-17　古树名木专家委员会

Fig. 5-17　Expert committee on old and notable trees

权。⑥规定委员负有的义务,例如执行委员会决议、维护委员会权益、为委员会作出贡献。

(2)设置专门的专家小组。具体针对某一活动,可设置专门的专家小组,例如,针对圆明园里的衰弱古树的养护复壮,可设置专门的圆明园古树专家关注组,组成人员包括从事古树名木保护工作多年的专家,高校、科研院所中古树名木研究经验丰富的有名望人士,对古树名木保护与管理熟悉的专业人士,相关企业推荐的专家。专家具体针对圆明园里的衰弱古树的养护复壮进行讨论协商,为管护部门提供建议。当最终的养护复壮决策制定完成后,专家关注组即可解散。

5.3.2.2　由公众发起的接触

古树名木保护与管理中由公众发起的接触,指公众在古树名木保护与管理中,出于利益维护、利益申诉、反映情况、表达诉求等目的,主动与政府部门联系,以消除损害、恢复权益、反映情况、实现诉求。这种形式是由公众发起的参与,是公众进入社区自治的起点,是一种高级的公众参与形式,力求与政府进行合作保护。这一参与方式实行的前提是公众应具有高度的保护古树名木的意识,清楚地认识到古树名木能够得到很好的保护需要依靠每一个人的共同努力,而不单单是政府的责任。优点在于公众可主动指出问题,进而可改进政府工作质量,也间接反映了公众参与古树名木保护与管理的热情;缺点是这种参与往往是个案性的,可能会因为所反映的问题不具备普遍代表性而不被政府所重视。当前在古树名木保护与管理中的公众参与形式中,此种类型的公众参与形式的主要体现例如市民利用网上信箱反映问题,如 2016 年 6 月,市民反映在门头沟赵家台附近,有一棵千百年的松树,树干伤痕累累,导致树体已经变形,根部也被侵蚀。

由公众发起的接触这种参与形式的兴起,能够在很大程度上反映公众参与古树名木保护的积极性,通过此种形式参与的公众越多,公众保护古树名木的积极性越大。为此,政府应创新多种渠道,使公众积极参与进来。借鉴上文提到的相关经验,吸取不足之处,结合古树名木保护自身具有的特点,进行此种形式的创新。

(1)提倡公众自发建立组织。提倡公众自发建立组织,在组织内针对古树名木保护的问题通过交流会、研讨会等形式进行交流协商,并以组织的名义向政府反映问题。以组织的形式向政府反映问题,相较于公众个人而言,产生的影响力更大,也会更容易吸引政府的关注。例如建立古树名木爱好者联盟,古树名木保护会等。通过选举组织内的知名人士为代表,代表组织向政府提建议。

(2)畅通公众意见的反映渠道。政府应畅通公众意见的反映渠道,具体来说,根据不同的内容,增设不同的邮箱、信箱、热线电话、网站专栏、办公博客,例如古树名木保护复壮问题反映邮箱、信箱、热线电话、网站专栏、办公博客,古树名木日常养护问题反映邮箱、信箱、热线电话、网站专栏、办公博客,古树名木认养问题反映邮箱、信箱、热线电话、网站专栏、办公博客,损坏古树名木行为问题反映邮箱、信箱、热线电话、网站专栏、办公博客等。还可在各乡村街道、居民社区、风景名胜区、森林公园、历史文化街区及历史名园等地的公示栏中设立二维码,通过让居民、游客扫描二维码,出现相应网页,来反映问题,表达诉求,并可允许公众上传照片、录制视频等形式,这样可以做到将问题及时反映。

5.3.2.3 公众调查

古树名木保护与管理中的公众调查,指政府通过对公众发放大规模的问卷调查,或与公众进行大规模的访谈,了解公众对于古树名木相关决策的看法,并对决策提出相应意见。这种形式也是由政府发起的参与,优点在于参与的公众范围更为广泛,参与的结果可以反映较大范围公众的意见;缺点是由于不存在双向沟通,不会向公众进行意见的反馈,公众也没有进一步参与的空间。此种参与方式适用于政府获取公众信息后独自决策。若政府在某一决策中不确定公众的意见,此时公众调查便很实用。如政府想了解公众对于古树名木保护与管理的认知情况而开展的调查,根据认知情况确定今后宣传的重点。当前此种形式的公众参与,仅仅体现在向公众进行古树名木故事征集、公众心中最美的古树名木评选中。例如2016年首都园林绿化政务网组织的"我身边的古树名木"故事征集活动,2016年中国林学会组织的寻找最美树王活动。除了此类事项需要公众调查外,还可针对公众对于古树名木相关情况的认知、公众对于参与古树名木保护与管理的态度、公众对于古树名木保护与管理的支付意愿、愿意参与古树名木保护的人群特征、公众对于古树名木保护的有关建议等进行调查。借鉴上文提到的相关经验,吸取不足之处,结合古树名木保护自身具有的特点,此种形式可进行的创新如下。

(1)通过政府部门及上文中提议构建的古树名木专家委员会、古树名木专家关注组、古树名木爱好者联盟、古树名木保护会等来收集整理公众意见,作为项目决策的参考依据。

(2)进行创新的具体公众调查类的参与渠道:通过在适当场合、适当位置设立二维码,通过让居民、游客扫描二维码,进入调查网页,填写问卷。例如,在街边路灯旁、公交车、公交站、地铁上、地铁站、火车车厢内、火车站、餐馆等人口密集的公众场所设立征求公众意见的广告牌,在广告牌中设立二维码;在居民社区中,通过与物业进行沟通合作,通过物业向社区居民发放宣传册,并附上调查二维码;通过在风景名胜区、森林公园、历史文化街区及历史名园等地的公示栏中设立二维码;也可通过往公众邮箱发送邮件,为公众邮寄信件,通过向公众拨打电话,在北京市园林绿化局网站、中国历史文化遗产保护网、各大新闻媒体网站上刊登调查链接,鼓励公众参与填写调查。

5.3.2.4　多媒体参与

当前人们的生活已经离不开互联网等多媒体,利用多媒体参与的方式,为公众参与到古树名木保护与管理中提供了更加方便快捷的渠道,也进一步改善了参与质量和参与结果。多媒体的开放性、互动性、无限制、公开性的优势,将在古树名木的保护与管理中发挥巨大作用。由第4章的调查可知,公众主要是通过旅游景点介绍、手机上网及电视获取古树名木信息,因此应以这三个方面为基础,利用多媒体,创新多种公众参与形式:①可增加旅游景点人工导游和电子导游讲解器对古树名木的介绍,可考虑配备虚拟翻书系统,使游客可通过红外感应、液晶触摸屏实现动态翻书,通过增强阅读兴趣来增强对古树名木的了解;②设立认养微信公众号、官方微博,发动具有重要影响力的名人、明星、新浪微博大V在小红书、抖音、腾讯微视、微博等平台分享古树名木相关奇闻趣事;③在一些综艺节目中添加认养古树名木的元素,增设古树名木专业性电视节目;④可通过电子选举、电子投票获取公众信息;通过电子邮箱、网上留言获取公众反映的意见;⑤利用VR技术,开发古树名木游戏小程序,增设交友板块、古树名木常识认知板块、古树名木历史传说故事板块、荣誉市民板块等来增强公众对于保护古树名木能获得的益处的认知,寓教于乐。

5.3.2.5　各种参与活动

可通过现实活动和虚拟活动的参与形式,促使公众参与进来。

(1)现实活动。

①可举办专门的古树名木诗歌评比、相声小品创作、认养情况展示等活动,并提高举办次数,通过举办这些活动选举出一系列优秀的作品,并将这些优秀的作品在大型晚会现场进行展示,使公众切身体验到愉悦之处。在进行评选优秀活动时,可以鼓励以家庭为单位参与、开展朋友圈投票等,刺激身边人的支持。

②如同多媒体参与中提到的,在旅游景点,还可通过人工导游和电子导游讲解器对古树名木进行介绍,并可考虑配备虚拟翻书系统,使游客可通过红外感应、液晶触摸屏实现动态翻书,通过增强阅读兴趣来增强对古树名木的了解。

③可通过联合企业研发、销售文创产品,并促使广大公众参与到文创产品的研发中来,通过评选优秀的文创产品,对其创作者进行奖励。可供研发的文创产品例如将古树名木的元素融入日历的设计中;在内画壶中创作带有古树名木风景的图画,作为旅游工艺品投放市场进行销售;将在最美树王活动评选出的古树名木作为模具,以此为素材设计古树名木冰箱贴、鼠标垫、影壁画、钥匙扣、日记本图案。并通过召集广大公众进行集思广益,提供创意思路,打造"网红"的古树名木文创产品。在文创产品的销售上,可采用实体店、电商平台和展会推广相结合的销售模式,将"互联网+"模式引入古树名木文创产业的销售上,例如,可

在王府井商圈、首都机场、北京火车站、北京市各大公园等旅游景点开设古树名木文创产品实体店,并在淘宝、天猫、京东商城、一号店、唯品会等购物 APP 上开设销售网点;同时可引入拍卖这一销售模式。并通过开设进行了官方认证古树名木文创产品官方微博、设古树名木文创产品微信公众号来加强宣传。

④建立古树名木保护日,在古树名木保护日前后举办古树名木保护节,在保护节举办期间,通过开展古树名木艺术展形式,加强公众之间的沟通交流;模拟古树名木养护管理的程序,通过模型道具使公众体验古树名木的浇水、施肥、防冻、防虫等程序,以增强对古树名木保护重要性的认识。同时可通过在地铁、公交站等人口密集的地方摆放大型宣传广告牌,通过明星进行公益视频宣传,表达社会对参与古树名木保护与管理的公众的肯定。

(2)虚拟活动。就虚拟活动而言,可开发以古树名木保护为主题的游戏,利用 VR 技术,通过在虚拟世界里认养、保护虚拟的古树名木,增强公众的认养、保护体验,并依据经验点、进度条、排名提供奖励以激励公众,进而增加公众对于古树名木保护的认知,从潜意识中调动公众参与古树名木保护的积极性。

5.3.2.6 公众会议

公众会议具体包括公众大会、公众听证会和咨询委员会。这种形式与上文中提到的"关键公众接触"不同的是,这种形式更偏向于与普通大众进行协商决策,而"关键公众接触"更偏向于与专家学者进行协商决策。

(1)古树名木保护与管理中的公众大会,指政府通过召开开放性的社区会议,邀请公众参与政策制定,实现政府与公众之间的沟通,对公众的意见进行反馈,最终提出政策建议。这种形式是由政府发起的参与,优点在于其具有开放性,社区居民均可参与,参与范围广;缺点在于由于会议的规模大,若出现安排不周全的问题,则公众与政府的沟通会受到限制,公众的真实意见也难以全面表达。且由于公众是自愿参与,对于古树名木保护与管理不感兴趣的公众可能不会参加会议,则公众的代表性将会降低。在目前对古树名木的保护和管理中,这种形式尚不存在,未来应该强调这种形式的公众参与。

(2)古树名木保护与管理中的公众听证会和咨询委员会,是指政府通过选择具有典型代表性的公众、通过与之协商决策,最终达成一致意见的参与形式。这种参与方式并不是当政府与公众之间存在利益冲突、意见不一致时,仅仅告知公众决策目标,而是必须与公众进行协商,最终达成一致目标。这种参与形式的优点是公众具有一定的代表性,公众可以充分表达个人意见,参与过程中有完备的协商和表决机制,参与结果能够对政府决策有显著的影响。缺点是这种参与形式可能会受制于强势利益群体。当前在古树名木的保护与管理中,此种形式也尚未存在,在今后应重视此种形式的公众参与。

5.3.2.7 古树名木保护与管理非政府组织

在公众中,尤其是非政府组织,应成为与政府进行合作的重要力量。以非政府组织作为一个整体同政府进行对话,相比较单独个人而言,更能够使问题得到顺利解决。当前我国非政府组织已经逐渐发展起来,涉及了环境保护、遗产保护等各个领域,是社会体系的重要组成部分,逐渐参与到了社会事务管理中。而目前古树名木保护与管理中的非政府组织还十分稀少,应加强古树名木保护与管理非政府组织的构建。

古树名木保护与管理非政府组织是专门从事古树名木保护与管理工作的民间机构,自发形成,自愿加入,通过线上线下的各种活动,配合政府进行古树名木的保护与管理工作。如提供古树名木保护与管理的咨询服务、号召公众进行捐款、号召公众参与古树名木保护与管理的志愿活动、进行古树名木养护技术的研究等。优点是为参与古树名木保护与管理的公众提供了平台,也促进了政府和公众之间的交流沟通;缺点是目前这种组织形式虽在国外发展迅速,但在我国正处于初级阶段,针对古树名木保护与管理的非政府组织的建立与完善尚需一定时间,且参与者的时间、精力有限。具体可以构建的非政府组织类型可以有专业类、志愿服务类、资金筹集类。

(1)专业类的非政府组织。专业类的非政府组织是成立由专家学者构成的专业性非政府组织,例如古树名木保护学者联盟,包含各个领域的专家组成,例如,在北京市衰弱濒危古树的抢救复壮中引入生物学家负责进行古树名木生物学特性的科学研究,为古树名木的生物学保护提供方向;引入艺术家负责以北京市古树名木作为创作题材进行歌舞、小品、相声等文艺作品的创作;引入企业家负责以北京市古树名木为题材进行文创产品的研发;引入教育家负责将北京市古树名木相关知识纳入培训、宣传教育中;引入管理学家负责为北京市古树名木的管理提供咨询及管理理论的研究,为古树名木的管理指明方向等。

(2)志愿服务类的非政府组织。志愿服务类的非政府组织是成立由广大古树名木爱好者构成的志愿服务组织,并鼓励广大古树名木爱好者自发组建古树名木保护组织,进行古树名木相关历史故事的交流,将相关历史故事通过语音、文字等形式记录下来,将古树名木的图片拍摄下来,使之得以传承;负责对破坏古树名木的行为进行监督;负责搜集广大公众对于古树名木保护与管理的意见,将意见整理后向政府进行反映。

(3)资金筹集类的非政府组织。资金筹集类的非政府组织主要负责从社会筹集古树名木保护资金,并监督资金的使用去向。例如,通过向社会公开发起捐款的形式筹集资金。具体捐款的形式可以是通过该组织与支付宝的爱心捐赠应用进行合作,成立北京市古树名木保护的爱心公益项目,通过单笔捐、行走捐、周捐、月捐、收益捐、一帮一等形式带动公众为古树名木的保护进行捐款,捐款金额可依据自身情况自行决定,通过小爱可汇聚成大爱;还可在支付宝中创建类似于蚂蚁庄园的应用,例如古树名木庄园,通过设置虚拟的古树名木形象,公众通过对虚拟的古树名木进行养护获取爱心,通过积累并捐赠爱心来参与到古树名木保护项目中。另一方面,这类组织可通过召集爱心企业,与爱心企业协议通过公众积累的爱心来决定捐款数额,或者购买养护设施。此外,还可与微信支付和QQ 钱包中的腾讯公益、新浪微博中的微公益等公益项目进行合作,构建古树名木保护公益项目。

由以上分析可以得到七种古树名木保护与管理中的公众参与形式,每一种参与形式都有适宜使用的条件,也各自都有局限性。此外,几种参与形式之间也并不是互相独立的,也有不可避免地相互融合的地方。应视实际情况来决定采用何种参与形式。在实际问题发生时,应考虑公众参与的主体和客体,选择优点对于参与结果影响最大,缺点对于参与结果影响最小的公众参与形式。其次,也并不局限于一种参与形式,可组合使用多种参与形式。例如,政府想了解公众对于古树名木保护与管理的认知情况而开展的调查,此时可采用公众调查和多媒体参与相结合的形式,以获取更多数量、各种层次公众的认知情况。

5.4 基于公众调查的北京市古树名木保护与管理中新型参与形式的有效性检验

通过本章第 5.3 节对于古树名木保护与管理中的公众参与形式的创新,得到了多种新型的公众参与形式。由于这些参与形式尚未在现实生活中进行实际运用,因此并不能通过对其直接评估的手段验证其有效性。基于此,本节通过问卷调查的方式,调查公众对于新型参与形式的态度,以此来考察新型参与形式的有效性。这是因为这些形式只有在公众所接受的基础上,公众才会参与其中。具体从两个方面来考察公众对于新型参与形式的态度:新型参与形式对古树名木保护产生的作用程度的评价,以及对于此种参与形式的参与行为意向。

在具体进行问卷设计时,应根据创新后的公众参与形式进行设计。由本章第 5.3 节可知,本研究创新的公众参与形式分别是:①设置古树名木专家委员会;②设置专门的古树名木专家小组;③建立古树名木爱好者联盟与古树名木保护会;④畅通公众意见的反映渠道(邮箱、信箱、热线电话、网站专栏、办公博客、设立二维码);⑤在旅游景点增加人工导游和电子导游讲解器对古树名木的介绍并配备虚拟翻书系统;⑥通过多种网络媒体平台参与(设立认养微信公众号、官方微博,发动具有重要影响力的名人、明星、新浪微博大 V 在小红书、抖音、腾讯微视、微博等平台分享古树名木相关奇闻趣事);⑦通过在一些综艺节目中添加认养古树名木的元素、增设古树名木专业性电视节目;⑧通过电子投票参与;⑨开发以古树名木保护为主题的游戏;⑩举办专门的古树名木诗歌评比、相声小品创作、认养情况展示等活动;⑪研发、销售古树名木文创产品;⑫建立古树名木保护日,在古树名木保护日前后举办古树名木保护节;⑬召开开放性的社区会议;⑭召开公众听证会和咨询委员会;⑮建立专业类的非政府组织;⑯建立志愿服务类的非政府组织;⑰建立资金筹集类的非政府组织。

由于问卷是要调查公众对于新型参与形式的态度,应在对受访者解释公众参与形式的含义的基础上,向受访者进行询问。针对每一种公众参与形式,均作出如下题目和选项的设计:①"您认为××××对古树名木保护产生的作用为",选项设置为"作用很大、有一定作用、说不准、没什么作用"。②"您是否愿意通过××××来参与到古树名木的保护中",选项设置为"十分愿意/十分支持、比较愿意/比较支持、说不准、不太愿意/不太支持、十分不愿意/十分不支持"。问卷的具体内容如附录 C 所示。

课题组于 2018 年 9 月在北京市进行了问卷调查,总共发放了 300 份问卷,选取天坛公园、地坛公园、景山公园、人定湖公园等北京市 15 家公园进行调研。具体涉及的公园如附录 D 所示。

问卷在设计中,尽可能地做到题项数量精简,且参与答题即可获得小礼品馈赠,并告知受访者不会向其索要姓名、联系方式、身份证号等信息,因此受访者抵触回答、厌烦回答的情绪得到了有效地控制;调查员人数为 6 人,每个公园由 2 人组成的小组开展调查,每个公园发放问卷 20 份。合理的任务量安排,使得调研员有充足的时间对受访者进行调研,因而使问卷质量得到保证。剔除应付性填写(将填写时间低于四分钟的问卷视为应付性填写问卷)、填答的题项明显前后矛盾和题项漏填的问卷,最终获得有效问卷 284 份,问卷有效率为 94.7%。

5.4.1　公众对于新型参与形式作用程度的评价调查

根据问卷调研的题目,设计相应的变量,最终得到的调查结果见表 5-1。

由表 5-1 可知,绝大多数受访者均认为创新的公众参与形式对古树名木保护产生作用(包括认为"作用很大"和"有一定作用"),仅有极个别受访者认为没什么作用,说明本章创新的公众参与形式得到了绝大多数受访者的认可。此外,还有一少部分受访者选择了说不准,这一部分受访者可能是因为对古树名木的保护不太了解,因此无法判断是否能够产生作用。

其中,最受受访者认可的三种新型参与形式分别是设置古树名木专家委员会(E1),研发、销售古树名木文创产品(E11),建立专业类非政府组织(E15),分别有 94.4%、91.2%、90.5%的受访者认为其会对古树名木保护产生作用(包括认为"作用很大"和"有一定作用"),这反映出了在古树名木的保护中,公众对于专家的作用较为认可,对于文创产业的开发比较认可。分别仅有 4.2%、6.7%、7.7%的受访者选择了"说不准",1.4%、2.1%、1.8%的受访者选择了"没什么作用"。

表 5-1 受访者对于新型参与形式作用程度的评价

Tab. 5-1 Interviewees′ evaluation of the role of new forms of participation

变 量	作用很大		有一定作用		说不准		没什么作用	
	样本数	比例(%)	样本数	比例(%)	样本数	比例(%)	样本数	比例(%)
设置古树名木专家委员会(E1)	136	47.9	132	46.5	12	4.2	4	1.4
设置专家小组(E2)	112	39.4	128	45.1	32	11.3	12	4.2
建立古树名木爱好者联盟与保护会(E3)	126	44.4	124	43.7	30	10.6	4	1.4
畅通公众意见反映渠道(E4)	125	44.0	121	42.6	33	11.6	5	1.8
在旅游景点增加人工导游和电子导游讲解器的介绍并配备虚拟翻书系统(E5)	121	42.6	119	41.9	30	10.6	14	4.9
通过多种网络媒体平台参与(E6)	126	44.4	122	43.0	32	11.3	4	1.4
在综艺节目中添加认养古树名木的元素、增设专业性电视节目(E7)	115	40.5	133	46.8	29	10.2	7	2.5
通过电子投票参与(E8)	95	33.5	132	46.5	48	16.9	9	3.2
开发古树名木保护主题游戏(E9)	121	42.6	132	46.5	22	7.7	9	3.2
举办古树名木诗歌评比、相声小品创作、认养情况展示等活动(E10)	104	36.6	144	50.7	26	9.2	10	3.5
研发、销售古树名木文创产品(E11)	133	46.8	126	44.4	19	6.7	6	2.1
建立古树名木保护日,举办古树名木保护节(E12)	116	40.8	135	47.5	29	10.2	4	1.4
召开开放性的社区会议(E13)	113	39.8	137	48.2	25	8.8	9	3.2
召开公众听证会和咨询委员会(E14)	111	39.1	139	48.9	25	8.8	9	3.2
建立专业类非政府组织(E15)	106	37.3	151	53.2	22	7.7	5	1.8
建立志愿服务类非政府组织(E16)	109	38.4	138	48.6	34	12.0	3	1.1
建立资金筹集类非政府组织(E17)	140	49.3	113	39.8	25	8.8	6	2.1

接着对问卷数据作进一步的描述性统计分析。若公众选择"作用很大",则赋值3;选择"有一定作用",则赋值2;选择"说不准",则赋值1;选择"没什么作用",则赋值0。表 5-2 为对数据进行描述性统计分析的结果。

表 5-2 受访者对于新型参与形式作用程度的评价得分统计

Tab. 5-2 The score of Interviewees' evaluation of the role of new forms of participation

变　　量	极小值	极大值	均值	标准差
设置古树名木专家委员会(E1)	0	3	2.408	0.642
设置专家小组(E2)	0	3	2.197	0.800
建立古树名木爱好者联盟与古树名木保护会(E3)	0	3	2.310	0.715
畅通公众意见反映渠道(E4)	0	3	2.408	0.642
在旅游景点增加人工导游和电子导游讲解器对古树名木的介绍并配备虚拟翻书系统(E5)	0	3	2.222	0.826
通过多种网络媒体平台参与(E6)	0	3	2.303	0.723
在综艺节目中添加认养古树名木的元素、增设专业性电视节目(E7)	0	3	2.254	0.737
通过电子投票参与(E8)	0	3	2.102	0.789
开发古树名木保护主题游戏(E9)	0	3	2.285	0.742
举办古树名木诗歌评比、相声小品创作、认养情况展示等活动(E10)	0	3	2.204	0.748
研发、销售古树名木文创产品(E11)	0	3	2.359	0.702
建立古树名木保护日,举办古树名木保护节(E12)	0	3	2.278	0.701
召开开放性的社区会议(E13)	0	3	2.246	0.744
召开公众听证会和咨询委员会(E14)	0	3	2.239	0.742
建立专业类非政府组织(E15)	0	3	2.261	0.674
建立志愿服务类非政府组织(E16)	0	3	2.243	0.699
建立资金筹集类非政府组织(E17)	0	3	2.363	0.732

由表 5-2 可知,17 个变量的均值均接近其相应的极大值,这从另一个层面反映出绝大多数受访者认为新型的公众参与形式对古树名木保护产生作用。从各个变量的标准差来看,相对来说,在旅游景点增加人工导游和电子导游讲解器对古树名木的介绍并配备虚拟翻书系统(E5)、设置专家小组(E2)、通过电子投票参与(E8)三个变量的标准差相对较大,说明这三个变量的大部分取值和均值之间的差异较大。

通过以上分析可知,总的来说,公众认为新型的参与形式会对古树名木的保护产生作用,公众对于新型的参与形式较为认可。

5.4.2　公众对于新型参与形式的参与行为意向调查

5.4.2.1　公众对于新型参与形式的参与行为意向调查结果

通过对公众对于新型参与形式的参与行为意向进行调查,最终得到的调查结果见表 5-3。

表 5-3　受访者对于新型参与形式的参与行为意向调查结果

Tab. 5-3　Results of a survey on the participation behavior intention to participate in new forms of participation

变　量	十分愿意/十分支持		比较愿意/比较支持		说不准		不太愿意/不太支持		十分不愿意/十分不支持	
	样本数	比例(%)	样本数	比例(%)	样本数	比例(%)	样本数	比例(%)	样本数	比例(%)
设置古树名木专家委员会(E1)	130	45.8	144	50.7	8	2.8	1	0.4	1	0.4
设置专家小组(E2)	133	46.8	146	51.4	4	1.4	1	0.4	0	0.0
建立古树名木爱好者联盟与古树名木保护会(E3)	130	45.8	144	50.7	8	2.8	1	0.4	1	0.4
畅通公众意见反映渠道(E4)	125	44.0	153	53.9	3	1.1	2	0.7	1	0.4
在旅游景点增加人工导游和电子导游讲解器对古树名木的介绍并配备虚拟翻书系统(E5)	136	47.9	135	47.5	6	2.1	6	2.1	0	0.0
通过多种网络媒体平台参与(E6)	141	49.6	136	47.9	6	2.1	1	0.4	0	0.0
在综艺节目中添加认养古树名木的元素、增设专业性电视节目(E7)	113	39.8	158	55.6	11	3.9	2	0.7	0	0.0
通过电子投票参与(E8)	120	42.3	159	56.0	2	0.7	2	0.7	1	0.4
开发古树名木保护主题游戏(E9)	135	47.5	137	48.2	11	3.9	1	0.4	0	0.0
举办古树名木诗歌评比、相声小品创作、认养情况展示等活动(E10)	138	48.6	135	47.5	9	3.2	2	0.7	0	0.0
研发、销售古树名木文创产品(E11)	117	41.2	159	56.0	5	1.8	3	1.1	0	0.0
建立古树名木保护日,举办古树名木保护节(E12)	143	50.4	136	47.9	3	1.1	1	0.4	1	0.4
召开开放性的社区会议(E13)	145	51.1	131	46.1	6	2.1	1	0.4	1	0.4
召开公众听证会和咨询委员会(E14)	133	46.8	144	50.7	4	1.4	3	1.1	0	0.0
建立专业类非政府组织(E15)	139	48.9	139	48.9	5	1.8	1	0.4	0	0.0
建立志愿服务类非政府组织(E16)	129	45.4	146	51.4	6	2.1	3	1.1	0	0.0
建立资金筹集类非政府组织(E17)	134	47.2	142	50.0	6	2.1	2	0.7	0	0.0

　　由表 5-3 可知,绝大多数受访者均愿意参与到新型参与形式中(包括"十分愿意"和"比较愿意"),也说明新型的受访者参与形式得到了绝大多数受访者的认可。此外,还有一少部分受访者选择了说不准,这一部分受访者可能是因为对古树名木的保护不太了解。仅有极个别参与者选择了不愿意参与到新型参与形式中(包括"不太愿意"和"十分不愿意")。

　　其中,在新型的参与形式中,受访者选择"愿意参与/支持"(包括"十分愿意/十分支持"和"比较愿意/比较支持")所占比例最高的三种参与形式依次是:通过电子投票参与(E8),建立古树名木保护日、举办古树名木保护节(E12),设置专家小组(E2),比例分别为98.3%、98.3%、98.2%。

　　接着对问卷数据作进一步的描述性统计分析。若受访者选择"十分愿意/十分支持",则赋值5;选择"比较愿意/比较支持",则赋值4;选择"说不准",则赋值3;选择"不太愿意/不太支持",则赋值2;选择"十分不愿意/十分不支持",则赋值1。表5-4为对数据进行描述性统计分析的结果。

表5-4　受访者对各新型参与形式的参与行为意向得分统计

Tab. 5-4　Score statistics of participation behavior intention in new forms of participation of interviewee

变　　量	极小值	极大值	均值	标准差
设置古树名木专家委员会(E1)	1	5	4.412	0.603
设置专家小组(E2)	2	5	4.447	0.545
建立古树名木爱好者联盟与古树名木保护会(E3)	3	5	4.412	0.602
畅通公众意见反映渠道(E4)	3	5	4.405	0.590
在旅游景点增加人工导游和电子导游讲解器对古树名木的介绍并配备虚拟翻书系统(E5)	3	5	4.405	0.674
通过多种网络媒体平台参与(E6)	2	5	4.468	0.560
在综艺节目中添加认养古树名木的元素,增设专业性电视节目(E7)	2	5	4.345	0.589
通过电子投票参与(E8)	1	5	4.391	0.581
开发古树名木保护主题游戏(E9)	1	5	4.426	0.605
举办古树名木诗歌评比、相声小品创作、认养情况展示等活动(E10)	2	5	4.440	0.594
研发、销售古树名木文创产品(E11)	2	5	4.373	0.578
建立古树名木保护日,举办古树名木保护节(E12)	1	5	4.475	0.579
召开开放性的社区会议(E13)	1	5	4.472	0.597
召开公众听证会和咨询委员会(E14)	2	5	4.433	0.582
建立专业类非政府组织(E15)	2	5	4.465	0.553
建立志愿服务类非政府组织(E16)	2	5	4.412	0.591
建立资金筹集类非政府组织(E17)	2	5	4.437	0.576

　　由表5-4可知,17个变量的均值均接近其相应的极大值,这从另一个层面反映出绝大多数受访者愿意参与到新型的公众参与形式中,受访者对于参与形

式较为认可。从各个变量的标准差来看,在旅游景点增加人工导游和电子导游讲解器对古树名木的介绍并配备虚拟翻书系统(E5)、开发古树名木保护主题游戏(E9)、设置古树名木专家委员会(E1)标准差相对较大,说明其大部分取值和均值之间的差异较大。

通过受访者对各新型参与形式的参与行为意向的分析可知,绝大多数受访者愿意参与到新型的参与形式中,受访者对于新型的参与形式较为认可。

5.4.2.2 公众参与形式创新前后公众的参与行为意向对比分析

(1)公众参与形式创新前公众的参与行为意向得分。本研究第 4 章"公众对古树名木管护认知、参与情感、参与行为意向调查问卷"中的第三部分"公众对于古树名木保护与管理的参与行为意向",即为公众参与形式创新前公众的参与行为意向。

由于在本研究第 4 章表 4-13 中对各参与行为意向类变量赋值的量纲与本章表 5-4 中的量纲相同,即均是从"十分愿意/十分支持"到"十分不愿意/十分不支持"依次赋值"5、4、3、2、1",因此,二者可直接通过计算进行比较。通过计算表 4-13 中各参与行为意向类变量均值的平均值,即得到公众参与形式创新前公众的参与行为意向 S1。即 S1=(2.100+4.109+3.743+3.095+3.537+4.010+3.872+0.602)/8=3.134。

(2)公众参与形式创新后公众的参与行为意向得分。通过计算本章表 5-4 中各变量均值的平均值,即得到公众参与形式创新后公众的参与行为意向 S2。即 S2=(4.412+4.447+4.412+4.405+4.405+4.468+4.345+4.391+4.426+4.440+4.373+4.475+4.472+4.433+4.465+4.412+4.437)/17=4.425。

由以上计算可知,S2(4.425)>S1(3.134),即在创新了公众参与形式后,公众的参与行为意向有了明显的提升。这正是反映了公众对于创新的参与形式的认可。

综上所述,本节通过问卷调查来分析受访者对于新型参与形式的态度,以此来考察新型参与形式的有效性。在具体的调查过程中,从两个方面来分析受访者对于新型参与形式的态度:①受访者对各新型参与形式对古树名木保护产生的作用程度评价;②受访者对各新型参与形式的参与行为意向。通过分析可知,绝大多数受访者均认为新型的公众参与形式对于古树名木保护产生作用,且愿意参与到新型的公众参与形式中(或愿意对新型的参与形式表示支持),参与行为意向有了明显的提升。

5.5 本章小结

参与形式承载了公众的具体参与,为提高公众参与水平,使公众更好地参与到古树名木保护与管理中,应在参与中考虑参与的形式。本章对古树名木保护与管理中的公众参与形式进行了创新。在分析国内外公共管理领域公众参与形式的经验与不足的基础上,总结了当前北京市古树名木保护与管理中公众参与形式存在的问题,参与形式创新应遵循的原则,并界定了参与的主体和客体,在此基础上依据托马斯有效决策模型,进行了公众参与形式的创新,最后采用问卷调查法对创新的参与形式进行了有效性检验。本章得出如下几点总结与讨论:

(1)当前北京市古树名木保护与管理中公众参与形式存在的问题:①对社会力量的调动不足,还未有合适的形式使得大部分公众参与进来;②对社会资金的吸纳不足,当前吸纳社会资金的渠道仅是通过公众出资认养古树名木的方式来吸纳古树名木管护资金;③公众参与在深度和广度上处于初级水平,缺乏实质性参与;④尚未融入到文化遗产保护中;⑤专门性的非政府组织少;⑥目前已有的公众参与形式少。

(2)界定了北京市古树名木保护与管理中公众参与主体和客体,并进行了公众参与形式的创新。①将参与主体划分成了六类:个人参与、非政府组织参与、精英参与、企业参与、媒体参与、其他社会团体参与。②从公众参与的领域和公众参与的范围两方面界定了公众参与的客体。公众参与的领域包括制度性参与、社会性参与、经济性参与,公众参与的范围包括乡村街道,区县城区,市区范围,自然保护区、风景名胜区、森林公园、历史文化街区及历史名园。③进行了公众参与形式的创新。从七个方面进行了创新:关键公众接触、由公众发起的接触、公众调查、多媒体参与、各种参与活动、公众会议、古树名木保护与管理非政府组织。每一方面的公众参与形式下均包括多个具体的公众参与形式。各种公众参与形式之间相互融合,并非独立存在,完成一个参与事项,往往涉及两个及以上的参与形式。

(3)通过对新型参与形式进行有效性检验发现,绝大多数受访者均认为新型的公众参与形式对于古树名木保护产生作用,且绝大多数受访者愿意参与到新型的公众参与形式中(或愿意对新型的参与形式表示支持)。在创新公众参与形式之前,公众的参与行为意向得分为 3.134;在创新公众参与形式后,公众的参与行为意向得分为 4.425,由此可知,公众的参与行为意向有了明显的提升。

6 北京市古树名木保护与管理中的公众参与运行机制构建研究

在第 2.1.3 节中本研究将北京市古树名木保护与管理中的公众参与机制界定为包括公众参与形式、公众参与运行机制、公众参与监测与评估三个前后连续（参与前、参与中、参与后）的整体，其中内含着公众认知、参与情感对参与行为意向的影响机理。具体的公众参与运行机制承载和保证着公众参与形式的实现和成效，因此在创新公众参与形式后，应该为实施公众参与提供具体的运行机制保障，确保公众参与在健全的运行机制下顺利进行。第 4 章分析得出公众缺乏对于古树名木的认知，遇到问题不知向谁反映、怎么反映，并未意识到自身管护古树名木的权利和义务，因政府缺乏支持参与的政策而担心在参与中自身权利得不到保障，担心所支付的费用用不到古树名木保护上，因政府的奖励措施不足而缺乏参与的积极性等问题；第 5 章分析得出当前北京市古树名木保护与管理中公众参与形式对社会力量的调动不足、对社会资金的吸纳不足、参与在深度和广度上处于初级水平等问题。因此，在构建公众参与运行机制时，应综合考虑公众参与赋权的问题、赋能的问题、激励的问题、资金投入的问题、沟通的问题、合作的问题。

目前国内外在古树名木保护与管理中公众参与的运行机制构建方面的经验较为缺乏。本章借鉴国内外其他领域公众参与各种运行机制的经验，采用专家访谈法、问卷调查法、理论分析法、定量分析法，进行北京市古树名木保护与管理中的公众参与具体运行机制构建的研究。研究思路是：尽可能全面地借鉴国内外公共管理领域各类公众参与运行机制的经验——进行专家访谈——确定北京市古树名木保护与管理中的公众参与运行机制——基于公众调查进行公众参与运行机制的有效性检验——进行公众参与项目有效决策模型研究。

由于目前北京市古树名木保护与管理中的公众参与的运行机制尚不健全，因此论文构建的公众参与运行机制仅能进行事前研究，对于公众参与运行机制的研究重点是提出具体构建过程。

6.1 国内外公共管理领域公众参与运行机制的经验和不足

北京是全国范围内率先开展古树名木保护的省市，北京市古树名木保护与管理中的公众参与现状,反映了全国古树名木保护与管理中公众参与的进程。但整体来说,北京市古树名木保护与管理中的公众参与运行仍处于初级阶段,公众参与运行机制并不完善。因此应借鉴公众管理领域公众参与运行机制的构建。而国外在公共管理领域公众参与运行机制构建方面经验较多,因此本章第6.1.1节对国外公共管理领域公众参与运行机制的经验进行了总结归纳。

6.1.1 国外公共管理领域公众参与运行机制的经验

6.1.1.1 公众参与法治机制的借鉴

（1）新加坡的经验。新加坡重视公众参与中的法治化建设,建立了健全完备的法治体系,实现了"全面立法",使得在城市治理中发生的绝大多数事项均可以得到法律的保障;法律规定的内容尽可能地具体,具有很强的现实指导意义;对于违反法律法规的事项的处罚十分严厉,即使是日常的一件违法的小事项,也会遭到严格的处罚。例如,对于随手丢垃圾这一事项,也会对其进行高额惩罚,甚至会责令违法人穿上印有"我是垃圾虫"等文字的制服,并在各媒体上进行曝光（韦如梅,2014）。

（2）日本的经验。日本在环境管理中,通过构建健全的法律及政策体系,来保障公众的环境权,激励公众监督损害环境的行为。对于权力的规定主要包括索赔、监督、知情、议政。

①索赔权规定公众在受到环境污染影响时,有权索取赔偿金。具体规定,在指定的污染发生地区,连续生存若干时间的公众,得了指定疾病时,可向环保委员会申请获得赔偿金,赔偿金来自于企业向政府缴纳的排污费。

②监督权规定公众有权监督损害环境的行为。具体做法:通过选举权进行监督;制定行政纠纷处理制度,配备专业调解员回复咨询、提供信息、调解纠纷。

③知情权规定公众有权了解与环境相关信息的权利。具体做法:在指定的环境保护法律如《大气污染防治法》中明确规定企业应构建申报制度,并在杂志、官网中发布可供公众查询的环保信息;设立专门的环境会计学会,公布环境成本指南;制定了《情报公开法》;制定污染排放法案,规定污染者自行监测污染物排放量,并将监测结果上报相关政府部门,政府部门将结果向公众进行公布。

④议政权规定公众有权参与环境决策。具体做法:一是设置环境审议会,成员由不同领域的学者、退休的公务员、非政府组织的代表等组成,负责审议政府的决策,并为政府的决策提供服务;同时,组织听证会听取民意。二是在法律中纳入公众参与。规定项目方在开发项目时,应就项目对环境产生的影响进行评估,在初步制定环境影响报告和最终确定环境影响报告时,均应向公众公布,并听取公众的建议,必要时应修改报告（余晓泓,2002）。

（3）加拿大的经验。加拿大政府在节能减排中的公众参与中也注重法治机制的构建,于 1999 年修订了《环境保护法》,该法中明确规定了公众参与节能减排的具体形式;规定公众对于节能减排相关的法律文件具有全程监督的权利,监督的过程包括从问卷的起草到文件的最终确定;公众有权对其发现的破坏环境的行为进行匿名举报,公众的匿名举报也受到了法律的保护(黄德林等,2011)。

(4)美国的经验。美国非常重视公众参与食品安全监管问题的立法工作,立法的每个阶段都是公开、透明的,进而保障公众可以全程参与到食品安全监管的立法中,包含法律的制定、修改和废除。为保障公众参与的权利,美国制定了多项专门的法律法规(毋晓蕾,2015)。

具体来看,对于公众参与立法的决定于 1993 年正式提出。针对安全监管问题来说:①《联邦程序法》规定利益相关者可以参与制定相关法律,并可以向政府部门报告个人对监督的看法;②《联邦咨询委员会法》规定为平衡立法中各利益相关者的利益问题,政府部门应确保公众能够对制定的法律法规进行评价;③《信息公开法》规定了公众具有获取与公众健康相关的一切信息的知情权,因此《信息公开法》是确保公众知情权得以实现的最重要的规定,当公众对于政府的决定存在不同观点时,可申请司法部门介入,对决定进行评判;④《行政程序法》则是规定了在立法及修改过程中应遵循的流程,规定公众可通过正式与非正式两种途径参与到监管中(毋晓蕾,2015)。

此外,美国还设置了公益诉讼,鼓励公众针对食品安全问题提出诉讼,指出在已发生实际损害,或将会发生损害时,即可提出诉讼。违法者需承担相应的民事赔偿和巨额罚款,甚至刑事制裁(毋晓蕾,2015)。

6.1.1.2　公众参与教育机制的借鉴

(1)德国的经验。德国的经验体现在:通过设置专门学校、举办讨论会来促进农村发展。德国在促进农村发展上已经有一百余年历史,获得了突出成绩,其中是以巴伐利亚州农村的发展最为典型。为使公众具备参与的能力,进而有效参与,巴伐利亚州设置了 3 所学校用于为公众提供与农村发展有关的知识,并举办相关讨论会,还为农村发展提供咨询服务(王敬,2008)。

(2)美国的经验。通过建立教育机制,美国动员了公众对节能减排的热情。在教育机制中,政府是核心,通过制定鼓励公众进行节能减排的政策,并对公众进行培训,对节能减排的思想进行推广宣传,进而增强公众节能减排的意识,使公众形成节能减排的习惯。美国政府因此而开展的具体活动有节能减排培训、服务组织构建、节能减排产品展览、节能减排典型例子推广、对实行节能减排行动的公众施以税收优惠等(黄德林等,2011)。

(3)日本的经验。日本在节能减排的教育机制构建主要体现在以下四个方面:①建立行动促进会,通过该协会开展节能减排活动,举办讲座,并配备有专门的服务人员对公众进行节能减排的指导;②建立节能减排日,检查公共节能减排活动;③宣传"节能装",号召公务员实行轻便着装,摆脱西装;④设立节能减排奖,用于奖励在节能减排中的积极分子(黄德林等,2011)。

6.1.1.3 公众参与激励机制的借鉴

(1)英国的经验。在英国斯旺西大学的咖啡厅,为减少一次性咖啡纸杯的使用量,对自带咖啡杯的学生、教职工人员采取小额现金奖励的措施(环境保护部宣传教育司公众参与调研组,2017)。

英国在节能减排方面的公众参与激励中,通过采用财税政策,形成由政府进行主导、企业具体负责的方式实现。具体体现在:①在气候变化税方面,如果企业达到规定的节能减排标准,可以降低气候变化税,但减排标准不应超过80%;②设立了专项基金,用于为中小企业提供节能减排技术的咨询服务、节能减排设施的购置、节能减排技术的推广、环保项目的实施,以帮助企业实现节能减排的目标,增强企业环保意识;③建立了碳排放交易制度,规定企业可以在市场上进行减排量的交易,在交易中,卖方可获得较高的收益,买方也可避免因未达到规定的减排标准而受处罚(黄德林等,2011)。

(2)美国的经验。美国主要通过制定节能减排产品的税收优惠政策,鼓励公众购买节能减排产品。例如,为鼓励公众购买新能源车辆,规定凡是购买新能源车辆的公众均可实现税收优惠(黄德林等,2011)。

6.1.1.4 公众参与资金投入机制的借鉴

(1)意大利的经验。意大利自然文化遗产保护的大部分资金,来源于当年发行的文物彩票与举办的相关游戏收入。意大利被誉为彩票的故乡,意大利的彩票业十分发达,每年均会从当年发行的文物彩票与举办的相关游戏收入中抽取一部分资金用于文化遗产的保护(龙运荣,2010)。

(2)日本的经验。日本越后妻有村举办公众参与活动的资金来源,主要包括三个方面:当地政府、参与活动的观众及各种合作渠道。例如,在举办的"大地艺术节"活动的资金中,有25%的资金来源于政府在款项划拨,25%的资金来源于参加该活动的观众的门票支付,50%的资金来源于各种合作渠道(刘小蓓,2016)。

日本的自然和文化遗产保护基金来自国家与两地政府的"两级"合作模式。首先是国家投资,在国家投资的模范带头作用下,地方积极响应国家策略,进行地方资金的投入,进一步带动公众的资金投入,最终形成一种多方合作的机制。根据自然文化遗产的重要程度来分配国家和地方政府在投资过程中的资金分担比例的问题(刘敏,2012)。

(3)英国的经验。英国民间组织的资金来源有四个:①最主要的是国家和地方政府的财政拨款和贷款。政府授权各类民间组织负责资金的分配。根据民间组织的不同性质、规模、任务,确定不同的资金比例。②其次是捐赠。民间组织通过设立专门的捐赠机构,宣传公众参与捐赠活动,既包括现金捐赠,又包括固定资产捐赠。③第三个资金来源是民间组织的经营所得。通过将民间组织市场化,收取会员费、注册登记费、咨询服务费、培训费等获取收入。④英国也通过发行彩票筹集资金(刘敏,2012)。

(4)美国的经验。美国设立了国家公园管理局来管理国家公园,其经费来自于联邦政府。此外联邦政府还通过一系列优惠政策,如减税和降低门票价格,鼓励社会投资和参与保护自然文化遗产(李丽娟等,2019)。

6.1.1.5 公众参与信息沟通机制的借鉴

新加坡在城市治理中的一个宝贵经验是建立了完善的公众参与沟通机制。主要体现在:①部门内部之间的沟通,形成了一站式服务的管理,减少甚至杜绝了部门内部在事情决策中的不同意见、推卸责任等情况,提高了办事效率。②部门与其他部门、公众之间的沟通。这一沟通是建立在完善的沟通机制及公众的参与基础上。为了促进公众的广泛参与,新加坡政府一直致力于提高公众参与意识,改善公众参与,定期和不定期地宣传和教育公众,始终与社会中各种类型的参与者保持联系(韦如梅,2014)。

6.1.1.6 公众参与合作机制的借鉴

加拿大在环境保护中的公众参与已发展十分成熟。在加拿大的环境监测中,政府与公众形成了有效的合作,米勒德流域的监测计划即是典型案例,该计划中的合作方包括志愿者、非政府组织和政府部门。政府与公众在共同目标的基础上管理环境问题,政府与公众组成了动态网络系统,政府是系统中的稳定的管理者,政府根据事项的不同,来挑选不同的合作伙伴,通过与公众的互动来找到解决问题的新方法(王彬辉,2014)。

6.1.2 国内公共管理领域公众参与运行机制的经验和不足

相较于国外来说,国内在公共管理领域公众参与运行机制的构建中发展较晚,出现的问题较多,因此,在国内公共管理领域公众参与运行机制的分析中,主要归纳总结其不足之处。

6.1.2.1 公众参与法治机制的不足

我国在食品安全方面的公众参与法治机制并不完善。虽目前已构建了公众参与的法律法规体系,例如《食品安全法》等,但目前的法律法规体系过于笼统,没有详细的操作程序,且制度有待于进一步完善。这些缺点使得公众参与并未达到预期效果,而仅仅是流于形式。例如,虽在《食品安全法》等法律法规中对于信息公开有明确规定,但具体的公开范围、公开形式尚未作出明确规定,导致公众在现实问题中难以获取有效信息,公益诉讼制度并不完善,不能确保公众知情权的实现,降低了公众参与的积极性(李洪峰,2016)。

同样,我国在重大行政决策方面的公众参与法治机制并不完善。在立法上,仅仅对征求公众意见、组织公众参与做了笼统性的规定,而公众如何确定、确定的依据等详细问题并没有明确规定。这导致公众的确定具有较大的主观性,使得对于公众的选择出现偏差,本应参与的公众未能参与进来,而实际参与的公众并不是利益相关者,或者对参与不感兴趣,甚至,参与的公众可能是具有一定势力的、达到较大规模的利益群体,导致真正需要参与的公众无法表达自身的诉求,使公众参与流于形式(江国华等,2017)。

在我国建筑遗产保护中,法治程度落后于现实需要,尤其是公众参与方面的立法,尚未有明确规定,尚待于进一步完善。对于公众参与,现有法律仅仅做了笼统的规定,只具备整体层面的宏观指导意义,并不能在现实中实际指导公众参与,也没有形成实质性参与(刘敏,2012)。

6.1.2.2　公众参与信息沟通机制的不足

在第 5 章中提到的芳烃项目的例子,除了没有采用恰当的公众参与形式外,也反映出了政府与公众之间缺乏有效的沟通。虽茂名市政府通过各种宣传渠道向公众大力宣传芳烃项目,但并没有合适的渠道来倾听来自公众的不满的声音。这样就使得,一方面,政府自认为公众已对芳烃项目成分了解并默默接受;另一方面,公众的不满并未能找到有效的渠道与政府进行交流。最终造成了信息不对称,使决策不能真实反映现实问题,不能真正体现公众诉求,进而不能实现公众参与的真正目的(江国华等,2017)。

6.1.2.3　公众参与合作机制的经验和不足

(1)经验。刘金龙等(2013)分析了在森林经营中政府与公众的伙伴关系,并构建了包含政府内部、国际社会、民间组织、私营部门、社区居民在内的森林可持续经营中伙伴关系的组织结构图,如图 6-1。由于本研究的研究对象是公众,因此政府内部的伙伴关系、与国际社会的伙伴关系的实践经验不予详细分析。

①我国与众多国际民间组织达成了合作,这些国际民间组织包括大自然保护协会、森林管理委员会、湿地国际等。合作的内容包括了友好往来、学术交流、人员培训、项目合作、会议合作等。这一伙伴关系有利于我国政府对森林保护相关项目的有效实施,并提升了公众的可持续发展意识。

②就与私营部门的伙伴关系来说,鉴于公众对企业履行社会责任的期望及

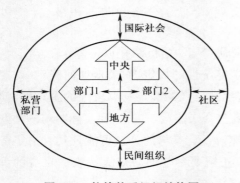

图 6-1 伙伴关系组织结构图
Fig. 6-1 Partnership organization diagram

森林自身所包含的经济效益,愈来愈多的企业参与到造林等森林保护活动中。比较具有代表性的是中国绿色碳汇基金会的建立,这一伙伴关系有利于企业节能减排,提升了公众对气候变化的应对能力,实现政府部门和私营部门的互利共赢。

③在与社区的伙伴关系方面,政府在制定林业政策中引入参与,以实现社区居民对可持续森林管理的参与和支持。

(2)不足之处。刘金龙等(2013)在分析我国政府管理中的伙伴关系过程中发现,由于我国民间组织与国际民间组织相比,在专业性、规范性、影响力方面尚有较大差距,参与的能力和意愿也需要进一步提高。应关注那些弱势利益群体,给予其参与的空间和机会,增强参与的能力。

此外,在我国高速铁路建设的公众参与中,由于缺乏专家与普通公众之间的沟通、合作。政府虽然引入专家参与使得建设更具专业化,但普通公众的参与结果并不尽如人意。虽然普通公众通过填写问卷、拨打热线电话、参加听证会等形式参与其中,但由于缺乏专家与普通公众之间的沟通、合作,一些专家认为普通公众并不具备参与所要求的专业知识,最终造成了专家对普通公众提出建议并不重视,普通公众对于专家并不信任的局面(李菲等,2016)。

6.2 北京市古树名木保护与管理中公众参与运行机制构建原则与构成

6.2.1 北京市古树名木保护与管理中公众参与运行机制构建专家访谈

由本章第6.1节的分析可以得出,公众参与的运行机制涵盖了公众参与法治机制、公众参与教育机制、公众参与激励机制、公众参与资金投入机制、公众参与信息沟通机制、公众参与合作机制六个方面,每种运行机制中均有应注意的关键问题。基于此,项目组先后同20位专家(其中10位为高校教授,5位为政府机关领导干部,5位为科研机构研究员)进行了面对面访谈,以确定当前北京市古树名木保护与管理中公众参与运行机制的不完善之处、北京市古树名木保护与管理中公众参与运行机制构建的原则、具体应包含哪些机制,以及在每种机制中应该关注的关键问题。借鉴德尔菲法,进行专家访谈,专家访谈共进行了三轮：

　　在第一轮的专家访谈中,分别向每位专家汇报了国内外现有的公众参与运行机制,以及每种运行机制中所关注的关键问题,在此基础上听取了各位专家对于当前北京市古树名木保护与管理中公众参与运行机制存在的不足之处,及北京市古树名木保护与管理中公众参与运行机制构建的原则和具体如何构建的建议。在此基础上,项目组将各位专家的建议进行了归纳总结。

　　在第二轮的专家访谈中,向每位专家汇报了 20 位专家对北京市古树名木保护与管理中公众参与机制构建的原则和具体的构建建议,并请专家做出是否同意的选择,如若不同意,提出如何修改的建议。在此基础上,项目组将同第二轮专家进行讨论后的建议进行了归纳总结,并做出了北京市古树名木保护与管理中公众参与运行机制构建的初步构架。

　　在第三轮的专家访谈中,项目组将做出的北京市古树名木保护与管理中公众参与运行机制构建的初步构架分别向各位专家进行了汇报,并听取各位专家的建议。

6.2.2　北京市古树名木保护与管理中公众参与运行机制构建的原则

6.2.2.1　当前北京市古树名木保护与管理中公众参与运行机制的现状

　　通过实地调研与专家的访谈,可知目前北京市古树名木保护与管理中公众参与运行机制并不完善,主要体现在:

　　(1)就法治机制而言,并没有系统的针对公众参与的法治机制,仅是在政策法规中提到要发动公众参与、鼓励认养。而具体如何构建并没有明确说明,也没有明确的法律规定公众在参与古树名木保护与管理中的权利。

　　(2)就教育机制而言,目前主要是通过书籍、报纸、杂志、互联网、古树名木宣传资料的分发、活动、广播、电视和技术培训班加强宣传。举办的技术培训班是对政府主管部门内部古树名木技术人员的培训,并没有对社会上古树名木技术人员进行培训。教育的广度有待于进一步挖掘。

　　(3)就激励机制而言,当前仅仅是规定对认养和管护成绩突出的单位和个人给予奖励。询问北京市园林绿化局相关工作人员可知,表彰时主要是给予荣誉称号。由此可见,激励机制并不完善,并不能调动公众参与的积极性。

　　(4)就资金投入机制而言,当前古树名木管护资金,主要来源于财政部门、单位自筹、北京绿化委员会以及公众通过出资认养古树名木而缴纳的认养资金,除此之外,并无其他资金来源渠道。由此可见,资金投入机制并不完善。

　　(5)就信息沟通机制而言,当前公众与政府进行信息沟通是单向的,多是由政府发布文件向公众单向告知信息,或者由公众通过邮箱、电话向政府反映问题,并没有一个双向沟通的机制。

（6）就合作机制而言，当前公众并没有参与到古树名木的决策过程中，公众与政府在古树名木的保护与管理中并没有达成伙伴关系。而是仅靠政府主导进行决策。

6.2.2.2 北京市古树名木保护与管理中公众参与运行机制构建的原则

由以上分析可知，当前的公众参与运行机制并不完善，为提高公众参与水平，满足古树名木保护与管理的要求，满足公众参与的要求，应构建完善的公众参与运行机制。基于专家访谈的北京市古树名木保护与管理中公众参与运行机制构建的原则如下所示。

（1）保障公众权益。应构建相应机制，确保公众在古树名木保护与管理中知情权、参与权、监督权的有效实施，使公众能够真正参与到古树名木保护与管理决策中，实现参与的根本目的。

（2）提高公众参与能力。应构建相应机制，提高公众参与古树名木保护与管理的能力，确保公众具有与古树名木保护与管理相匹配的知识水平、参与技能，使得公众能够切实通过参与，为古树名木的保护与管理做出实质贡献。

（3）调动公众参与积极性。若公众在参与中赋予了饱满的热情、积极的心态、认真的态度，则参与的结果更能反映公众的心声，更能带动古树名木实现良好的管护；若公众在参与中秉持无所谓的心态，则参与本身便是无效的、形式性的。

（4）确保管护资金充足。充足的资金为古树名木的有效保护提供了不可缺少的物质支持。应构建相应机制，确保在古树名木的保护与管理中，不会因为缺乏资金而遭遇保护管理的困境，不会因为缺乏资金而延误最佳管护时间，造成不可挽回的损失。

（5）确保及时沟通。在古树名木保护与管理的公众参与中，应尽量避免政府与公众信息不对称的问题。信息不对称会造成决策不能真实反映现实问题，不能真正体现公众诉求，不能实现公众参与的真正目的。应建立相应机制，确保政府和公众有一个易于沟通的平台。

（6）加强政府与公众的合作。在古树名木保护与管理的公众参与中，政府是实施公众参与的主导者，公众是参与的主体，为确保公众参与的真实有效，应使政府与公众进行密切合作。在公众参与中，政府与公众不是指挥者与服从者的关系，而是合作的关系。

6.2.3 北京市古树名木保护与管理中公众参与运行机制的构成

基于专家访谈，本章将古树名木保护与管理中的公众参与运行机制界定为古树名木保护与管理中公众参与系统的基本结构及其运作机制，包括公众参与法治机制、公众参与教育机制、公众参与激励机制、公众参与资金投入机制、公众参与信息沟通机制、公众参与合作机制。最终形成了以政府为主导，公众积极参与，相互协同、相互制约的公众参与运行机制。公众参与运行机制构建逻辑图如图6-2。

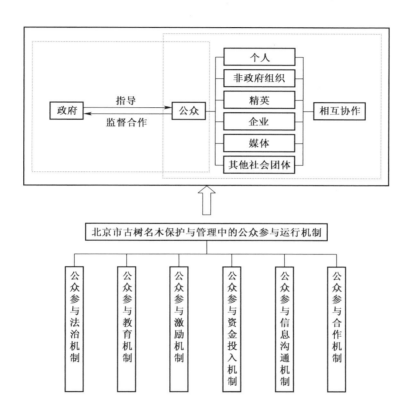

图6-2　公众参与运行机制构建逻辑图

Fig. 6-2　Logic diagram of public participation operating mechanism

　　在图6-2中，通过构建公众参与运行机制，使得政府可以指导公众参与，公众也可以监督政府在古树名木保护与管理中的行为，并同政府进行合作，公众与公众之间也会形成相互协作的关系。具体来说，通过法治机制，可以解决公众在古树名木保护与管理中"赋权"的问题；通过教育机制，可以解决公众在古树名木保护与管理中"赋能"的问题；通过教育机制，可以调动参与的意识和积极性；通过资金投入机制，可以具有更多地资金投入渠道，引导公众参与到古树名木的资金投入中；通过信息沟通机制，实现政府与公众之间的良好信息沟通；通过合作机制,形成公众与政府之间的伙伴关系。

最终得到的北京市古树名木保护与管理中公众参与运行机制组成见表6-1。

表6-1 基于专家访谈的北京市古树名木保护与管理中公众参与运行机制的组成

Tab. 6-1 Composition of public participation operating mechanism in the protection and management of old and notable trees in Beijing based on expert interview

公众参与运行机制	公众参与运行机制的构成
公众参与法治机制	知情权、参与权、监督权
公众参与教育机制	大众教育、专业教育、职业教育
公众参与激励机制	经济激励、榜样激励、内容激励
公众参与资金投入机制	政府财政资金投入、公益性资金投入
公众参与信息沟通机制	政府发起型信息沟通、公众发起型信息沟通
公众参与合作机制	决策制定阶段、决策执行阶段、决策评估阶段、决策反馈阶段

6.3 北京市古树名木保护与管理中的公众参与法治机制构建

构建参与法治机制目的是解决公众参与中"赋权"的问题。赋权是"参与式"管理的最重要内容,即把权利交给公众(张大华等,2002;肖军等,2008)。北京市古树名木保护与管理中的公众参与法治机制是指通过构建公众参与的法律法规体系,使得公众参与的权益得到制度化表达。公众权益的制度化表达对国家的社会稳定、政治发展具有重要意义。公众权益的制度化表达方式有:公众通过向权力部门申诉来表达自身权益;通过投票选举等方式来参与到政府的决策中;通过合法的游行示威活动向政府表现自身的抗议;以各种媒体为媒介向政府表达自身权益。若这些制度化的表达方式不能得到保障,公众则会通过对社会带来危害性的方式进行表达,如暴力行动。因此,为使公众的权益得到保障,构建参与的法治机制十分必要。当前我国公众参与法治机制尚不完善,公众参与并没有良好的社会环境。应对公众参与的权利进行有效的维护,才会更大范围地调动起公众参与的积极性,使公众能够敢于参与其中。本节基于公众参与阶梯理论,从象征性参与到实质性参与,构建公众参与的法律法规保障体系。据此构建的公众参与法治机制如图6-3。

6.3.1 知情权

知情权是指了解信息的自由及权利。公众对于国家的重要决定及与公众自身有紧密联系的实践,有了解的权利。多与政府的信息发布有关,建立在信息公

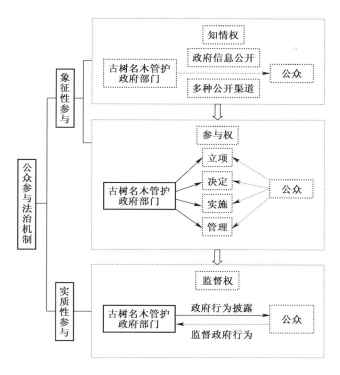

图 6-3 北京市古树名木保护与管理中的公众参与法治机制

Fig. 6-3 Rule of law mechanism in public participation in protection and management of old and notable trees in Beijing

开的基础上。促使信息公开规范化,是政府应履行的责任。根据公众参与阶梯理论,知情权仅是象征性参与。当前我国关于知情权的规定,主要是在《中华人民共和国行政许可法》《中华人民共和国政府信息公开条例》《关于加强文物行政执法工作的指导意见(2011)》中规定了要采用多种方式进行信息公开(刘敏,2012)。

古树名木保护与管理中公众参与的知情权,是指公众依据法律规定,获得有关古树名木保护与管理相关信息的权利,如相关法律法规、管理条例、规划、批复、技术规范、措施、生长势情况、养护管理情况等。在古树名木保护与管理过程中,政府提供全面详尽的信息,能够促使公众全面认识古树名木保护的重要性及当前古树名木保护存在的问题,进而使公众做出相应判断,有利于增强公众与政府间的相互信任度,深化公众参与。同时,也只有公众全面了解当前古树名木保护与管理中取得的进步及当前面临的困境,全面了解相关部门的计划,才能更好地参与其中。因此,在古树名木的保护与管理中,应做到政府信息公开。政府信息公开有利于公众的进一步参与,公众的进一步参与也有利于政府信息的进一步更深更广泛地公开。

当前针对古树名木保护与管理中公众的知情权的相关规定,体现在:2016年《全国绿化委员会关于进一步加强古树名木保护管理的意见》中规定,要向公众公布古树名木保护名录;2013年《首都古树名木认养管理办法》中规定,在出资认养中,甲方应向乙方提供记录。除此之外,并无其他关于知情权的规定。

基于此,应对现有法律法规进行修订,增加关于公众知情权的内容。

(1)应在宪法中明确规定公众在参与古树名木保护与管理等公共事务中享有的知情权,应明确指出应通过多种公开渠道,向公众进行信息公开。

(2)修订北京市地方法规,在《北京市古树名木保护管理条例》及其实施办法中增加关于公众知情权的内容,明确指出公众具有获取与古树名木保护与管理相关信息的权利,例如相关法律法规、政策、规划、措施、生长势情况、养护管理情况等;并在《首都古树名木认养管理办法》中增加公众有权获悉认养树木的相关信息,例如树高、年龄、生长势情况、目前的养护管理情况。

(3)在政府公开信息的渠道上,可依据第5章创新的公众参与形式,例如利用电视、广播、报纸、杂志等传统媒体以及网站、微信、微博、手机APP客户端、二维码等新兴媒体相结合的方式进行古树名木相关信息公开,并可采用开展宣传教育活动、发放信息手册的方法。

6.3.2 参与权

参与权是指公众在遵循法律规定的基础上参与公共决策的权利,具体来说,包含直接参与管理权、听证权等,与知情权相比,参与权具有"行"的特点。参与权包括对参与的过程、结果等进行参与的权利。知情权是参与权的前提,参与权的使用促使政府信息的披露和知情权的进一步实现。参与权的实施过程是公众表达自身权利的过程,是与政府进行互动的过程。根据公众参与阶梯理论,参与权也仅是象征性参与。当前我国关于参与权的规定,主要是在《历史文化名城名镇名村保护条例(2008)》中规定鼓励公众参与保护,《中华人民共和国城乡规划法》中规定了公众参与的形式(刘敏,2012)。

古树名木保护与管理中的公众参与权,是指公众参与到古树名木保护与管理中并同政府一同协商确定古树名木保护与管理决策的权利,例如召开与古树名木管护有关的公众座谈会、听证会等,即是公众行使参与权的过程。当前针对古树名木保护与管理中公众参与权的相关规定,见表6-2。除此之外,并无其他关于参与权的规定。现行的文件中,仅仅是在地方性条例、法规中简单地提及"鼓励"公众进行参与,由此可见,古树名木保护与管理的参与权尚未上升到法律的层面,且具体的参与形式、参与内容也并未加以说明。就第5章进行的公众参与形式创新以及古树名木保护与管理中公众参与的现实需要来说,当前的规定还远不足以确保公众的参与权得以实现。

表 6-2　古树名木保护与管理中公众参与权相关规定

Tab. 6-2　Regulations related to public participation in the protection and management of old and notable trees

序号	年份	法规名称	规定的具体内容
1	1982 年	《关于加强城市和风景名胜区古树名木保护管理的意见》	古树名木的保护管理要发动群众
2	1998 年	《北京市古树名木保护管理条例》	鼓励单位和个人对管护进行资助
3	2007 年	《北京市古树名木保护管理条例实施办法》	利益相关者可提请组织听证会
4	2016 年	《全国绿化委员会关于进一步加强古树名木保护管理的意见》	为公众的参与建立保护管理机制,增加资金来源将古树名木保护管理纳入全民义务植树尽责形式,鼓励公众通过多种形式参与
5	2016 年	《北京市园林绿化局关于进一步加强古树名木保护管理工作的通知》	利用电视、网络、微信等媒介,加大宣传提高公众保护意识

基于此,应对现有法律法规进行修订,增加关于公众参与权的内容。

(1)应在宪法中明确规定公众在参与古树名木保护与管理等公共事务中享有的参与权,应明确指出相关政府部门应通过多种参与形式保障公众的参与权。

(2)修订北京市地方法规,在《北京市古树名木保护管理条例》及其实施办法中增加关于公众参与权的内容,明确指出公众具有参与到古树名木的保护与管理的决策的整个过程中的权利,包括立项、决定、实施及后期的管理阶段,并应为公众的参与提供广泛的空间。

①在立项时,规定公众具有参与听证会、座谈会、论证会等各种形式的参与的权利。

②在项目决定及执行过程中,规定公众具有与政府进行沟通、协商的权利,在此应明确规定确保沟通是双向的,公众可以便捷地向政府反映问题,政府也需要向公众反馈问题的处理结果及原因。

③在后期的管理阶段,规定公众具有参与的权利。规定公众可以通过便捷的渠道参与有关古树名木保护和管理的各种事宜。例如,为公众开设专门的邮箱、信箱、热线电话、网站专栏、办公博客来反映问题,并可在各乡村街道、居民社区、风景名胜区、森林公园、历史文化街区及历史名园等地的公示栏中设立二维码,通过让公众及时扫描二维码,上传照片、视频反映问题,规定公众可通过自发成立古树名木爱好者联盟等公益组织来参与到保护中,并通过运用第 5 章中提

到的多媒体参与的途径来参与到保护中。

6.3.3　监督权

监督权是指公众有权监督政府机构及其工作人员的活动。根据公众参与阶梯理论,监督权是实质性参与。当前我国在法律层面,并没有关于公众监督权的明确规定;在法规层面,《城市紫线管理办法(2004)》中规定公众可对遗产保护进行监督(刘敏,2012)。

古树名木保护与管理中的公众监督权,是指公众在古树名木的保护与管理中充分行使了知情权与参与权之后,有权利监督古树名木管护政府部门及其工作人员在古树名木保护与管理过程中的行动,有权利通过向政府主管部门献言献策、批评等方式促使政府变更原有决策的过程。监督权是公众参与由浅入深的体现。公众行使监督权,有利于政府改进工作,杜绝古树名木保护与管理中的不规范行为,调动参与的积极性。

当前针对古树名木保护与管理中公众的监督权的相关规定,体现在:2013年《首都古树名木认养管理办法》中规定认养期间内,双方应互相监督;2016年《全国绿化委员会关于进一步加强古树名木保护管理的意见》中规定,要建立公众和舆论监督机制。除此之外,并无其他关于监督权的规定。这正是体现出了当前古树名木保护与管理中的公众监督权尚未实现法治化,尚未得到实际的保障。

基于此,应对现有法律法规进行修订,增加关于公众监督权的内容。

(1)应在宪法中明确规定公众在参与古树名木保护与管理等公共事务中享有的监督权,应明确指出相关政府部门应将行政过程透明化,接受公众的监督。

(2)修订北京市地方法规,在《北京市古树名木保护管理条例》及其实施办法中增加关于公众监督权的内容,明确指出政府应将古树名木相关决策、执行情况的信息向公众内进行披露,接受公众的监督。应结合第5章提到的多种渠道进行披露,例如官网发布、举办发布会、接受记者采访、在宣传活动中发布等。

6.4　北京市古树名木保护与管理中的公众参与教育机制构建

由第4章分析可知,公众的认知对其参与情感和参与行为意向有重要影响。公众的认知来源于公众接受到的教育,公众接受的古树名木知识教育越多,参与的意向就越积极。古树名木保护与管理的专业性要求较高,需要多学科的知识,公众参与的效果并不仅仅取决于参与的热情,公众对古树名木相关知识与信息掌握的多少,对参与效果产生直接影响。缺乏公众参与的教育,会不利于公众参与工作的开展。

我国多项通知规定里面均提到了要通过教育来增加公众的认知,吸引公众的参与。例如,2005 年《国务院关于加强文化遗产保护的通知》规定应举办讲座、论坛来增强公众对文化遗产的认知。纳入教学,组织公众参观学习,激发公众的热情(刘敏,2012)。

针对古树名木来说,当前关于教育的规定见表 6-3。虽有多项文件指出要加强宣传教育,但具体宣传的途径并不详细,且宣传教育并未形成系统化。基于此,本节构建了系统化的公众参与教育机制。

表 6-3 古树名木保护与管理中的相关教育规定

Tab. 6-3 Regulations about education related to public participation in the protection and management of old and notable trees

序号	年份	法规名称	规定的具体内容
1	1982 年	《关于加强城市和风景名胜区古树名木保护管理的意见》	要向公众,特别是青少年进行宣传教育,使公众获悉古树名木的价值
2	2016 年	《全国绿化委员会关于进一步加强古树名木保护管理的意见》	要加强从业人员专业技术培训,培养高素质人才队伍
3	2016 年	《北京市园林绿化局关于进一步加强古树名木保护管理工作的通知》	要加大宣传教育力度,在全社会形成的保护氛围
4	2017 年	《全国古树名木资源普查北京地区调查工作方案》	应加强技术培训确保工作顺利完成

构建公众参与教育机制目的是解决公众参与中"赋能"的问题。北京市古树名木保护与管理中的公众参与教育机制,是指以古树名木保护与管理为核心,通过对公众进行形式多样的教育,以增强公众的参与意识,进而更好地参与到古树名木保护与管理中。北京古树名木的保护和管理中的公共教育,关系到古树名木保护和管理中公众参与文化的建设。依据上文中对发达国家公众参与的先进经验分析,可知公众参与的发展,离不开公众对于参与原因的理解。而由第 4 章可知,公众对于北京市古树名木保护与管理的认知尚待提高,由于缺乏对于古树名木保护的基本概念、重要性、专业知识的认识,使得公众参与保护的积极性不能加以调动,缺乏参与的自觉性。因此,应大力推进古树名木保护与管理中的教育,教育的领域应包含正式领域和非正式领域,教育的对象应包含在校学生和社会人员,具体来说,公众教育的形式可分为三类:大众教育、专业教育和职业教育。构建的北京市古树名木保护与管理中的公众参与教育机制如图 6-4。

6.4.1 大众教育

大众教育是通过各种传播媒介,对包括在校学生和非在校学生在内的全体公众开展的教育。古树名木保护与管理中的大众教育,有利于公众进一步增强

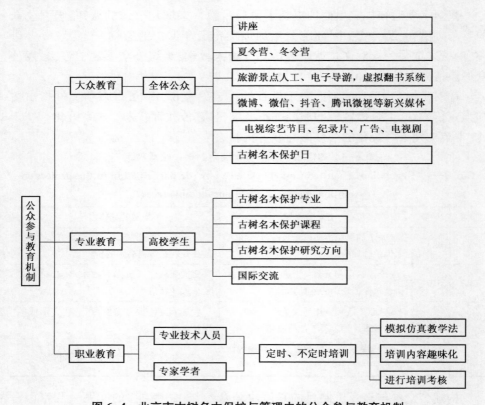

图 6-4　北京市古树名木保护与管理中的公众参与教育机制

Fig. 6-4　Education Mechanism in public participation in protection and management of old and notable trees in Beijing

对古树名木保护与管理重要性的认知。大众教育可通过运用接近生活、易于公众接受的方式,使公众进一步增强认识与理解。大众媒体包括传统媒体,如书籍、报纸、杂志、广播、电视和演讲,以及微博、微信、抖音和 VR 技术等新兴媒体。

(1)应注重对少年儿童的教育。可与小学、中学相联系,开设专门讲座,组织学生观看古树名木保护纪录片,在班级板报、校报的制作中添加古树名木的元素,使少年儿童更为深刻地体会到古树名木保护的重要性;在课外实践活动中,组织学生参与"走进古树名木"等夏令营活动、冬令营活动及其相关活动,充当古树名木知识"爱心小宣传员"等,使少年儿童获得保护古树名木的亲身感受,增强学生对于古树名木保护与管理的深刻认识,并去影响身边的人,构成良好的保护环境。

(2)在项目组实地调查中发现,公众目前主要是通过旅游景点介绍、手机上网及电视三种形式获取古树名木信息,因此应以这三种形式为基础,创新更多宣传渠道。

①可增加旅游景点人工导游和电子导游讲解器对古树名木的介绍,同时考虑配备虚拟翻书系统,使游客可通过红外感应、液晶触摸屏实现动态翻书,通过增强阅读兴趣来增强对古树名木的了解。

②发动具有重要社会影响力的名人、明星在小红书、抖音、快手、好多视频、腾讯微视、微博等新兴媒体平台分享古树名木相关奇闻趣事。

③在一些综艺节目中添加认养古树名木的元素,增设古树名木专业性电视节目,并将古树名木保护中的典型事例制作成纪录片、公益广告、短视频、艺术化为电视剧。

④创建设立古树名木保护日,在全社会范围内增强公众对古树名木保护的重视和认知。当前我国已经设立了文化遗产日,对增强公众文化遗产保护意识起到了积极作用。古树名木也属于我国重要的文化遗产,因此,在古树名木的保护中,应借鉴文化遗产日,设立专门的古树名木保护日,以进一步调动公众保护古树名木的积极性和古树名木保护工作者的荣誉感,增强政府的保护责任意识。通过一系列措施,使得北京市古树名木的保护与管理深入到公众的日常生活中。

6.4.2　专业教育

专业教育是指在高等学校和中等专业学校开设古树名木保护与管理相关专业、课程,培养古树名木保护与管理专业人才,例如:专家、学者、技术员等。古树名木保护与管理领域的专家,是公众参与中的重要组成部分,相较于普通公众,更具有权威性,在古树名木保护与管理相关问题上的判断,更为客观全面,参与的领域更多,参与的层次更高,更容易为政府的决策提供有参考价值的意见。专家历来有协助政府进行管理的传统,还是在政府与社会大众之间进行沟通的桥梁。此外,专家学者也有义务参与到古树名木的保护中,为古树名木的保护献言献策。在实际的古树名木保护中,古树名木保护专家已成为政府主管部门保护古树名木的重要助手,例如2007年北京市园林绿化局协同古树名木保护专家在广播节目《城市零距离》中与听众畅谈古树名木保护;2009年北京市园林绿化局组织专家对戒台寺抱塔松等古树进行检查会诊;2016年昌平区园林绿化局聘请专家会诊,对衰弱濒危古树制定养护复壮实施方案;颐和园每年年初对全园古树进行全面会诊,明确树势生长状况,在专家的指导下,对濒危古树做出逐株养护方案,并全年严格落实。

目前专家已成为古树名木保护与管理的智库,通过为政府主管部门提供论证、科研等服务,避免了政府在行政决策上的不足,提高了政府行政决策的质量。但目前存在的问题是相较于北京市古树名木"多""散""广""杂"的特点,现有专家、学者的数量仍十分稀缺,并不能确保北京市四万多株古树名木均得到有效保护。而古树名木的保护与管理具有专业性、复杂性,要想使古树名木得到很好的保护,离不开专家学者的研究。因此,应大力培养更多数量、更高水平的专家学者。

应制定古树名木保护与管理专业教育的整体目标,作为行动指南,在此基础上,注重古树名木保护与管理的高等教育。这是因为在高等教育中,具备培养人才、从事科学研究的优势。为此应做到:①在高等学校和中等专业学校通过开设古树名木保护专业来进行专业人才培养,使之成为古树名木保护与管理的重要力量。②在相关专业设置古树名木保护课程。③拓展到研究生阶段,设置古树名木保护研究方向,构建古树名木保护与管理的人才梯队,为社会输送专门受过古树名木保护与管理教育的人才。通过积极申报科研课题、出版著作、研讨会等形式,进行古树名木保护与管理相关知识的研究与传播;并积极参与到政府的决策中,推动古树名木保护与管理的顺利进行。④高等院校是一个很好地与国际进行交流沟通的平台,应通过举办研讨会、交流会、青年论坛等形式,针对古树名木的保护与管理积极开展国际交流,积极借鉴国外的先进经验,并结合北京市古树名木保护与管理的实际情况,转化为适合北京市古树名木保护与管理的宝贵经验。

6.4.3 职业教育

职业教育,是指对相关公众进行古树名木保护与管理所需知识、技术的训练。职业教育更侧重于培养实际工作能力。教育的对象涉及与古树名木管护政府部门管理者、专业技术人员、专家学者等,教育的内容涉及日常养护技术、保护复壮技术、保护管理理念、法律体系等。随着时代的进步,技术的发展,古树名木保护与管理涉及的知识也在不断更新,与古树名木保护和管理有关的专业技术人员、专家学者直接关系到古树名木的保护,需要通过职业教育,来接受最新的管理理念、最先进的技术,这样,北京古树名木的保护和管理将不断更新,保护水平将不断提高。

北京在古树名木的保护和管理方面已开展过职业教育,如2016年7月举办了日常养护培训班,2017年3月举办了管理工作培训班。目前虽进行了职业教育,但教育的次数、人群、方式均有待于加强、扩大和创新。

(1)就教育的次数来说,当前的培训并非定时培训,应做到定时培训。根据北京市地方标准《古树名木日常养护管理规范》(DB11/T 767—2010),由于古树名木在春季、夏季、秋季和冬季的养护措施并不相同,春季的养护管理侧重于消灭越冬病虫源、早春病虫害预测预报等方面,夏季的管理重点是在高温、干旱和高湿度环境中检查和预防病虫害,秋季的管理重点是防治常绿和落叶古树名木害虫等方面,冬季的养护管理侧重于防治准备越冬的叶部害虫、生长势衰弱古树名木防冻防寒、树木的防火工作等方面。因此,应以一个季度为一个周期进行定时培训;同时加强不定期培训,针对古树名木保护与管理中出现的新问题、新情况、新管理理念,应及时通过培训加以宣传推广。

（2）就教育的人群来说,目前教育的人群包括了管理者和技术人员,尚未涵盖专家学者。专家学者虽然具有更为专业、更为深刻的认识,但每一专家学者仅是在其所擅长的领域有建树,在古树名木的保护与管理中并不能都做到面面兼顾,所有领域都擅长,因此,为了使专家学者在更为广阔的领域、站在更宽阔的视野上认知古树名木,需要对专家学者进行培训。

（3）就教育的方式来说,当前进行职业教育的方式主要是课堂授课式的培训,被培训对象在培训过程中未免会感到枯燥乏味,因此,应创新培训的方式,例如,采用模拟仿真教学法,模拟养护古树名木的现场,进行实际养护的操作,进行实际教学与练习;将培训的内容设定为可以带动被培训者一起参与的游戏方式,或者将培训的内容通过制作成幽默风趣的漫画、小视频的形式呈现出来,增加被培训者的学习乐趣;引入竞赛机制,在一轮培训结束后进行考核,对考核优秀的学员给予奖励。

6.5　北京市古树名木保护与管理中的公众参与激励机制构建

由第 4 章分析可知,政府当前的奖励措施不够,没有调动公众参与古树名木保护的积极性,是公众并未积极参与到古树名木保护中的一个重要原因。激励是通过设置外部奖励的方式和环境,来调动、引导他人行为,最终实现既定目标的过程。科学合理的激励,可以吸引到实现目标所需的人群,开发目标人员的潜力,促使目标人群充分发挥聪明才智,最终高水平地实现既定目标。

当前在北京市古树名木的保护与管理中,已有多项管理规定指出通过激励的方式实现更好地保护,见表 6-4。虽有多项文件指出要加强激励,但具体激励的途径并不详细,且并未形成系统化。基于此,本节构建了系统化的公众参与激励机制。

表 6-4　古树名木保护与管理中的相关激励规定

Tab. 6-4　**Regulations about excitation related to public participation in the protection and management of old and notable trees**

序号	年份	法规名称	规定的具体内容
1	1982 年	《关于加强城市和风景名胜区古树名木保护管理的意见》	要建立奖惩制度
2	1998 年	《北京市古树名木保护管理条例》	在管护中,对取得突出成绩单位或个人给予奖励
3	2013 年	《首都古树名木认养管理办法》	在认养中,对取得突出成绩的公众给予奖励

北京市古树名木保护与管理中的公众参与激励机制是指通过采取相应的激

励方式,来调动公众参与的积极性,使公众积极、自愿、合理、科学地参与北京古树名木的保护和管理,最终使北京古树名木得到良好的保护。要调动公众参与古树名木保护与管理的积极性,应采取相应的激励方式,包括经济激励、榜样激励、内容激励,使公众在古树名木的保护与管理中,由"要我参与"变成"我要参与"。基于以上分析,构建的北京市古树名木保护与管理中的公众参与激励机制如图 6-5。

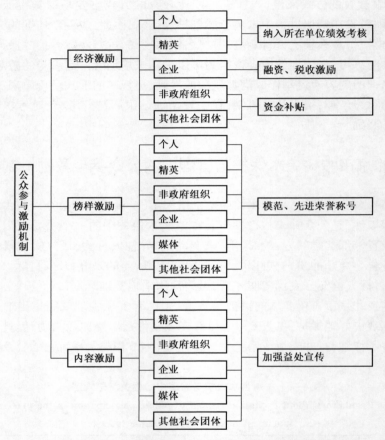

图 6-5 北京市古树名木保护与管理中的公众参与激励机制

Fig. 6-5 Incentive mechanism in public participation in protection and management of old and notable trees in Beijing

6.5.1 经济激励

经济激励是指对投入到古树名木保护与管理中,为古树名木能够得到更好的保护与管理而做出贡献的公众提供物质上的奖励。对于古树名木而言,有效的经济激励并不是直接给予被激励者资金,而是应通过间接的经济手段调动参与的积极性。

(1)就个人参与和精英参与而言,可通过将参与北京市古树名木保护与管理纳入其所在工作单位的绩效考核中,以是否参与、参与的程度、参与的结果为考核系数的确定标准,将绩效考核直接与职位晋升、年终奖的发放挂钩,以此间接激励公众参与古树名木保护的积极性。

(2)就企业参与而言,有效的经济激励并不是直接给予他们资金,而是通过鼓励银行向参与古树名木保护与管理的企业提供融资服务,并规定参与的企业可以适当给予税收优惠。

(3)对于非政府组织、其他社会团体参与而言,有效的激励手段是通过向参与古树名木保护与管理的非政府组织和其他社会团体其提供资金补贴,以此带动其参与的积极性。

6.5.2 榜样激励

榜样能够发挥无穷的力量,是大众学习的方向,赶超的目标,能够起到巨大的激励作用。古树名木保护与管理中公众参与的榜样激励是指,政府在公众参与中选择表现突出的个人或团体,对其进行荣誉表扬,进而调动公众参与积极性的方法。这样就使得公众参与古树名木的保护与管理同一些内在因素,例如成就感、认同、进步相联系,使得这些内在因素成为激励公众参与古树名木保护管理的动机。当前北京市已开展过关于古树名木的保护与管理的榜样作用的宣传,例如,首都园林绿化政务网对于北京市古树名木保护与管理的榜样人物——郑波、黄三祥、张俊民的宣传介绍,千龙网、北京晚报对"树痴"——张宝贵的宣传报道。但目前榜样宣传过少,涉及的榜样人物也多是政府管理人员,对参与保护的公众的榜样激励还需进一步加强。

在古树名木保护与管理的参与过程中,不同的公众,受自身认知、水平等因素的限制,参与行为会存在比较显著的差异,对古树名木保护与管理所做的贡献不可一概而论。但只要是对古树名木的保护与管理起到积极作用的公众,均应予以鼓励。

(1)对于个人参与,通过授予其"模范标兵""先进个人"等荣誉称号,并在官网、旅游景点、人口密集场所加强宣传先进事迹,这样一方面是对于先进个人的保护行为进行肯定,满足其对成就感、个人价值实现的需求;另一方面也为其他公众建立了良好的榜样,在潜移默化中影响其他公众的保护意识。

(2)对于媒体参与、非政府组织参与、企业参与、其他社会团体参与,通过授予其"古树名木保护爱心企业""古树名木保护爱心媒体"等荣誉称号的形式来实现榜样激励。对于这四类参与主体来说,更渴望的是得到社会的认可与接受。

尤其是企业,企业的根本目的是盈利,对参与到古树名木保护与管理中的企业的榜样宣传,可以间接扩大自身知名度,进而为企业招揽更多的商业机会,这样就进一步调动了企业参与的积极性。

6.5.3 内容激励

根据第 4 章的调查可知,公众认为参与到古树名木的保护与管理中,可以获得的益处主要有结交有共同兴趣的朋友、认识很多树木、了解很多历史故事、打发无聊时间、为社会贡献自己的一份力量。其中"为社会贡献自己的一份力量"属于上一节提到的榜样激励的内容,在此不再详述。基于此,可从公众可获得的益处入手,加强对公众参与到古树名木的保护中会得到益处的宣传,来激励公众参与到古树名木的保护与管理中。

(1)可通过在地铁、公交站等人口密集的地方摆放大型宣传广告牌,通过明星进行公益视频宣传。

(2)通过开发古树名木游戏小程序,通过在古树名木的游戏中,增设交友板块、古树名木常识认知板块、古树名木历史传说故事板块、荣誉市民板块等来增强公众对于保护古树名木能获得的益处认知,寓教于乐,使公众潜移默化地认识到参与古树名木保护可以获得的益处。

6.6 北京市古树名木保护与管理中的公众参与资金投入机制构建

在北京市古树名木保护与管理中,需要加强资金的投入。这是因为,一方面,由第 3 章可知,当前北京市古树名木的保护与管理中,由于对古树名木的管护只有投入,没有资金回报,因此北京市大部分负责古树名木管护工作的单位和个人力不从心,未能投入应有资金进行管护,管护资金匮乏,导致日常管护工作不能顺利开展,延误了对于衰弱、长势较差的古树名木的复壮时间。根据北京市林业局林政资源管理处 2005 年的《北京市古树名木管理情况报告》,据不完全统计,近 10 年来死亡古树已达 300 多株,平均每年死亡约二三十株(王丹英等,2007),同期有专家估计每年有 3‰ 的古树死亡(巢阳等,2005)。近年来,也时有媒体报道一些古树死亡。根据北京市园林绿化局 2017 年数据,北京市现存的40 721 株古树名木中,生长势状况为衰弱的有 8 211 株,占比 20.16%;生长势状况为濒危的有 838 株,占比 2.06%,共有 9 049 株 22.22% 的古树名木处于生长势处于衰弱和濒危状态。另一方面,古树名木是国家自然文化遗产的重要组成部分,由第 3 章可知,古树名木具有历史文化价值、景观价值、科学研究价值、生态价值、林副产品价值,古树名木蕴含着巨大的价值,为使古树名木的价值得以延续,值得我们在古树名木的保护与管理中投入足够的资金。

目前在多项通知规定中均有指出要加强古树名木保护与管理中的资金投入,见表6-5。虽有多项文件指出要加强资金投入,但具体投入的途径并不详细,且投入机制并未形成系统化。基于此,本节构建了系统化的公众参与资金投入机制。

依据以上分析,首先对北京市古树名木的价值进行评估,一是为了证明古树名木蕴含着巨大的价值,值得我们在古树名木的保护与管理中投入应有的资金;二是为了证明在古树名木的保护与管理中进行的资金投入,到底保护了多少价值;三是通过古树名木评估价值,为认养资金标准的确定(例如,在认养权拍卖中或认养中)提供依据。在此基础上,借鉴上文中国内外公众参与的资金投入的经验以及不足之处,构建北京市古树名木保护与管理中的公众参与资金投入机制。

表 6-5　古树名木保护与管理中的相关资金投入规定

Tab. 6-5　Regulations about capital investment related to public participation in the protection and management of old and notable trees

序号	年份	法规名称	规定的具体内容
1	2000 年	《城市古树名木保护管理办法》	应每年从城市维护经费、园林绿化资金中划出一定比例的资金用于城市古树名木保护中
2	2016 年	《全国绿化委员会关于进一步加强古树名木保护管理的意见》	古树名木保护资金不足,应拓宽资金投入渠道,鼓励公众通过认捐、认养等多种形式参与
3	2017 年	《全国古树名木资源普查北京地区调查工作方案》	应积极争取本地财政资金

6.6.1　北京市古树名木价值评估

由第3章对古树名木价值的分析可知,古树名木具有历史文化价值、景观价值、科学研究价值、生态价值、木材及林副产品价值。依据资产评估理论中规定的资产的价值是特定时点所具有的价值,在古树名木的这五方面价值中,为潜在价值的价值将不予考虑。由于科学研究价值、木材及林副产品价值为潜在价值,因此本研究不予考虑。

在进行古树名木价值评估时,从历史文化价值、景观价值、生态价值方面进行系统的价值评估。本节首先在分析现有古树名木价值评估方法存在的不足的基础上,进行古树名木价值评估方法的创新,以北海团城古树"遮荫侯"为例进行价值评估,最终对北京市古树名木的整体价值进行初步概算。

6.6.1.1 现有的古树名木价值评估方法

6.6.1.1.1 国外树木价值的评估方法

当前国外有多种评估城市树木价值的方法,例如,美国、加拿大采用 CTLA 体系,澳大利亚采用 Burnley 体系,英国、爱尔兰采用 AVTW 体系,新西兰采用 STEM 体系,西班牙采用 Norman Granda 体系。其中,CTLA 体系依据树干横截面积确定基价,使得大径阶的树木价值将奇高,因此经常受到批判;此外,除 STEM 体系适用于 50 年树龄以上的树木(国外许多国家定义 50 年树龄以上的树木为古树)外,其他评估标准并非专门针对古树名木。STEM 体系虽是评估古树名木价值的体系,但与我国定义古树的标准不同(我国定义 100 年以上的树木为古树)。由于我国古树种植年代久远,STEM 体系中涉及的树木种植价、批发价无从查找,或不具备参考性,因此并不适合我国古树名木价值评估。国外树木价值评估的具体计算方法见表 6-6。

表 6-6 国外树木价值评估体系

Tab. 6-6 The tree value system in foreign countries

序号	国家	评价体系	计算公式	说明
1	美国、加拿大	CTLA	树木价值=树木基价×地径面积×树种系数×生长状况系数×生长位置系数	基价为单位树干横截面积价格,系数取值 0.0~1.0
2	澳大利亚	Burnley	树木价值=树木基价×立木材积×树龄系数×树型和生长情况系数×生长位置系数	基价为单位立木材积价格,系数取值 0.5~1.0
3	英国、爱尔兰	AVTW	树木价值=树木基价×树木大小×树龄×景观重要性×与其他树木的关系×相对背景的关系×树型×特殊因素	树木基价定为 14 英镑(2000 年);其余每个因子赋予 1~4 分
4	新西兰	STEM	树木价值=(总分×批发价+树木种植价+养护价)×零售转换因素	总分由 20 个评价因子得分相加而得,每个因子得分 3~27 分。因子集中在生长势、景观、独特性方面。树龄应在 50 年以上
5	西班牙	Norman Granda	树木价值=价值指数×批发价×生长情况指数×[1+树龄+(美学观赏指数+树种稀有指数+生长立地适应性指数+特别指数)]	价值指数是树种、生长情况等指数之和;主要用于计算观赏性树木经济价值

6.6.1.1.2 我国古树名木价值评估方法

北京市《古树名木评价标准》(DB11/T 478—2007)为我国古树名木价值货币化评估的唯一参考标准,作为损失案件发生时的赔付标准。规定基本价值与调整系数之积即为古树名木价值。基本价值通过同类主要规格苗木胸径处横截面积的每平方厘米单价、古树名木胸径或地径处的横截面积、古树名木树种价值系数之积确定。在计算中相应数据参考北京市《园林绿化用植物材料木本苗》（DB11/T 211—2017）、《北京市建设工程和房屋修缮工程材料预算价格（园林绿化材料）》及北京市《古树名木评价标准》（DB11/T 478—2007）的规定。计算步骤如图 6-6。

图 6-6 中通过首都园林绿化政务网、北京市古树名木管理系统确定古树名木的胸径，进而计算胸径处的横截面积。北京市《古树名木评价标准》（DB11/T 478—2007）中测定的主要树高规格对应的苗木平均胸径见表 6-7。

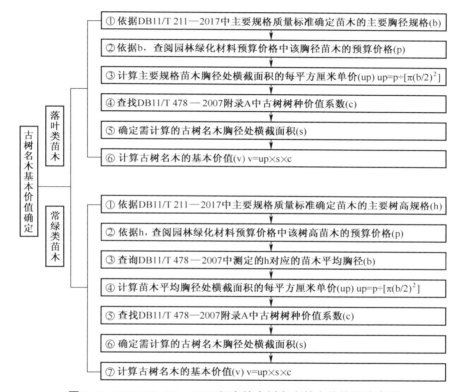

图 6-6 DB11/T 478—2007 规定的古树名木基本价值评价步骤

Fig. 6-6 **The basic value evaluation steps of old and notable trees in DB11/T478—2007**

表 6-7 主要树高规格的常绿类苗木平均胸径

Tab. 6-7 **Average DBH of evergreen seedlings of main tree height**

树种	侧柏	桧柏	龙柏	油松	白皮松	云杉	雪松
主要树高规格（m）	3~3.5	4~5	2.5~3	4~5	3~3.5	2~2.5	4~5
平均胸径（cm）	5.5	6.4	4.2	11.4	6.6	4.4	8.1

　　现以北海团城古树"遮荫侯"为例,依据以上方法,进行价值评估。"遮荫侯"生长于北京市西城区北海公园团城承光殿东侧,树高 20m,胸径 98.7cm,树龄 800 多年。相传乾隆年间,宫人们在团城一株高大的油松下设置案椅,请乾隆皇帝来纳凉。伴随着微风和浓荫,乾隆帝暑气全无,内心欣喜,当即赐予"遮荫侯"的封号(首都园林绿化政务网,2015)。此即为"遮荫侯"名称的由来。由上可知,以"遮荫侯"为例进行价值评估具有典型代表性。

　　"遮荫侯"为油松树,属常绿树种。基本价值计算步骤为:①查阅《园林绿化用植物材料木本苗》(DB11/T 211—2017)主要规格质量标准,可知油松株高分为三个规格:3.0~4.0m,4.0~5.0m,5.0~6.0m,由于"遮荫侯"株高 20m,根据就高原则,取 6.0m 作为参考质量标准。②查阅《北京市建设工程和房屋修缮工程材料预算价格(园林绿化材料)》,可知株高 6.0m 的油松预算价格为 4 000 元。③查阅《古树名木评价标准》(DB11/T 478—2007)中主要树高常绿类苗木平均胸径,油松仅列示了树高为 4~5m 时,平均胸径 11.4cm。因此胸径仅能选取 11.4cm。④此时,11.4cm 胸径处的横截面积为 $3.14×(11.4÷2)^2=102.02cm^2$,即胸径处横截面积为 $102.02cm^2$ 的油松预算价格为 4 000 元,则主要规格油松胸径处横截面积的每平方厘米单价为 4 000÷102.02=39.2 元/cm^2。⑤查阅《古树名木评价标准》(DB11/T 478—2007)附录 A,可得油松的价值系数为 20。⑥由于"遮荫侯"胸径为 98.7cm,则其胸径处横截面积=$3.14×(98.7cm÷2)^2=7 647.2cm^2$。⑦则基本价值=39.2 元/$cm^2$×7 647.2$cm^2$×20=5 995 426元。

　　结合《古树名木评价标准》(DB11/T 478—2007)中相关调整系数等级划分及取值,通过查询北京市古树名木管理系统,可确定"遮荫侯"生长势调整系数取值1;生长场所调整系数取值5;树木级别调整系数取值3~4,由于不能确定具体取值,将树木级别调整系数取低值确定为 3。因此,"遮荫侯"价值为:5 995 426×1×5×3=89 931 390 元,即约0.90 亿元。

　　这种算法存在诸多不足之处。一是由于古树生长历史悠久,树高、胸径几乎均高于《园林绿化用植物材料木本苗》(DB11/T 211—2017)规定的主要规格质量标准,这种算法仅能根据就高原则,依据主要规格的最高标准测算基本价值,会导致古树的基本价值被低估;二是依据胸径处横截面积来计算,由于古树名木大多为大径阶,计算得出的价值奇高,这也正是国外 CTLA 体系经常会受到批判的原因;三是古树树种价值系数等调整系数取值的确定并没有科学依据,过于主观。在树木级别调整系数中,等级"名木""具有特殊历史价值和特别珍贵的古树名木"的取值并不是具体的数值,实际指导意义较差;四是当前标准仅考虑到了通用性,而忽视了具体某株树的特殊性,使得在具体评估某株树木时,并不能将该株树木的价值很好地表现出来,适用性较差。例如对于景观价值来说,不同的树木具有不同的景观审美特征,而现有标准并不能恰当地体现出不同树木所具有的不同景观价值。

从学术研究的角度来看,当前对于古树名木价值的研究,大体可以分为两类,一类是对于古树名木某一方面价值的研究,另一类是对于古树名木综合价值的研究。对于古树名木某一方面价值的研究中,分别是对经济价值(Jim C. Y.,2006;Mohamad R. S. 等,2013)、景观价值(寇建良,2009;董冬等,2011;李记等,2018)和生态价值(Pandya I. Y.,2012)进行研究,采用程式专家法(Jim C. Y.,2006)、灰色关联分析法(寇建良,2009)、条件价值法(董冬等,2011)、模糊综合评价法(董冬等,2011;李记等,2018)等研究方法;对于古树名木综合价值的研究中,采用调整系数法,通过设定树种系数、生长系数、树龄系数、位置系数、历史文化系数、稀有系数、珍贵系数(马龙波,2013;王碧云等,2016)作为评估古树名木综合价值的调整系数,与基本价值的乘积作为古树名木的综合价值,结合采用条件价值法(王碧云等,2016)、德尔菲法(安迪等,2015)。其中,采用灰色关联分析法等仅能将结果进行对比分析,不能测算货币化价值;采用调整系数法、条件价值法,可测算货币化价值,但大多学者对于调整系数的取值,仅是依据级别由低到高,主观地依次赋值"1,2,3,……",这种确定方法过于主观,缺乏科学依据;采用条件价值法进行评估,要求被调查者对假设环境有较强的认知能力,并做出准确判断,但实际所得并不准确,在实际应用中受限。此外,在历史文化等方面研究较少,综合价值的涵盖范围并不全面。

由以上分析可知,从学术研究的角度来看,当前的标准有待于进一步完善,因此,本研究接下来将探究更为科学合理的评估方法。具体来说,首先采用层次分析法确定历史文化价值、景观价值、生态价值三者之间重要性的比例关系,其次采用回归分析法、9 分位比率法、调整系数法计算历史文化价值,来间接对景观价值、生态价值进行量化,最后将三方面价值相加,即为最终要得到的古树名木综合价值。

6.6.1.2 基于层次分析法的古树名木价值权重确定——以"遮荫侯"为例

层次分析法是处理难以量化问题的有效方法。根据决策问题的总体目标,将其划分为多个标准,每个标准对应多个指标,每个标准和指标的相对重要性(同一水平的重要性)由两两对比的方法确定。定性指标定量化,最终得出最优方案。具体步骤包括建立递阶层次结构、构造成对比较矩阵、单排序权重计算及一致性检验等。本研究第 7 章将对层析分析法进行具体介绍,在此不予详细说明。

(1)建立递阶层次结构。根据以上分析,建立表 6-8 所示的体系。

(2)构造成对比较矩阵。9 分位比率法可提供定性指标重要性程度对比的具体数值。9 分位比率法将 A 与 B 要素重要性程度之比依次分为"同等、稍微、较强、强烈、绝对"五个级别,依次赋予"1、3、5、7、9"五个尺度数值,同时规定"2、4、6、8"是依次介于以上两个相邻尺度之间的尺度数值,尺度数值的倒数即为 B

表 6-8 古树名木综合价值评估体系

Tab. 6-8 Comprehensive evaluation system of old and notable trees

目标层(A)	标准层(B)	指标层
古树名木综合价值(A)	历史文化价值(B_1)	典故、文学艺术、树龄
	景观价值(B_2)	意境美、色彩美、姿态美、质感美、气味美
	生态价值(B_3)	遮阴效果、过滤灰尘能力

与 A 要素之间重要性程度之比(齐少波等,2018)。本研究采用 9 分位比率法,邀请 13 位古树名木研究领域的专家,通过向专家出示拍摄的多张不同角度的"遮荫侯"图片,并参考各标准层对应的指标层指标,对历史文化价值、景观价值、生态价值进行两两要素的重要性比较并打分,根据打分结果,获取成对比较矩阵数据。

(3)成对比较矩阵权重计算及一致性检验。基于成对比较矩阵数据,计算每个标准层相对于目标层的权重,结果见表 6-9。通过对成对比较矩阵进行一致性检验,得出矩阵具有满意的一致性,因此,表 6-9 中得出的权重有效。

表 6-9 专家打分权重汇总表

Tab. 6-9 Summary table of weight of expert grading

要素	W_1	W_2	W_3	W_4	W_5	W_6	W_7	W_8	W_9	W_{10}	W_{11}	W_{12}	W_{13}	均值
B_1	77.03	78.54	75.14	75.11	72.57	76.08	78.70	71.61	76.26	73.06	63.70	72.19	65.54	73.50
B_2	16.18	14.88	17.82	20.53	21.22	19.12	16.73	23.55	17.63	18.84	25.83	22.71	28.97	20.31
B_3	6.79	6.58	7.04	4.36	6.21	4.80	4.57	4.84	6.11	8.10	10.47	5.10	5.49	6.19

(4)结果分析及重要性比例关系确定。由表 6-9 中各专家打分的权重及权重均值可知,历史文化价值的权重占绝对优势,景观价值较不重要,生态价值最不重要。这表明专家们均认为,对于古树"遮荫侯"来说,最为重要的价值为历史文化价值,这也是其相对于一般树木来说,古树名木具有的独特价值。而生态价值权重最低,可能是因为生态价值并未能体现古树特殊性,与历史文化价值相比,生态价值并不具备优势。

通过表 6-9 可知,历史文化价值、景观价值、生态价值的平均权重分别为:73.50%、20.31%、6.19%,可得三者的平均权重之比为:11.84:3.28:1,此即三者重要性的比例关系。

6.6.1.3 历史文化价值货币化评估——以"遮荫侯"为例

通过设定典故系数、文学艺术系数及树龄系数,评估古树名木的历史文化价值。由于历史文化价值依附于基本价值,因此,首先计算基本价值;其次,确定历史文化价值的各项调整系数取值;最后,评估历史文化价值。历史文化价值计算

公式为:

古树名木历史文化价值=基本价值×(典故系数+文学艺术系数+树龄系数)

$$(6-1)$$

6.6.1.3.1 基本价值

本研究对当前古树名木基本价值评估方法进行改进,以更符合现实要求。通过构建一元线性回归模型,确定古树名木的预算价格,进而根据调整系数法评估基本价值。计算公式为:

基本价值=预算价格×生长场所调整系数　　　$(6-2)$

表6-10　油松规格型号及预算价格

Tab. 6-10　The specification and budget price of pine

序号	树高规格 (m)	树高规格平均值(height) (m)	预算价格(price)(元)
1	2~2.5	2.25	260
2	2.5~3	2.75	400
3	3~3.5	3.25	600
4	3.5~4	3.75	1 000
5	4~5	4.5	2 500
6	5~6	5.5	4 000

资料来源:《北京市建设工程和房屋修缮工程材料预算价格(园林绿化材料)》。

由上文可知,"遮荫侯"为油松树,树高20m。查询《北京市建设工程和房屋修缮工程材料预算价格(园林绿化材料)》中常绿类苗木油松的树高及预算价格见表6-10中第二、四列所示。由于树高规格为范围标准,为便于进行回归分析,取每一树高规格的平均值,如第三列所示。用 height 表示取平均值后的树高规格,作为解释变量;price 代表预算价格,作为被解释变量;由表6-10可知,样本量为6,符合进行回归分析的最小样本容量要求($n \geqslant k+1$,即 $6 \geqslant 2$)及满足模型估计的基本要求[$n \geqslant 3(k+1)$,即$6 \geqslant 6$](n 为样本量,k 为解释变量个数)。将一元回归方程的具体形式设置为公式6-3,运用 OLS 方法进行分析,回归结果如公式6-4所示。

$$price = \beta_o + \beta_1 height \qquad (6-3)$$

$$price = -2\,947.765 + 1\,202.118 height \qquad (6-4)$$

$$s = (647.394) \qquad (169.286)$$

$$t = (-4.550) \qquad (7.100)$$

$$p = (0.010) \qquad (0.002)$$

$$R^2 = 0.927, \overline{R}^2 = 0.908, F = 50.430$$

s、t、p 分别为标准差、t 检验值、t 检验的 p 值,R^2 为拟合优度,$\overline{R}^2$ 为调整的

拟合优度，F 为 F 检验值。由上可知，模型通过了 F 检验，回归系数通过了 t 检验，且 $\overline{R}^2 = 0.908$，表明树高规格解释了预算价格的 90.8%，表明方程的拟合优度较好；回归系数 t 检验的 p 值为 0.002，说明树高规格对预算价格具有显著的影响作用。由于"遮荫侯"树高 20m，将 $height = 20$ 代入上式中，可得预算价格的预测值为 21 095 元。这种预测方法，符合资产评估理论中规定的资产评估的市场性和技术性的特点，是根据市场经验来进行的评估，并通过计量经济学的手段对收集的数据资料进行技术性的处理与计算，得出更符合现实的预测结果。

需要指出的是，《北京市建设工程和房屋修缮工程材料预算价格（园林绿化材料）》中对常绿类苗木的预算价格确定是以树高作为规格型号，对于落叶类苗木的预算价格确定是以胸径作为规格型号。因此，在落叶类苗木进行基本价值分析构建的一元线性回归模型中，自变量为胸径规格平均值。

古树名木所处场所与建筑物所处场所一样，不同的地段，价格也会有所不同。因此在评估古树名木的基本价值时，应考虑生长场所因素。本研究参考 9 分位比率法，设定古树名木生长场所系数取值。在进行生长场所位置对比时，均以生长场所位于远郊野外（直接赋值 1.0）为被比较对象。结果见表 6-11。

表 6-11　树木生长场所调整系数取值表
Tab. 6-11　The table of adjustment coefficient of tree growth place

序号	生长场所所处位置	调整系数取值
1	远郊野外	1
2	乡村街道	3
3	区县城区	5
4	市区范围	7
5	自然保护区、风景名胜区、森林公园、历史文化街区及历史名园	9

"遮荫侯"生长于北京市西城区北海公园团城承光殿东侧，生长场所属于风景名胜区及历史名园范畴，因此树木生长场所调整系数取值为 9；因此，其基本价值为：21 095×9 = 189 855 元。

6.6.1.3.2　典故系数

典故系数，是评判古树名木典故价值的量度。根据有无典故、典故的真实性及涉及人物的知名度进行划分，借鉴 9 分位比率法确定典故系数取值的大小。在对典故内容进行重要性比较时，若为"无典故"时，典故系数直接赋值 0；其余典故内容均与"无典故"进行比较确定。赋值结果见表 6-12。通过首都园林绿化政务网、《北京郊区古树名木志》《北京古树名木趣谈》《北京古树名木散记》书籍中的典故记载确定某株古树具体典故。

根据上文可知，"遮荫侯"其名称来源于乾隆皇帝纳凉的典故，属于表 6-12

中"关于帝王或国家元首的典故",因此典故系数赋值9。

表6-12　典故系数、文学艺术系数等级划分及系数取值

Tab. 6-12　Allusion coefficient, literary and artistic coefficient grade division and values of coefficients

典故划分及其系数取值		文学艺术划分及其系数取值	
具体判断标准	系数取值	具体判断标准	系数取值
无典故	0	无诗词	0
关于民间传说或神话的典故	3	1句诗词	1
关于文人墨客、仁人志士的典故	5	2句诗词	2
关于将相或政府首脑的典故	7	3句诗词	3
关于帝王或国家元首的典故	9	4句诗词	4

6.6.1.3.3　文学艺术系数

文学艺术系数,是反映古树名木是否具有诗词名句记载及记载数量多少的度量值。根据描写该古树名木诗词名句的数量来划分为不同的标准。对于一株古树名木来说,描写的诗句越多,其文学艺术价值越大。因此文学艺术系数取值的确定依据叠加原理,即不同诗词名句的记载为该古树名木带来的文学艺术价值,等于这些不同诗词名句单独为该株古树名木带来的文学艺术价值的累加。本研究假定若有1句诗词名句记载,则其文学艺术系数取值为1。通过首都园林绿化政务网、《北京郊区古树名木志》《北京古树名木趣谈》《北京古树名木散记》来确定诗词名句记载数量。经过查阅可知,所记载的关于描写特定某株古树名木的诗句,最多为4句。通过查询与"遮荫侯"相关的诗词名句可知,并无专门记载,因此,文学艺术系数取值0。

6.6.1.3.4　树龄系数

树龄系数,是反映古树名木树龄大小的度量值。通过查询北京市古树名木管理系统可知,树龄在100～300年的有33 286株,300～500年的有5 740株,500～1 000年的有327株,1 000～2 000年的有53株,3 000年以上的有2株。由此可以看出,树龄越大,株数越少,则树木也就越珍贵。

由于古树最低树龄为100年,因此,100年树龄的树木,树龄系数直接赋值1,作为基准值;高于100年树龄的树木,其树龄价值较于100年树龄的树木,超出的倍数可表示为:(树龄-100)/100,则其总的树龄价值用树龄系数表示为:1+(树龄-100)/100,可化简为:树龄/100,即本研究树龄系数计算公式为:树龄系数=树龄/100。对于低于100年树龄的名木,树龄系数直接取值0。

"遮荫侯"树龄为800年,因此,其树龄系数=800/100=8。

6.6.1.3.5　历史文化价值货币化计算

依据公式6-1及以上关于基本价值及调整系数取值的确定,可得历史文化价值=基本价值×(典故系数+文学艺术系数+树龄系数)=189 855×(9+0+7)=3 037 680元。

6.6.1.4 古树名木综合价值货币化计算——以"遮荫侯"为例

6.6.1.4.1 景观价值及生态价值货币化计算

根据上文计算得出的历史文化价值、景观价值、生态价值重要性的比例关系：11.84:3.28:1,可知,若历史文化价值为 3 037 680 元时,景观价值=3 037 680×(3.28÷11.84)=841 519 元,生态价值=3 037 680×(1÷11.84)=256 561 元。

6.6.1.4.2 古树名木综合价值货币化计算

通过上文得到了"遮荫侯"的历史文化价值、景观价值、生态价值,则其综合价值=(历史文化价值+景观价值+生态价值)=3 037 680+841 519+256 561=4 135 760元,即约 0.04 亿元。

6.6.1.5 北京市古树名木整体价值货币化评估初步概算

由上文可得,"遮荫侯"的价值为 4 135 760 元。本节在以上计算的基础上,对北京市古树名木整体价值,即 2017 年北京市 40 721 株古树名木的综合价值进行初步概算(项目组调研时 2018 年北京市第四次古树名木资源调查数据还未发布)。

6.6.1.5.1 6 122 株一级古树的综合价值

首先确定一级古树整体的历史文化价值。2017 年北京市一级古树有 6 122 株,由公式 6-1 可知,古树名木历史文化价值=基本价值×(典故系数+文学艺术系数+树龄系数)。就基本价值来说,由于"遮荫侯"属于一级古树,基本价值为 189 855元,因此将一级古树的基本价值都约计为 189 855 元;就典故系数来说,通过查阅书籍《北京郊区古树名木志》《北京古树名木趣谈》《北京古树名木散记》可知,一级古树大都是关于民间传说或神话的典故,因此典故系数赋值为 3;就文学艺术系数来说,绝大多数的一级古树并没有诗词名句记载,因此文学艺术系数赋值为 0;就树龄系数来说,由于 300 年以上的树木为一级古树,而目前北京市古树树龄在 300~500 年的有 5 740 株,500~1 000 年的有 327 株,1 000~2 000 年的有 53 株,由此可知一级古树大多为 300~500 年,因此树龄系数赋值为 4。因此,6 122 株一级古树的历史文化价值=6 122×189 855×(3+0+4)=8 136 046 170 元,即约 81.36 亿元。

其次确定 6 122 株一级古树的景观价值及生态价值。对于一级古树来说,其历史文化价值应远远大于其景观价值及生态价值。因此,在此借鉴"遮荫侯"的历史文化价值、景观价值、生态价值三者之比为 11.84:3.28:1,来计算一级古树整体的景观价值及生态价值。因此,若历史文化价值为 8 136 046 170 元时,景观价值=8 136 046 170×(3.28÷11.84)=2 253 904 682 元,即约 22.54 亿元;生态价值=8 136 046 170×(1÷11.84)=687 166 062 元,即约 6.87 亿元。

由上可知,6 122 株一级古树的综合价值=(历史文化价值+景观价值+生态价值)=（81.36+22.54+6.87）=11 077 116 914 元，即约 110.77 亿元。

6.6.1.5.2　33 286 株二级古树的综合价值

2017 年北京市二级古树有 33 286 株。首先确定一株二级古树的基本价值。就基本价值来说，基本价值＝预算价格×生长场所调整系数，而预算价格是树高的一元一次函数，根据查阅《北京郊区古树名木志》可知，二级古树的树高在 8m 左右浮动，因此，取二级古树的树高为 8m，带入公式 6-4 中，可得一株二级古树估算的预算价格＝-2 947.765+1 202.118×8＝6 669 元。北京市 71.3% 的古树名木位于历史文化街区、历史名园、风景名胜区、森林公园、自然保护区，9.44% 位于市区范围，8.43% 位于乡村街道，0.72% 位于区县城区，因此通过不同生长场所古树名木所占比例与生长场所调整系数之积的总和来确定二级古树的生长场所调整系数，即二级古树的生长场所调整系数＝71.3%×9+9.44%×7+8.43% ×3+0.72%×5＝7.4，因此，一株二级古树的基本价值＝6 669×7.4＝49 351 元。

其次确定 33 286 株二级古树的历史文化价值。由公式 6-1 可知，古树名木历史文化价值＝基本价值×（典故系数+文学艺术系数+树龄系数）。就典故系数来说，通过查阅书籍《北京郊区古树名木志》《北京古树名木趣谈》《北京古树名木散记》可知，二级古树大都没有典故记载，因此典故系数赋值为 0；就文学艺术系数来说，绝大多数的二级古树并没有诗词名句记载，因此文学艺术系数赋值为 0；就树龄系数来说，由于二级古树的树龄在 100~300 年，大部分二级古树的树龄在 200 年左右浮动，因此，树龄系数赋值为 1。因此，一株二级古树的历史文化价值＝49 351×（0+0+1）＝49 351 元。则 33 286 株二级古树的历史文化价值＝33 286×49 351＝1 642 697 386 元，即约 16.43 亿元。

其次确定 33 286 株二级古树的景观价值及生态价值。对于二级古树来说，其历史文化价值也应远远大于其景观价值及生态价值。因此，在此借鉴"遮荫侯"的历史文化价值、景观价值、生态价值三者之比为 11.84：3.28：1，来计算 33 286 株二级古树的景观价值及生态价值。因此，若历史文化价值为 1 642 697 386 元时，景观价值＝1 642 697 386×（3.28÷11.84）＝455 071 573 元，即约 4.55 亿元；生态价值＝1 642 697 386×（1÷11.84）＝138 741 333 元，即约 1.39 亿元。

由上可知，33 286 株二级古树的综合价值＝（历史文化价值+景观价值+生态价值）＝（16.43+4.55+1.39）＝22.37 亿元。

6.6.1.5.3　1 313 株名木的综合价值

2017 年北京市名木有 1 313 株。首先确定一株名木的基本价值。就基本价值来说，由公式 6-2 可知，基本价值＝预算价格×生长场所调整系数，而预算价格是树高的一元一次函数，由于名木的树龄在 100 年以下，生长年限较古树而言较短，因此，取二级古树的树高为 6m，带入公式 6-4 中，可得一株二级名木估算的预算价格＝－2 947.765＋1 202.118×6＝4 265 元。运用二级古树生长场所系数的确定方法,得名木的生长场所调整系数为 7.4,因此,一株名木的基本价值＝4 265×7.4＝31 561 元。

其次确定 1 313 株名木的历史文化价值。就典故系数来说,根据名木的定义可知,名木之所以成为名木,是因为其具有重要价值、纪念意义的树木,几乎全部名木都与政府首脑或国家元首有关,因此,典故系数取 7(关于将相或政府首脑的典故时取 7)和 9(关于帝王或国家元首的典故时取 9)的中间值 8;就文学艺术系数来说,绝大多数的名木并没有诗词名句记载,因此文学艺术系数赋值为0;对于低于 100 年树龄的名木,树龄系数直接取值 0。因此,一株名木的历史文化价值＝31 561×(8＋0＋0)＝252 488 元。则 1 313 株名木的历史文化价值＝1 313×252 488＝331 516 744 元,即约 3.32 亿元。

其次确定 1 313 株名木的景观价值及生态价值。对于名木来说,其历史文化价值也应远远大于其景观价值及生态价值。因此,在此借鉴"遮荫侯"的历史文化价值、景观价值、生态价值三者之比为 11.84∶3.28∶1,来计算 1 313 株名木的景观价值及生态价值。因此,若历史文化价值为 331 516 744 元时,景观价值＝331 516 744×(3.28÷11.84)＝91 839 098 元,即约 0.92 亿元;生态价值＝331 516 744×(1÷11.84)＝27 999 725 元,即约 0.28 亿元。

由上可知,1 313 株名木的综合价值＝(历史文化价值＋景观价值＋生态价值)＝(3.32＋0.92＋0.28)＝4.52 亿元。

6.6.1.5.4 北京市 40 721 株古树名木的综合价值

将上文中计算得到的 6 122 株一级古树的综合价值,33 286 株二级古树的综合价值和 1 313 株名木的综合价值相加,即得到北京市 40 721 株古树名木的综合价值。因此,北京市 40 721 株古树名木的综合价值＝6 122 株一级古树的综合价值＋33 286 株二级古树的综合价值＋1 313 株名木的综合价值＝110.77＋22.37＋4.52＝137.66 亿元。

北京市 40 721 株古树名木的价值见表 6-13。

表 6-13　北京市 40 721 株古树名木的价值
Tab. 6-13　The value of 40 721 old and notable trees in Beijing

价值类别	6 122 株一级古树的价值(亿元)	33 286 株二级古树的价值(亿元)	1 313 株名木的价值(亿元)	40 721 株古树名木的价值(亿元)
历史文化价值	81.36	16.43	3.32	101.11
景观价值	22.54	4.55	0.92	28.01
生态价值	6.87	1.39	0.28	8.54
综合价值	110.77	22.37	4.52	137.66

若平均计算,北京市每株古树名木的综合平均价值约为 33. 81 万元,其中每株一级古树的综合平均价值约为 180. 94 万元,每株二级古树的综合平均价值约为 6. 72 万元,每株名木的综合平均价值约为 34. 42 万元。

6.6.2 北京市古树名木保护与管理中的公众参与资金投入机制构建

由本章第 6. 6. 1 节分析可知,北京市古树名木蕴含的价值量巨大,为了使古树名木的价值得以延续,应为古树名木的管护筹备足够的资金。

古树名木管护所需的资金可分为两类,一类是日常管护资金,一类是复壮资金。

(1)日常管护资金。根据北京市园林绿化局的测算,在当前的日常养护中,一级古树与名木每株年管护成本为 1 800 元,二级古树每株年管护成本为 900 元(石河,2019)。以北京市一级古树 6 122 株、二级古树 33 286 株、名木 1 313 株进行估算, 40 721 株古树名木每年需要花费的日常管护成本=(6 122+1 313)×1800+33 286×900=43 340 400 元,即约 0. 43 亿元。

(2)对于衰弱、濒危古树进行综合复壮的费用。根据《北京日报》报道,长期从事古树管护的专家顾天革表示"这仅仅是日常养护的费用,如果树势衰弱比较严重,需要采取综合复壮措施,那么投入在一棵树的养护费用就有可能两三万元不止"(王海燕,2014)。根据北京市园林绿化局的测算,对于衰弱、濒危古树,按照一树一方案的原则,采取树洞封堵、支撑加固、土壤改良、有害生物防治、枝条整理等针对性地保护复壮措施,对其进行复壮的费用,根据具体方案内容来确定,从几千元到几万元。可见不同衰弱、濒危古树进行综合复壮的费用差异是很大的。

资料显示,在 2006~2013 年的七年间,全市累计投入资金为 7 000 多万元,共抢救复壮衰弱、濒危古树近 6 000 株(尹俊杰等,2014);"十二五"以来即 2011 年以来,全市累计投入资金 1. 2 亿元,共抢救复壮衰弱、濒危古树 1. 2 万余株(贺勇,2018),逐步恢复了古树树势、美化了景观、消除了树体安全隐患。据此可以认为,对于衰弱、濒危古树进行综合复壮的费用每株平均至少约需 10 000 元。根据北京市园林绿化局《2018 年湿地与野生动植物保护工作要点》中"在市文物局系统单位以及石景山区等区,选择 10 处典型区域,保护复壮古树名木 80 株""组织指导东城、西城、朝阳、海淀、丰台、门头沟、密云、延庆等区,完成 600 余株古树名木抢救复壮"的计划,假定对于衰弱、濒危古树进行综合复壮的费用每株约需 10 000 元,2018 年即需要复壮资金 680×10 000=680 000 元,即约 0. 07 亿元。实际上,如果每年完成 680 株古树名木综合复壮,北京市当前有 9 049 株古树名木处于衰弱、濒危状态,因此,要将这 9 049 株古树名木全部综合复壮一遍,还需要 13 年之久。另外，每株衰弱、濒危古树综合复壮的费用 10 000 元也是低估的，可以说是个最低值，例如 2018 年昌平区使用 116 万元共抢救复壮古树 65 株，平均每株接近 18 000 元。显然，应加大衰弱、濒危古树综合复壮的进度和资金投入力度。

由以上分析可知，北京市 40 721 株古树名木每年日常养护及复壮需要的资金至少为 0.43 亿元+0.07 亿元＝0.50 亿元。

从可得资料分析，20 世纪 80 年代中期以后的十几年，北京市对古树名木保护管理投入的资金累计投入不过 800 万元，平均到每年也就是 60 万~80 万元，再平均到 4 万多株古树名木上，每年每株不过 20 元，这样的投入，就连施肥、打药、浇水等常规养护都不够，更不用说搞一些土建工程养护和科技复壮了，古树死亡 344 株（施海，2006），根据北京市林业局林政资源管理处 2005 年的《北京市古树名木管理情况报告》，据不完全统计，近 10 年来死亡古树已达 300 多株，平均每年死亡约二三十株（王丹英等，2007），同期有专家估计每年有 3‰的古树死亡（巢阳等，2005）。北京市古树名木保护的形势极为严峻。随着 1998 年《北京市古树名木保护管理条例》的出台，尤其 2007 年《北京市古树名木保护管理条例实施办法》的实施，北京市对古树名木保护的投入不断加大，资料显示，在 2006~2013 年的七年间，全市累计投入资金为 7 000 多万元，共抢救复壮衰弱、濒危古树近 6 000 株（尹俊杰等，2014），年均 1 000 多万元；"十二五"以来即 2011 年以来，全市累计投入资金 1.2 亿元（贺勇，2018），年均不足 1 500 万元。即使是每年 1 500 万元，或者按照北京市财政每年设立 2 000 万元古树名木保护专项资金，相对前面估算的北京市古树名木每年日常养护及复壮需要的资金至少 0.50 亿元，仍有较大的差距，资金投入远远不够。

由本章第 6.6.1 节可知，初步概算的北京市 40 721 株古树名木的综合价值为 137.66 亿元，目前每年投入的资金约为 0.15 亿元，大约是北京市古树名木价值的 1‰，这从另一个角度说明了目前资金投入的不足。根据上文的估算，每年北京市古树名木保护需要的资金至少为 0.50 亿元，因此，从另一个角度来说，每年投入 0.50 亿元，就可以保住 137.66 亿元的价值。这就表明，投入不足 4‰的资金就可以保护 137.66 亿元的价值，因此，确保古树名木保护资金投入的到位，对于古树名木的保护十分重要。

综上所述，目前的古树名木保护资金还远远达不到古树名木保护与管理的需要。虽然古树名木保护与管理具有公共物品性质，但并不是说古树名木保护资金投入就只是完全依靠政府财政投入，社会公益性资金投入也十分重要。意大利、日本、英国等发达国家在公共管理领域都十分重视社会公益性资金的筹集。因此，应通过构建北京市古树名木保护与管理中的公众参与资金投入机制，来为古树名木的管护筹备足够的资金，来更好地实现对古树名木的保护与管理。

本节从政府财政性资金投入和公益性资金投入两方面来构建古树名木的保护与管理中的公众参与资金投入机制,如图6-7。

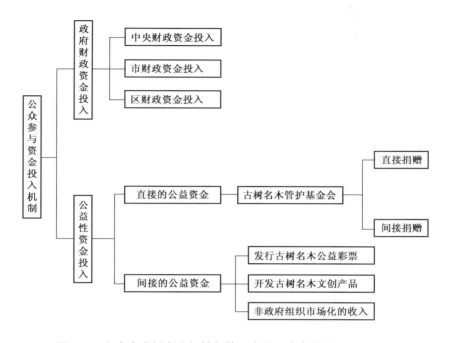

图6-7　北京市古树名木保护与管理中的公众参与资金投入机制

Fig. 6-7　Funding Input Mechanism in public participation in protection and management of old and notable trees in Beijing

6.6.2.1　政府财政资金投入

当前政府的财政资金投入,主要有中央财政资金、市财政资金、区财政资金。但目前的资金投入尚未满足古树名木保护与管理的需要,为此,应充分发挥中央财政资金的主导带头作用,率先加强其在古树名木保护与管理中的中央财政资金投入;在中央财政资金的带动下,加大北京市财政资金投入;接着带动区财政资金的投入,并确保资金投入稳步上升。政府财政资金投入是古树名木保护资金投入的基石,保证古树名木保护资金投入的稳定,并依此支持和带动社会、公众的资金投入,最终形成一种政府、社会互动的多方合作的资金投入机制。

6.6.2.2　公益性资金投入

由于政府资金投入不足,因此,需要进行公益性资金投入。公益性资金投入有直接的公益资金和间接的公益资金两种形式。

6.6.2.2.1　筹集直接的公益性资金

在此过程中可以发挥非政府组织的作用,形成以非政府组织为主导的资金筹集组织,例如成立古树名木保护与管理基金会,以加强对古树名木的保护与管理为目的,号召企业、个人、组织捐赠资金,广泛吸纳社会闲散资金。具体捐款的形式也包括直接捐赠和间接爱心捐款。

(1)进行直接捐赠。例如,可以是通过基金会等非政府组织与支付宝的爱心捐赠应用进行合作,成立北京市古树名木保护的爱心公益项目,通过单笔捐、月捐、收益捐、紧急救助、一帮一的形式带动公众为古树名木的保护进行捐款,捐款金额可依据自身情况自行决定,通过小爱可汇聚成大爱。在直接捐赠中,还可与旅游景点的门票制度相结合。在生长有古树名木的旅游景点中,将门票设置为两种门票价格:包含为古树名木保护捐款的门票价格和不为古树名木保护捐款的门票价格。前者价格可以比后者价格多出一元钱。在购买门票时,依据游客个人的意愿进行购买。

(2)进行间接爱心捐赠。非政府组织通过召集爱心企业,与爱心企业协议通过公众积累的爱心来决定捐款数额,或者购买养护设施。例如,在支付宝中创建类似于蚂蚁庄园的应用,比如古树名木庄园,通过设置虚拟的古树名木形象,公众通过对虚拟的古树名木进行养护获取爱心,通过积累并捐赠爱心,来使爱心企业为古树名木进行捐款。此外,还可与微信支付和QQ钱包中的腾讯公益、新浪微博中的微公益等公益项目进行合作,构建古树名木保护公益项目。同时保障资金使用的透明化,使公众真正明确资金确实用于古树名木的保护与管理中。

当前北京市实行的古树名木出资认养,基本是政府主导的直接爱心捐赠的形式,通过发布古树名木认养信息,促使公众通过缴纳认养资金来认养古树名木。这是一种很好的吸纳社会资金的手段,但相较于北京市古树名木的总的数量,当前对外公开的认养株数还比较少。2012年北京市启动古树认养工作,当年发布了6家公园2 800株古树待市民认养;2013年提供可供认养古树26处755株,2014年提供可供认养古树27处891株,2015年提供可供认养古树33处589株,2016年提供可供认养古树30处674株,2017年提供可供认养古树34处684株,2018年提供可供认养古树27处745株;2019年提供可供认养古树32处697株。近年来每年发布的可供认养古树数量占北京市古树名木总量的比例不足2%,实际认养占比应该只有更少。例如2017年提供可供认养古树34处684株,2017年春全市有9个家庭25个个人认养5处37株古树,不足可供认养古树的6%,仅吸收认养古树资金6.78万元。可以看到,当前北京市实行的古树名木出资认养,尽管取得了部分成果,但认养率明显偏低。认养率偏低的原因之一可能是古树名木认养价格过高,使很多希望认养的市民望而却步。普通树木的认养费用一株一年在30~50元;古树名木因为日常管护成本不同,认养费用差异较大。据记者调查,密云、延庆、平谷3个郊区县以及劳动人民文化宫的古树认养费用普遍在每株每年1 000元,门头沟西峰寺林场古松古柏的认养价格在每株每年2 000~3 000元,东城地坛公园古树的认养价格在每株每年1 000~2 000元,西城区顺城公园、金融街中心绿地古槐、古银杏每株每年的认养价格在2 500元(王海燕,2014)。显然,提供的可供认养的古树,一般比较知名,树龄也比较大,这是认养价格过高的主要原因。因此,北京市的古树名木认养工作应扩大可供认养古树的数量,确保每年对外公布的可供认养株数稳步上升,使更多的公众能够就近认养古树,同时吸收二级古树或不太知名的一级古树纳入可供认养古树的范围,提供高中低的多样化的认养价格供公众选择(例如设定300元、500元、700元、900元、1 200元、1 500元、1 800元、2 500元等不同的档次,或者至少按日常管护标准设定普通的二级古树每株每年900元、不太知名的一级古树每株每年1 800元),激发更多的公众参与认养,以提高认养率,获得总量更多的认养资金。对于比较有名的古树,例如帝王树、遮荫侯、白袍将军,可通过拍卖认养权的方式实现认养。在确定认养权的拍卖价格时,可以依据本章第6.6.1节的方法估算出古树的价值,依据价值的千分之一作为拍卖的起拍价进行认养权拍卖。尤其值得指出的是,在拍卖认养权时,应当委托第三方拍卖公司运用市场化机制进行,这样既可以保证认养权拍卖的公开、公正、透明,扩大古树名木保护的影响力,激发公众参与的热情,也同时减少政府管理的人员负担和资金投入。

6.6.2.2.2 筹集间接的公益性资金

通过运用创新型手段,例如,政府通过向公众发行古树名木公益彩票,以筹集的彩票收入作为公益性资金用于古树名木的保护管理中;促使古树名木保护的非政府组织和企业加强对古树名木文创产品开发,促使人们购买,以收入所得作为公益性资金用于古树名木的保护管理中,具体的研发形式可参考第5章的分析;将非政府组织市场化,收取会员费、注册登记费、咨询服务费、培训费等获取收入,以此收入作为公益性资金作为古树名木的管护资金。

6.7 北京市古树名木保护与管理中的公众参与信息沟通机制构建

调查可知,公众在遇到问题时不知向谁反映,并且对古树名木并不了解,担心不能提出有针对性的意见和问题,这些均是公众在参与古树名木保护过程中遇到的困难,这从侧面反映出了公众与政府之间缺乏有效的信息沟通,公众与政府之间存在信息不对等,政府所获取的古树名木相关信息、指定的古树名木相关决策并不能及时反馈到公众,公众没有通过合适的渠道获取应有的古树名木保护与管理知识,其参与的积极性也就大大减小。

信息沟通是指信息通过各种方式,在人与人之间、人与组织之间、组织与组织之间进行交流,使信息得到广泛传播,进而使参与主体参与到决策中。建立古树名木保护与管理中的公众参与信息沟通机制,能够使公众在充分享有古树名木保护与管理相关信息的知情权,使公众更加了解古树名木的保护与管理,增强公众参与其中的积极性。

当前北京市在古树名木保护与管理中的相关规定中并没有明确指出公众与政府之间要进行信息沟通交流,当前公众与政府进行信息沟通是单向的,多是由政府发布文件向公众单向告知信息,或者由公众通过邮箱、电话向政府反映问题,并没有一个双向沟通的机制。本节借鉴霍夫兰说服理论,考虑到信息的双向沟通,构建公众参与信息沟通机制。

由本研究对霍夫兰说服理论的分析可知,说服者、信息、渠道、对象是受众态度转变的四个基本要素,也即是说,适当的信息通过合适的渠道,经由说服者传播给说服对象,说服对象通过一系列的思维过程,对态度是否转变做出回应。因此,在公众参与信息沟通机制中,应考虑信息传播者(说服者)、信息传播渠道、信息传播内容、信息受众(说服对象)。本研究将古树名木保护与管理中的公众参与信息沟通机制的类型分为两类,一类是政府发起型信息沟通,由政府作为传播者,公众作为信息受众,例如政府向公众宣传现行的古树名木政策法规等事件;另一类是公众发起型信息沟通,由公众作为传播者,政府作为信息受众,例如公众揭发损害古树名木行为等事件。基于以上分析,构建的公众参与信息沟通机制如图 6-8。

6.7.1　政府发起型信息沟通

在政府发起型信息沟通机制中,在信息沟通的第一阶段,主要是就信息传播者来说。信息传播者是负责北京市古树名木管护的政府部门,包括北京市园林绿化局和各区园林绿化局。在这一阶段中,古树名木管护政府部门将想要传播的信息进行整理,并作出发布信息的决定。

在信息沟通的第二阶段,主要是就信息传播渠道来说。在这一阶段,古树名木管护政府部门应通过各种权威渠道,且公众方便获取信息、反馈信息的渠道进行传播。结合对公众参与形式的创新,可以进行传播的渠道有:通过官网专栏、办公博客、微信公众号、官方微博、法制节目、成立古树名木专家关注组向公众解读信息,在旅游景点、街边路灯旁、公交车、公交站、地铁上、地铁站、火车车厢内、火车站、餐馆等人口密集的公众场所张贴附有二维码的宣传资料,开展教育培训讲座,邮箱发布信息。对于不同的公众,传播信息的渠道也可有所侧重。例如,对于个人,最主要的传播渠道可以是在旅游景点、街边路灯旁、公交车、公交站、地铁上、地铁站、火车车厢内、火车站、餐馆等人口密集的公众场所张贴附有二维码的法规宣传资料,开展法规教育讲座;对于精英,并不需要对于法规文件进行过多的解读,且古树名木保护管理相关的精英会主动关注古树名木保护动态,因

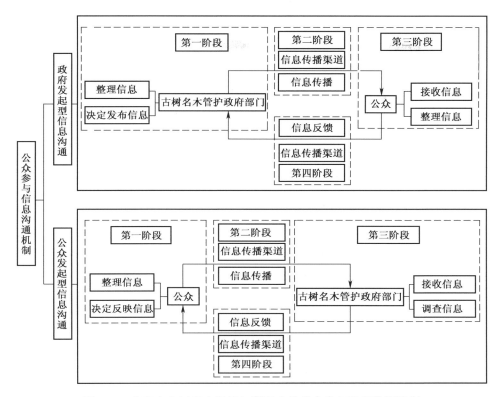

图 6-8　北京市古树名木保护与管理中的公众参与信息沟通机制
Fig. 6-8　Information communication mechanism in public participation in protection and management of old and notable trees in Beijing

此可直接通过官网专栏、办公博客、微信公众号、官方微博、邮箱发布信息;对于企业来说,可通过直接向企业下发政府文件的形式;对于媒体来说,而媒体本身即是作为一种宣传信息的渠道;对于其他社会团体来说,可以通过鼓励其阅读政府文件的形式。

信息沟通的第二阶段同样涉及了信息传播内容的问题,由霍夫兰说服理论可知,信息是否完整、客观、是否具有正面带动性,均对公众的态度产生影响。因此,在古树名木信息传播中,首先,应确保信息具有完整性,以使公众能够把握信息的来龙去脉。包括信息本身发布的原因、信息发布的目标、信息发布的重要性、信息发布最终的成果、信息的来源。其次,信息应具有客观性。应客观地向公众传播信息,不夸大,不偏激。最后,传播的信息应是正面的,这样公众会加深对于古树名木保护的重要性的认识。

在信息沟通的第三阶段,主要是就信息受众来说。信息受众是接受古树名木信息的公众,包括个人、非政府组织、精英、企业、媒体、其他社会团体。在信息传播时,应确保信息受众涵盖全面。公众通过各种形式的渠道接收了来自古树名木管护政府部门的信息后,通过对信息进行整理,形成了对信息的认知。

在信息沟通的第四阶段,主要是就信息反馈来说。在第三阶段公众接收整理信息的基础上,形成了对信息的认知,在认知信息的过程中会对信息产生疑问、质疑、困惑、赞同、反对等态度,此时可通过接收信息的渠道将有疑问的信息通过同样的渠道反馈给政府。

至此便形成了政府发起型信息沟通的整个循环过程。这个过程并不是循环一次便结束的,应根据具体事项的具体情况,进行多次循环,直至问题解决。

6.7.2 公众发起型信息沟通

在公众发起型信息沟通机制中,在信息沟通的第一阶段,主要是就公众来说,包括个人、非政府组织、精英、企业、媒体、其他社会团体。在这一阶段中,公众将决定向政府反映的信息进行整理,并作出反映信息的决定。

在信息沟通的第二阶段,主要是就信息传播渠道来说。在这一阶段,公众应通过各种方便、有效的渠道反映信息。结合第 5 章中对公众参与形式的创新,可以反映信息的渠道有:选举古树名木保护非政府组织中的专家作为代表反映问题,通过政府主管部门为公众开设的邮箱、信箱、热线电话、网站专栏、办公博客反映问题,通过在各乡村街道、居民社区、风景名胜区、森林公园、历史文化街区及历史名园等地的公示栏中设立二维码,通过让公众扫描二维码,出现相应网页,来反映问题,并鼓励企业、媒体、其他社会团体直接与政府主管部门相关人员进行沟通。

在信息沟通的第二阶段同样涉及了信息传播内容的问题,公众向政府传播信息时,应确保传播的信息是将原始的碎片化信息经过处理后,变成的完整、客观的信息,在表达信息的过程中,应采用客观的语气,在反映问题的同时,还可提出自己的建议。

在信息沟通的第三阶段,主要是就古树名木管护政府部门来说。古树名木管护政府部门包括北京市园林绿化局和各区园林绿化局。政府主管部门在接收了来自公众的信息后,通过分析信息,在实地过程中调查信息,对信息的内容进行讨论。

在信息沟通的第四阶段,主要是就信息反馈来说。在第三阶段政府调查信息的基础上,做出了对信息进行如何处理的决定,在第四阶段便将如何处理信息的决定反馈给公众,反馈信息的渠道可通过接受信息的渠道来进行反馈。

到此便形成了公众发起型信息沟通的整个循环过程。这个过程并不是循环一次便结束的,应根据具体事项的具体情况,进行多次循环,直至问题解决。

6.8　北京市古树名木保护与管理中的公众参与合作机制构建

　　北京市古树名木保护与管理中的公众参与合作机制主要是政府与公众之间合作进行决策的机制。在古树名木保护与管理问题中,通过政府与公众之间的合作,可以使古树名木管护政府部门制定的关于古树名木的决策更加深入人心,决策的执行有更加深厚的群众基础,有利于决策的顺利开展,并得到公众的大力支持。在公众中,尤其是非政府组织,应成为与政府进行合作的重要力量。

　　当前公众并没有参与到北京市古树名木的决策过程中,公众与政府在古树名木的保护与管理中并没有达成伙伴关系,而是仅靠政府主导进行决策。基于此,为构建良好、有效的古树名木保护与管理公众参与合作机制,应确保公众参与到政府决策的各个阶段,实现全面参与。具体来说,应确保公众参与到决策制定、决策执行、决策评估、决策反馈的阶段中。基于以上分析,构建的公众参与合作机制如图6-9。

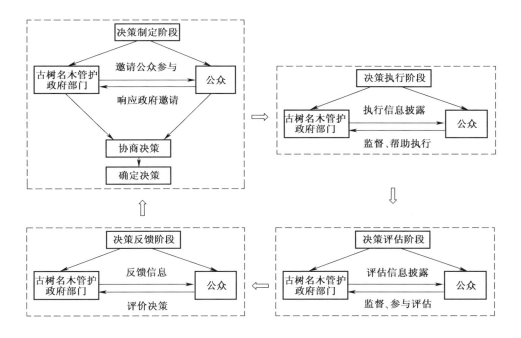

图6-9　北京市古树名木保护与管理中的公众参与合作机制

Fig. 6-9　Cooperation mechanism in public participation in protection and management of old and notable trees in Beijing

6.8.1　决策制定阶段

在决策制定阶段,古树名木管护政府部门就想要制定的有关古树名木管护决策向公众征求意见,通过各种渠道邀请公众参与到古树名木决策中。公众在接收到政府发布的邀请信息后,响应政府的邀请,积极参与到古树名木决策中。针对不同的决策问题,邀请的公众类型、采取的邀请渠道应有所不同。可依据第5章公众参与形式创新章节里面涉及的不同种类的参与类型进行具体确定。

在受邀公众的类型方面,参与决策的具体公共类型是根据决策的质量要求和公众对决策的可接受性来确定的。例如针对古树名木养护复壮问题类的决策,这类决策对于质量要求很高,因此政府在与公众进行合作决策时,邀请的公众应是具备丰富的古树名木养护复壮知识与经验的专家精英,以及专业型的古树名木养护复壮非政府组织、专业型的古树名木养护复壮公司;而针对最美树王评选活动类的决策,这类决策对于公众的可接受性要求很高,因此政府在与公众进行合作决策时,邀请的公众应是社会大众,而没有是否为专家、是否为精英人才的限制,所有类型的公众均可以参与进来。

在采取邀请渠道方面,应根据具体的决策事项确定合适的邀请渠道。例如,针对古树名木养护复壮问题的决策,可以采用的邀请渠道是专家论证会、专家评审会、专家座谈会,成立专家委员会,设置古树名木养护复壮专家关注组等,来与政府进行协商进行政策的制定;针对最美树王评选活动的决策,可以采用的邀请渠道是开展朋友圈投票,官方微博投票,实地举办大型活动投票,在地铁、公交站等人口密集的地方摆放大型投票广告牌,通过扫描二维码的形式投票等。

在采取了特定的邀请渠道,邀请了特定的公众后,政府与公众便开始了协商决策。在这一过程中,公众作为参与者,也是信息的提供者,公众将自身获取的信息传达给政府,政府也将自身获取的信息与公众内进行分享,经过最终的协商确定,得到最终的决策。

6.8.2　决策执行阶段

在决策执行阶段,依据决策制定阶段确立的决策,在实际工作中进行执行。由于政府与公众建立了伙伴关系,因此古树名木管护政府部门在这一阶段,应将决策执行过程中的信息向公众进行开放,使得参与决策的公众随时可以查询到政府决策的执行进程。为此,政府应就其执行决策的日期,执行过程中涉及的工作人员状况,决策执行是否按照预期设定顺利进展,决策执行中遇到的突发事件,实际决策过程与预期目标之间是否存在偏差,决策能否顺利完成等情况,向公众内进行披露。

而公众在决策执行阶段,应做的是监督与帮助政府进行执行决策。一方面,监督政府在实际决策过程中,是否是按照原定计划进行执行。包括监督执行决策的日期是否是原定日期,监督执行过程中涉及的工作人员是否是原定人员,监督决策是否按照预期设定顺利进展,监督决策执行中遇到突发事件时是否及时得到有效解决,监督实际决策过程与预期目标之间是否存在偏差。另一方面,应协助政府。因为政府主管部门受人力、物力、财力资源的限制,以及北京市古树名木"多""散""广""杂"的特点,仅靠政府主管部门自身,做到面面俱到会是一件十分艰难的事情,为此公众应在自己力所能及的范围内向政府提供帮助。

6.8.3 决策评估阶段

在决策评估阶段,古树名木管护政府部门可以通过授权内部专家对决策执行的效果进行评估,最好是邀请外部专家对决策执行的效果进行评估。评估结束后,政府主管部门将评估手段与评估结果向公众进行披露。例如,针对古树名木养护复壮问题的评估,园林绿化局可通过授权古树名木养护专家对于古树名木的养护复壮执行效果进行评估,还可通过邀请专业性古树名木养护公司对于古树名木的养护复壮执行效果进行评估,评估结束后,园林绿化局将评估的古树名木的养护复壮的手段及结果向公众进行披露。

在这一阶段,公众应做的是监督评估决策与参与到评估决策中。一方面,监督政府在评估决策的过程中,是否做到客观、公正、合理、科学,另一方面,可以参与到评估决策中。例如,针对古树名木养护复壮问题,公众中具有丰富古树名木养护经验的技术专家、学者可针对政府内部专家对于养护复壮决策的评估进行监督,做出评估是否是客观、公正、合理、科学的判断;同时,作为专业性古树名木养护复壮的公司,例如北京市名木成森古树名木养护工程有限公司,以及作为专业性古树名木保护的非政府组织,例如古树名木保护学者联盟,可参与到古树名木养护复壮的评估决策中。

6.8.4 决策反馈阶段

在决策反馈阶段,政府主管部门需要将决策的最终结果反馈给公众,需将决策前与决策后对古树名木的保护与管理其带来的不同之处反馈给公众。例如,对于衰弱古树的养护复壮,应将养护前古树的衰弱病危情况,与进行养护后古树的情况反馈给公众。公众在决策反馈阶段,通过获取政府对于决策信息的反馈,最终对于决策做出评价。

以上四个阶段即为构成公众参与合作机制的四个阶段,但决策反馈阶段的完成,并不意味着政府与公众进行合作决策事项的结束。在决策反馈阶段,往往会发现新的问题,这时,应针对出现的新问题,开始新一轮的决策制定、决策执行、决策评估与决策反馈,如此便形成了一个决策的循环。

6.9　北京市古树名木保护与管理中的公众参与运行机制评价和项目决策

6.9.1　基于公众调查的公众参与运行机制的有效性检验

本章第 6.3 节至第 6.8 节进行了北京市古树名木保护与管理中的公众参与运行机制的构建,得到了六种公众参与的运行机制。由于这些运行机制尚未在现实生活中进行实际运用或运用不完整,因此并不能通过对其直接评估的手段来验证其有效性。基于此,本节通过问卷调查的方式,调查公众对于构建的公众参与运行机制的态度,以此来考察公众参与运行机制的有效性。这是因为这些机制只有在公众配合的基础上,才会发挥其应有作用。具体从两个方面来考察公众对于公众参与运行机制的态度:此种公众参与运行机制对古树名木保护产生的作用程度的评价,以及对于此种公众参与运行机制的参与行为意向。

在具体进行问卷设计时,应根据构建的公众参与运行机制进行设计。由本章第 6.3 节至第 6.8 节可知,本章构建的公众参与运行机制及包含的具体内容分别是:①公众参与法治机制,从公众的知情权、参与权、监督权方面进行构建;②公众参与教育机制,从大众教育、专业教育、职业教育方面进行构建;③公众参与激励机制从经济激励、榜样激励、内容激励方面进行构建;④公众参与资金投入机制,从政府财政资金投入和公益性资金投入方面进行构建;⑤公众参与信息沟通机制,从政府发起型信息沟通和公众发起性的信息沟通方面进行构建;⑥公众参与合作机制,从决策制定、决策执行、决策评估、决策反馈阶段进行构建。

由于问卷是要调查公众对于构建的公众参与运行机制的态度,应在对受访者解释各公众参与运行机制含义及其构成的基础上,向受访者进行询问。针对每一种公众参与运行机制及其构成,均作出如下题目和选项的设计:①"您认为××××对古树名木保护产生的作用为",选项设置为"作用很大、有一定作用、说不准、没什么作用"。②"您是否愿意接受/支持××××",选项设置为"十分愿意/十分支持、比较愿意/比较支持、说不准、不太愿意/不太支持、十分不愿意/十分不支持"。问卷的具体内容如附录 E 所示。

课题组于 2018 年 11 月在北京市进行了问卷调查,总共发放了 300 份问卷,选取天坛公园、地坛公园、景山公园、人定湖公园等北京市 15 家公园发放问卷。具体涉及的公园如附录 F 所示。

问卷在设计中,尽可能地做到题项数量精简,且参与答题即可获得小礼品馈赠,并告知受访者不会向其索要姓名、联系方式、身份证号等信息,因此受访者抵触回答、厌烦回答的情绪得到了有效地控制;调查员人数为 6 人,每个公园由 2 人组成的小组开展调查,每个公园发放问卷 20 份。合理的任务量安排,使得调研员有充足的时间对受访者进行调研,因而使问卷质量得到保证。剔除应付性填写(将填写时间低于四分钟的问卷视为应付性填写问卷)、填答的题项明显前后矛盾和题项漏填的问卷,最终获得有效问卷 281 份,问卷有效率为 93.7%。

6.9.1.1 公众对于公众参与运行机制作用程度的评价调查

根据问卷调研的题目,设计相应的变量,最终得到的调查结果见表 6-14。

表 6-14 受访者对于公众参与运行机制作用程度的评价

Tab. 6-14 Interviewees´ evaluation of the role of public participation operating mechanism

变量		作用很大		有一定作用说不准		说不准		没什么作用	
		样本数	比例(%)	样本数	比例(%)	样本数	比例(%)	样本数	比例(%)
公众参与法治机制(A)	知情权(A1)	119	42.35	100	35.59	35	12.46	27	9.61
	参与权(A2)	95	33.81	124	44.13	28	9.96	34	12.10
	监督权(A3)	123	43.77	96	34.16	29	10.32	33	11.74
公众参与教育机制(B)	大众教育(B1)	99	35.23	120	42.70	29	10.32	33	11.74
	专业教育(B2)	130	46.26	89	31.67	26	9.25	36	12.81
	职业教育(B3)	99	35.23	120	42.70	35	12.46	27	9.61
公众参与激励机制(C)	经济激励(C1)	125	44.48	94	33.45	35	12.46	27	9.61
	榜样激励(C2)	97	34.52	122	43.42	28	9.96	34	12.10
	内容激励(C3)	128	45.55	91	32.38	35	12.46	27	9.61
公众参与资金投入机制(D)	政府财政资金投入(D1)	99	35.23	120	42.70	39	13.88	23	8.19
	公益性资金投入(D2)	125	44.48	94	33.45	35	12.46	27	9.61
公众参与信息沟通机制(E)	政府发起型信息沟通(E1)	97	34.52	122	43.42	28	9.96	34	12.10
	公众发起型信息沟通(E2)	125	44.48	94	33.45	32	11.39	30	10.68
公众参与合作机制(F)	决策制定阶段(F1)	99	35.23	120	42.70	29	10.32	33	11.74
	决策执行阶段(F2)	128	45.55	91	32.38	35	12.46	27	9.61
	决策评估阶段(F3)	99	35.23	120	42.70	38	13.52	24	8.54
	决策反馈阶段(F4)	159	56.58	122	43.42	0	0.00	0	0.00

由表 6-14 可知,大多数受访者均认为构建的公众参与运行机制对古树名木保护产生作用(包括认为"作用很大"和"有一定作用"),而仅有一少部分受访者认为没有作用,说明构建的公众参与运行机制得到了大多数受访者的认可。此外,还有一少部分受访者选择了说不准,这一部分受访者可能是因为对古树名

木的保护不太了解,因此无法判断是否能够产生作用。

其中,受访者最为认可的是在决策反馈阶段方面构建公众参与合作机制,得到了全部受访者的认可,即受访者均认为在决策反馈阶段方面构建公众参与合作机制,会对古树名木保护产生作用。这可能是因为,受访者更希望能得到政府对于决策结果的反馈。而认为其余变量对古树名木保护产生作用的受访者比例基本均在78%左右浮动。

接着对问卷数据作进一步的描述性统计分析。若公众选择"作用很大",则赋值3;选择"有一定作用",则赋值2;选择"说不准",则赋值1;选择"没什么作用",则赋值0。表6-15为对数据进行描述性统计分析的结果。

表6-15　受访者对于公众参与运行机制作用程度的评价得分统计

Tab. 6-15　The score of interviewees´ evaluation of the role of public participation operating mechanism

变量	极小值	极大值	均值	标准差
知情权(A1)	0	3	2.107	0.961
参与权(A2)	0	3	1.996	0.962
监督权(A3)	0	3	2.100	1.002
大众教育(B1)	0	3	2.014	0.964
专业教育(B2)	0	3	2.114	1.029
职业教育(B3)	0	3	2.036	0.929
经济激励(C1)	0	3	2.128	0.970
榜样激励(C2)	0	3	2.004	0.965
内容激励(C3)	0	3	2.139	0.974
政府财政资金投入(D1)	0	3	2.050	0.905
公益性资金投入(D2)	0	3	2.128	0.970
政府发起型信息沟通(E1)	0	3	2.004	0.965
公众发起型信息沟通(E2)	0	3	2.117	0.988
决策制定阶段(F1)	0	3	2.014	0.964
决策执行阶段(F2)	0	3	2.139	0.974
决策评估阶段(F3)	0	3	2.046	0.911
决策反馈阶段(F4)	0	3	2.566	0.497

由表6-15可知,17个变量的均值均接近其相应的极大值,这从另一个层面反映出大多数受访者认为构建的公众参与运行机制对古树名木保护产生作用。从各个变量的标准差来看,相对来说,监督权(A3)专业教育(B2)、公众发起型信息沟通(E2)三个变量的标准差相对较大,说明这两个变量的大部分取值和均

值之间的差异较大。

通过以上分析可知,总的来说,公众认为构建的公众参与运行机制会对古树名木的保护产生作用,公众对于构建的公众参与运行机制较为认可。

6.9.1.2 公众对于公众参与运行机制的参与行为意向调查

6.9.1.2.1 公众对于公众参与运行机制的参与行为意向调查结果

通过对公众对于公众参与运行机制的参与行为意向进行调查,最终得到的调查结果见表 6-16。

表 6-16 受访者对于公众参与运行机制的参与行为意向调查结果

Tab. 6-16 Results of a survey on the participation behavior intention topublic participation operating mechanism

变量	十分愿意/十分支持		比较愿意/比较支持		说不准		十分不愿意/不太支持		十分不愿意/十分不支持	
	样本数	比例(%)	样本数	比例(%)	样本数	比例(%)	样本数	比例(%)	样本数	比例(%)
知情权(A1)	95	33.81	124	44.13	26	9.25	23	8.19	13	4.63
参与权(A2)	117	41.64	102	36.30	25	8.90	27	9.61	10	3.56
监督权(A3)	99	35.23	120	42.70	28	9.96	26	9.25	8	2.85
大众教育(B1)	130	46.26	89	31.67	32	11.39	19	6.76	11	3.91
专业教育(B2)	99	35.23	120	42.70	30	10.68	26	9.25	6	2.14
职业教育(B3)	123	43.77	96	34.16	26	9.25	32	11.39	4	1.42
经济激励(C1)	97	34.52	122	43.42	4	1.42	31	11.03	7	2.49
榜样激励(C2)	128	45.55	91	32.38	25	8.90	29	10.32	8	2.85
内容激励(C3)	99	35.23	120	42.70	28	9.96	26	9.25	8	2.85
政府财政资金投入(D1)	125	44.48	94	33.45	32	11.39	22	7.83	8	2.85
公益性资金投入(D2)	97	34.52	122	43.42	35	12.46	20	7.12	7	2.49
政府发起型信息沟通(E1)	125	44.48	94	33.45	29	10.32	21	7.47	12	4.27
公众发起型信息沟通(E2)	99	35.23	120	42.70	33	11.74	19	6.76	10	3.56
决策制定阶段(F1)	128	45.55	91	32.38	28	9.96	27	9.61	7	2.49
决策执行阶段(F2)	99	35.23	120	42.70	26	9.25	27	9.61	9	3.20
决策评估阶段(F3)	123	43.77	96	34.16	36	12.81	20	7.12	6	2.14
决策反馈阶段(F4)	99	35.23	120	42.70	25	8.90	28	9.96	9	3.20

由表 6-16 可知,大多数受访者均愿意参与到公众参与运行机制中(包括"十分愿意/十分支持"和"比较愿意/比较支持"),也说明了构建的公众参与运行机制得到了大多数受访者的认可。而选择说不准、不太愿意/不太支持和十分不愿意/十分不支持的公众并不在多数。在六种公众参与运行机制中,受访者选

择"愿意参与/支持"(包括"十分愿意/十分支持"和"比较愿意/比较支持")的比例几乎均为78%。

接着对问卷数据作进一步的描述性统计分析。若受访者选择"十分愿意/十分支持",则赋值5;选择"比较愿意/比较支持",则赋值4;选择"说不准",则赋值3;选择"不太愿意/不太支持",则赋值2;选择"十分不愿意/十分不支持",则赋值1。表6-17为对数据进行描述性统计分析的结果。

表6-17 受访者对公众参与运行机制的参与行为意向得分统计

Tab. 6-17 Score statistics of participation behavior intention in public participation operating mechanism of interviewee

变量	极小值	极大值	均值	标准差
知情权(A1)	1	5	4.103	1.236
参与权(A2)	1	5	4.015	1.279
监督权(A3)	1	5	3.997	1.276
大众教育(B1)	1	5	4.003	1.342
专业教育(B2)	1	5	3.908	1.296
职业教育(B3)	1	5	4.012	1.319
经济激励(C1)	1	5	4.005	1.249
榜样激励(C2)	1	5	3.954	1.304
内容激励(C3)	1	5	3.997	1.276
政府财政资金投入(D1)	1	5	4.010	1.346
公益性资金投入(D2)	1	5	3.908	1.320
政府发起型信息沟通(E1)	1	5	3.996	1.311
公众发起型信息沟通(E2)	1	5	3.965	1.301
决策制定阶段(F1)	1	5	4.006	1.328
决策执行阶段(F2)	1	5	4.001	1.259
决策评估阶段(F3)	1	5	3.947	1.375
决策反馈阶段(F4)	1	5	3.999	1.252

由表6-17可知,17个变量的均值均接近其相应的极大值,这从另一个层面反映出大多数受访者愿意参与到构建的公众参与运行机制中。从各个变量的标准差来看,相对来说,决策评估阶段(F3)、政府财政资金投入(D1)、大众教育(B1)三个变量的标准差相对较大,说明这三个变量的大部分取值和均值之间的差异较大。

通过受访者对各新型公众参与运行机制的参与行为意向的分析可知,大多数受访者愿意参与到构建的公众参与运行机制中,受访者对于构建的公众参与运行机制较为认可。

6.9.1.2.2　公众参与运行机制构建前后公众的参与行为意向对比分析

（1）公众参与运行机制构建前公众的参与行为意向得分。第 4 章"公众对古树名木管护认知、参与情感、参与行为意向调查问卷"中的第三部分"公众对于古树名木保护与管理的参与行为意向"，即为公众参与运行机制构建前公众的参与行为意向。

由于在本研究第 4 章表 4-13 中对各参与行为意向类变量赋值的量纲与本章表 6-17 中的量纲相同，即均是从"十分愿意/十分支持"到"十分不愿意/十分不支持"依次赋值"5、4、3、2、1"，因此，二者可直接通过计算进行比较。通过计算表 4-13 中各参与行为意向类变量均值的平均值，即得到公众参与运行机制构建前公众的参与行为意向 S_1。即 $S_1 = (2.100+4.109+3.743+3.095+3.537+4.010+3.872+0.602)/8 = 3.134$。

（2）公众参与运行机制构建后公众的参与行为意向得分。通过计算本章表 6-17 中各变量均值的平均值，即得到公众参与运行机制构建后公众的参与行为意向 S_2。即 $S_2 = (4.103+4.015+3.997+4.003+3.908+4.012+4.005+3.954+3.997+4.010+3.908+3.996+3.965+4.006+4.001+3.947+3.999)/17 = 3.990$。

由以上计算可知，$S_2(3.990) > S_1(3.134)$，即在构建了公众参与运行机制后，公众的参与行为意向有了明显的提升。这正是反映了公众对于构建的参与运行机制的认可。

综上所述，本节通过问卷调查来分析受访者对于构建的公众参与运行机制的态度，以此来考察构建的公众参与运行机制的有效性。在具体的调查过程中，从两个方面来分析受访者对于构建的公众参与运行机制的态度：①公众参与运行机制对古树名木保护产生的作用程度的评价；②受访者对公众参与运行机制的参与意愿。通过分析可知，绝大多数受访者均认为构建的公众参与运行机制对于古树名木保护产生作用，且绝大多数受访者愿意参与到构建的公众参与运行机制中（或愿意对构建的公众参与运行机制表示支持），在公众参与机制构建后，公众的参与行为意向有了明显的提升。

6.9.2　公众参与项目有效决策模型研究——以征询古树名木问题反映渠道为例

由第 2 章第 2.2.2 节对托马斯有效决策模型的分析可知，决策问题的质量要求及公众对于决策问题的可接受性是确定决策模式时应考虑的两个问题。即应考虑一项决策是更偏向于决策质量要求，还是更偏向于公众的可接受性。第 5 章第 5.3 节依据这一思路，对北京市古树名木保护与管理中的公众参与形式进行了分类与创新；在对公众参与形式进行创新的基础上，本章进行了公众参与运行机制的构建，为公众参与形式在现实过程中的实施提供了保障。

托马斯有效决策模型解决的问题是,在确定参与的具体形式,保证完善的参与运行机制后,决策者应在公众参与中采用何种参与模式。不同的项目,均具有其适用的参与模式。只有选择了合适的参与模式,该项目中的公众参与才是有效的。

当某具体公众参与项目出现时,首先确定该项目的参与主体、参与客体、参与形式,并通过公众参与运行机制为该项目的顺利实施提供机制保障。最后通过托马斯有效决策模型,确定适合该项目的决策模式,可以确定该项目需要引入什么程度的公众参与,进而使政府对于该公众参与项目的执行做到心中有数,并保障公众参与的有效开展。现以北京市园林绿化局在园林绿化政务网上发布"公开征询古树名木问题反映渠道"这一具体项目信息为例,分析其适用的公众参与模式。

(1)参与主体分析。由于这一项目是面向社会公开征询,因此凡是看到此信息的公众,尤其是在北京市居住的公众,均可成为此项目的参与主体。

(2)参与客体分析。一方面是参与领域。"公开征询古树名木问题反映渠道"这一具体项目属于上文中分析的社会性参与的领域。另一方面是参与范围。上文中提到的参与范围对这一项目均适用。

(3)参与形式分析。"公开征询古树名木问题反映渠道"这一具体项目的目的是让公众提供方便自己参与的渠道,项目的侧重点不是决策的质量,而是以增进政策接受性为目标。因此,属于以提高政策接受度为目标的公众参与。具体来说,由于该项目是在园林绿化政务网站上发布的消息,因此,属于多媒体参与。

(4)参与运行机制分析。①公众参与法治机制。首先应确保这一信息在网上是公开发布的,凡是浏览园林绿化政务网网页的公众均能看到,确保公众的参与权。其次确保参与渠道畅通,公众都能够参与进来,确保公众的参与权。如设置网上留言板、热线电话、信件邮寄等多种渠道。最后确保公众这一决策的透明化,使公众监督这一决策的执行效果,确保公众的监督权。②公众参与教育机制。应就古树名木相关知识向公众进行宣传教育,就此项目来说,主要采用大众教育的手段。当公众获知古树名木管护的重要性后,就会更积极地参与到决策中。③公众参与激励机制。应对积极参与此项决策,并对此项决策做出突出贡献的公众,给予奖励,就此项目来说,最合适的奖励是榜样激励和内容激励。例如给予其"积极参与者"的荣誉称号,并通过向其宣传参与的益处来对其形成激励。④公众参与资金投入机制。北京市园林绿化局应为此项目设立专项资金,并号召古树名木管护基金会为此项目筹集资金,用于扩大宣传项目、奖励积极参与者、搜集整理公众意见的费用等。⑤公众参与信息沟通机制。在对该项目扩大宣传、做出回应时,应确保沟通者是政府权威人士,采用的沟通渠道是官方正规渠道,并保证政府与公众之间的信息沟通是双向的。⑥公众参与合作机制。在这一项目的征集中,在确定征集信息、正式征集信息、征集的评估阶段、征集的反馈阶段,都要与公众进行合作。

（5）参与模式分析。根据托马斯有效决策模型中的七个问题依次进行分析。①决策的质量要求。由于该项目受技术约束、规章约束很小,因此项目决策的质量要求相对较低。②政府拥有的信息是否充足。由于该项目是向公众征求参与的渠道,表明政府拥有的信息相对有限,因此需要引入公众的参与。③问题是否结构化。由于该项目并不是结构化的项目,因此解决的问题也并不是结构化的问题。④公众接受性是否是决策必需。若无参与,决策执行是否是不可能的。由于该项目向公众征求参与渠道,目的就是为了采用适合公众参与的渠道,方便公众反映问题,若公众没有参与该项目,则项目本身就没有继续进行的意义。因此,公众接受性是决策必需。⑤谁是相关公众。在本项目中,凡是看到信息发布的公众,尤其是在北京市居住的公众,均是相关公众。⑥相关公众与公共管理机构目标是否一致。由于公众参与本项目的目标是提供方便自身参与的渠道,以使自身能够更好地参与到古树名木保护与管理中,北京市园林绿化局发布此信息的目的也是为了获取方便公众参与的渠道,以使公众能够更好地参与到古树名木保护与管理中,因此,目标一致。⑦在确定决策方案时,公众之间是否存在冲突。由于该项目是要广泛征集参与渠道,并不是仅限于几种参与渠道,选择何种参与渠道并不存在利益冲突。因此,本项目的相关公众并不存在利益冲突。根据以上分析,最终确定的托马斯有效决策模型中的路径图及最终模式如图6-10。

由图6-10可知,根据托马斯有效决策模型,最终确定的"公开征询古树名木问题反映渠道"这一公众参与项目适宜采用的决策模式是公共决策。

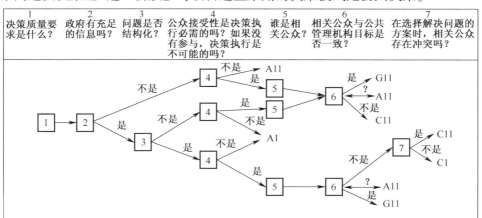

注:A1=自主式决策;A11=改良式自主决策;C1=分散式公众协商决策;C11=整体式公众协商决策;G11=公共决策。

图6-10 征询古树名木问题反映渠道的有效决策模型路径图

Fig. 6-10 Path map of effective decision-making model for questioning reflect channels of old and notable trees

6.10 本章小结

公众的参与离不开具体的公众参与运行机制,公众参与运行机制为参与形式的顺利实施提供了机制保障。为提高公众参与水平,应构建系统的公众参与运行机制。本章对北京市古树名木保护与管理中的公众参与运行机制的构建进行了研究。研究思路是:借鉴国内外公共管理领域公众参与运行机制的经验——进行专家访谈——构建北京市古树名木保护与管理中的公众参与运行机制——进行公众参与运行机制的有效性检验。具体在进行研究时,首先,在借鉴国内外公共管理领域公众参与运行机制的经验的基础上,采用专家访谈法确定了公众参与运行机制构建的初步构架;其次,基于公众参与阶梯理论、霍夫兰说服理论,采用层次分析法、回归分析法、9分位比率法、调整系数法进行了公众参与运行机制的具体构建与分析;第三,采用问卷调查法对公众参与运行机制的有效性进行了检验;第四,以托马斯有效决策模型为理论基础,构建了北京市古树名木保护与管理中的公众参与项目有效决策模型。本章得出如下几点总结与讨论。

本章构建的北京市古树名木保护与管理中公众参与运行机制包括六类:①公众参与法治机制,从知情权、参与权、监督权方面进行构建;②公众参与教育机制,从大众教育、专业教育、职业教育方面进行构建;③公众参与激励机制,从经济激励、榜样激励、内容激励方面进行构建;④公众参与资金投入机制,从政府财政资金投入和公益性资金投入方面进行构建;⑤公众参与信息沟通机制,从政府发起型信息沟通和公众发起型信息沟通两个方面进行构建;⑥公众参与合作机制,从决策制定、决策执行、决策评估、决策反馈阶段进行构建。

在公众参与资金投入机制中,采用层次分析法、9分位比率法、回归分析法、调整系数法对北京市40 721株古树名木的价值进行了初步概算,得出综合价值为137.66亿元。为使古树名木的价值得以延续,应在古树名木的保护与管理中投入足够的资金。

在对构建的公众参与运行机制进行有效性检验中发现,绝大多数受访者均认为构建的公众参与运行机制对于古树名木的保护产生作用,且绝大多数受访者愿意参与到构建的公众参与运行机制中(或愿意对构建的公众参与运行机制表示支持)。在公众参与运行机制构建之前,公众的参与行为意向得分为3.134;在公众参与运行机制构建后,公众的参与行为意向得分为3.990,由此可知,公众的参与行为意向有了明显的提升。

确定决策模式时应考虑决策问题的质量要求及公众对于决策问题的可接受性。通过构建北京市古树名木保护与管理中的公众参与项目有效决策模型,以"公开征询古树名木问题反映渠道"这一项目信息为例,分析其适用的公众参与模式为公共决策。

7 北京市古树名木保护与管理中公众参与的监测与评估研究

本章通过对公众参与进行监测与评估,以评判公众参与的效果。本章首先论述了北京市古树名木保护与管理中公众参与监测与评估的意义;接着采用专家访谈法和问卷调查法,从参与主体、参与客体、参与形式、参与结果四个方面构建了指标体系;最后以2018年6月举办的圆明园古树保护论证会为例,采用层次分析法、9分位比率法确定北京市古树名木保护与管理中公众参与监测与评估指标体系中各指标的权重大小,进行了具体的监测与评估。

7.1 北京市古树名木保护与管理中公众参与监测与评估的意义

对北京市古树名木保护与管理中公众参与进行监测与评估,具有重要意义,体现在以下四点。

(1)有利于提高政府的决策能力。通过监测与评估,可以对公众参与过程中存在的问题进行分析,促使政府思考如何优化公众参与过程,采取相应纠偏措施,形成一条有效的管理路径,有利于政府提高的决策能力。

(2)可以使得公众的参与权利得到有效保障。在监测与评估过程中,如果发现公众参与的合法权利得不到保障,应及时分析问题的原因,并找到相应的对策,确保公众的参与权。监测与评估为公众提供了一个良好的申诉平台,使得公众能够真正地畅所欲言,表达自身真实想法。

(3)有利于提高公众参与的积极性。对公众参与进行监测与评估,能够使公众意识到自身的参与权利能够得到支持和保障,能够为公众提供更加合适的参与渠道,从而使公众能够更加积极地参与到其中。

(4)有利于确保公众参与的效果。效果是某种原因的结果。由于对公众参与进行监测与评估,可以及时发现公众参与中存在的问题,并对其进行修正,因此相较于无监测与评估,公众参与的偏差会得到及时修正,使得公众参与的效果得到了有效保障。

7.2 北京市古树名木保护与管理中公众参与监测与评估指标体系设计

明确监测与评估指标体系,是进行监测与评估的基础。由于国内外关于古树名木保护与管理中公众参与的监测与评估的研究较少,因此,本研究在确定北京市古树名木保护与管理中公众参与监测与评估指标体系时,采用专家访谈法和针对普通公众的问卷调查法。

7.2.1 基于专家访谈的公众参与监测与评估原则和指标体系的确定

7.2.1.1 关于公众参与监测与评估的专家访谈

项目组先后同20位专家(其中10位为高校教授,5位为政府机关领导干部,5位为科研机构研究员)进行了面对面访谈,针对是否需要对北京市古树名木保护与管理中的公众参与进行监测与评估、监测与评估的原则、监测与评估的指标体系进行了深入交流讨论。借鉴德尔菲法,进行专家访谈,专家访谈共进行了三轮。

在第一轮的专家访谈中,项目组首先向各位专家汇报了论文前期关于北京市古树名木保护与管理中公众参与问题的相关研究,在此基础上针对是否有必要进行北京市古树名木保护与管理中公众参与监测与评估向专家进行了咨询,20位专家的一致性结果是有必要进行监测与评估。接下来请求专家针对监测和评估的原则、指标体系提出建议。项目组将各位专家的建议进行了归纳总结。

在第二轮的专家访谈中,向每位专家汇报了20位专家对公众参与监测与评估的原则、指标体系的建议,并请专家选择是否同意,如若不同意,提出如何修改的建议。在此基础上,项目组将同第二轮专家进行讨论后的建议进行了归纳总结,做出了北京市古树名木保护与管理中公众参与监测与评估原则、指标体系的初步架构。

在第三轮的专家访谈中,项目组将做出的北京市古树名木保护与管理中公众参与监测与评估的初步架构分别向各位专家进行了汇报,并作出了最终的监测与评估指标体系的决定。

7.2.1.2 公众参与监测与评估指标设计原则

根据专家访谈结果,得到在进行指标设计时,应遵循如下原则。

(1)科学性。指标的选取要确保符合科学性,应代表了一定的科学内涵,可以反映公众参与的现状,度量今后的发展趋势。

(2)易操作性。衡量的指标应考虑现实统计条件,应在操作技术上容易操作,在管理方面便于管理,且运行的成本控制在合理范围内,指标也应该是简单明了、具有可比性的。

（3）独立性。应避免指标间存在测量信息重复的现象，指标间应具有相对独立性，不同指标应测量不同的问题，进而确保最终监测与评估的有效性。

7.2.1.3 公众参与监测与评估指标体系框架

7.2.1.3.1 监测与评估的内容

针对专家访谈结果，得到在对公众参与进行监测与评估时，应考虑如下四个问题：参与主体有哪些？涉及什么参与范围和参与领域？具体的参与形式是什么？参与项目涉及的问题是否得到有效解决？进而依据专家意见，从以下四个方面进行公众参与的监测与评估。

（1）参与主体。对参与主体进行监测与评估，应考虑到：是否需要六类参与主体都参与进来。第 5 章第 5.2.3 节将公众参与主体分为六类：个人参与、非政府组织参与、精英参与、企业参与、媒体参与、其他社会团体参与。参与主体的构成随着古树名木保护与管理中公众参与的不同项目、不同阶段、不同需要动态的确定。在某一具体参与项目出现时，应考虑其应选择的参与主体范畴。

（2）参与客体。在第 5 章第 5.2.4 节将公众参与领域分为三类：制度性参与、经济性参与、社会性参与。对参与客体进行监测与评估，应考虑到：在该种参与形式所属参与领域内，是否可以全面解决所要讨论的古树名木保护与管理问题。若不能解决所遇到的古树名木保护与管理问题，应考虑与其他参与领域相结合；此外，应考虑涉及的古树名木的生长场所是否全面。

（3）参与形式。对参与形式进行监测与评估，应考虑到参与形式是否与参与的主体和参与的客体实际情况相符合。

（4）参与结果。在对参与进行监测与评价时，仅仅停留在"谁参与进来"以及"他们是怎样参与的"是不够的，重要的是要对参与的结果进行监测与评估。对公众参与的结果进行监测与评估，应考虑到：参与主体提出的建议或意见是否予以考虑，有多少建议被采纳；参与主体提出的问题有多少得到了解决。

7.2.1.3.2 监测与评估指标体系

依据专家访谈结果，选取参与主体、参与客体、参与形式、参与结果四个指标，构建公众参与监测与评估指标体系。体系框架见表 7-1。

监测与评估的一级指标包括参与主体、参与客体、参与形式、参与结果。在此对各一级指标包含的二级指标进行说明。

（1）参与主体包含的二级指标：

①个人参与的人数占参与总人数的比例：

$$r_1 = p_1/p \qquad\qquad (7-1)$$

表 7-1　监测与评估指标体系

Tab. 7-1　Monitoring and evaluation indicator system

一级指标	二级指标
参与主体	个人参与所占比例
	非政府组织代表参与所占比例
	精英参与所占比例
	企业代表参与所占比例
	媒体代表参与所占比例
	其他社会团体代表参与所占比例
参与客体	是否可全面解决所要讨论的古树名木保护与管理问题
	所讨论的古树名木的生长场所是否全面
参与形式	参与形式与参与主体相符的程度
	参与形式与参与客体相符的程度
	公众参与的方便程度
参与结果	参与主体提出的建议或意见被采纳的比例
	参与主体提出的问题被解决的比例

式中:r_1 为个人参与的人数占总人数的比例;p_1 为个人参与的人数;p 为参与主体总人数。

②非政府组织代表参与的人数占参与总人数的比例:

$$r_2 = p_2/p \tag{7-2}$$

式中:r_2 为非政府组织代表参与的人数占参与总人数的比例;p_2 为非政府组织代表参与的人数;p 为参与主体总人数。

③精英参与的人数占总人数的比例:

$$r_3 = p_3/p \tag{7-3}$$

式中:r_3 为精英参与的人数占总人数的比例;p_3 为精英参与的人数;p 为参与主体总人数。

④企业代表参与的人数占总人数的比例:

$$r_4 = p_4/p \tag{7-4}$$

式中:r_4 为企业代表参与的人数占总人数的比例;p_4 为企业代表参与的人数;p 为参与主体总人数。

⑤媒体代表参与所占比例:

$$r_5 = p_5/p \tag{7-5}$$

式中:r_5 为媒体代表参与的人数占总人数的比例;p_5 为媒体代表参与的人数;p 为参与主体总人数。

⑥其他社会团体代表参与所占比例：

$$r_6 = p_6/p \tag{7-6}$$

式中：r_6为其他社会团体代表参与的人数占总人数的比例；p_6为其他社会团体代表参与的人数；p为参与主体总人数。

以上指标并非越高越好，比例的高低根据参与具体内容的不同来确定。

（2）参与客体包含的二级指标：

①是否可以全面解决所要讨论的古树名木保护与管理问题：完全可以、基本可以、一般、基本不可以、完全不可以。

②所讨论的古树名木的生长场所是否覆盖了该项目所应包含的范围：完全覆盖、基本覆盖、一般、基本没覆盖、完全没覆盖。

（3）参与形式包含的二级指标：

①参与形式与参与主体相符程度：十分相符、比较相符、一般、不太相符、十分不相符。

②参与形式与参与客体相符程度：十分相符、比较相符、一般、不太相符、十分不相符。

③公众参与的方便程度：十分方便、比较方便、一般、不太方便、十分不方便。

（4）参与结果包含的二级指标：

①参与主体提出的建议或意见被采纳的比例：

$$r_7 = p_7/p \tag{7-7}$$

式中：r_7为参与主体提出的建议或意见被采纳的比例；p_7为被采纳的建议或意见数；p为参与主体提出的建议或意见总数。

②参与主体提出的问题被解决的比例：

$$r_8 = p_8/p \tag{7-8}$$

式中：r_8为参与主体提出的问题被解决的比例；p_8为被解决的问题数；p为参与主体提出的问题总数。

7.2.2　基于问卷调查的公众参与监测与评估指标体系的确定

上文根据专家访谈的结果，进行了公众参与监测与评估指标体系的设计。为明确普通公众对于公众参与监测与评估的必要性以及对于以上指标体系的态度，本小节通过问卷调查的方法在北京市进行了调研。

7.2.2.1　问卷设计与调查

问卷主要从五个部分进行设计：①第一部分是公众对于公众参与监测与评估的必要性认识；②第二部分是公众对于是否需要对参与主体进行监测与评估的认识；③第三部分是公众对于是否需要对参与客体进行监测与评估的认识；④第四部分是公众对于是否需要对参与形式进行监测与评估的认识；⑤第五部

分是公众对于是否需要对参与结果进行监测与评估的认识。

问卷在具体进行设计时,设计的题目为"您认为是否有必要对××××进行监测与评估",选项设置为"十分有必要、有一定必要、说不准、没什么必要"。问卷的具体内容如附录 G 所示。

课题组于 2018 年 12 月在北京市进行了问卷调查,总共发放了 300 份问卷,选取天坛公园、地坛公园、景山公园、人定湖公园等北京市 15 家公园发放问卷。具体涉及的公园如附录 H 所示。

问卷在设计中,尽可能地做到题项数量精简,且参与答题即可获得小礼品馈赠,并告知受访者不会向其索要姓名、联系方式、身份证号等信息,因此受访者抵触回答、厌烦回答的情绪得到了有效地控制;调查员人数为 6 人,每个公园由 2 人组成的小组开展调查,每个公园发放问卷 20 份。合理的任务量安排,使得调研员有充足的时间对受访者进行调研,因而使问卷质量得到保证。剔除应付性填写、填答的题项明显前后矛盾和题项漏填的问卷,最终获得有效问卷 278 份,问卷有效率为 92.7%。

7.2.2.2 问卷调查结果分析

通过问卷调查结果得到,在 278 名受访者中,仅有 1 人认为没有必要进行公众参与的监测与评估,而其余 277 人均认为有必要进行公众参与的监测与评估。假定认为没有必要进行公众参与的监测与评估的 1 人认为均没有必要对于监测与评估一级指标和二级指标进行监测与评估,那么 278 名受访者对于监测与评估一级指标和二级指标的态度分别见表 7-2 和表 7-3。

表 7-2 受访者对于一级指标监测与评估的态度

Tab. 7-2 Interviewee's attitude toward monitoring and evaluation of first level index

变量	十分必要		有一定必要		说不准		没什么必要	
	样本数	比例（%）	样本数	比例（%）	样本数	比例（%）	样本数	比例（%）
参与主体（A）	131	47.12	139	50.00	7	2.52	1	0.36
参与客体（B）	148	53.24	123	44.24	6	2.16	1	0.36
参与形式（C）	162	58.27	108	38.85	7	2.52	1	0.36
参与结果（D）	179	64.39	93	33.45	5	1.80	1	0.36

由表 7-2 可知,绝大多数受访者均认为有必要(包括"十分必要"和"有一定必要")对参与主体、参与客体、参与形式和参与结果进行监测与评估;仅有极个别受访者说不准是否有必要进行监测与评估;仅有 1 名受访者认为监测与评估没有必要。

其中,最受受访者支持的是对参与结果进行监测与评估,认为有必要对参与结果进行监测与评估的受访者的比例高达 98.84%（包括"十分必要"和"有一定必要"），特别是 64.39% 的受访者认为"十分必要"，表现显著，说明了受访者最为看重的是公众参与的结果。

表 7-3 受访者对于二级指标监测与评估的态度

Tab. 7-3 Interviewee's attitude toward monitoring and evaluation of second level index

变量		十分必要		有一定必要		说不准		没什么必要	
		样本数	比例（%）	样本数	比例（%）	样本数	比例（%）	样本数	比例（%）
参与主体（A）	个人（A_1）	131	47.12	139	50.00	7	2.52	1	0.36
	非政府组织代表（A_2）	109	39.21	143	51.44	25	8.99	1	0.36
	精英（A_3）	131	47.12	139	50.00	7	2.52	1	0.36
	企业（A_4）	107	38.49	121	43.53	49	17.63	1	0.36
	媒体（A_5）	130	46.76	113	40.65	34	12.23	1	0.36
	其他社会团体（A_6）	78	28.06	189	67.99	0	0.00	11	3.96
参与客体（B）	参与领域（B_1）	141	50.72	126	45.32	6	2.16	5	1.80
	参与范围（B_2）	168	60.43	101	36.33	8	2.88	1	0.36
参与形式（C）	参与形式与参与主体的相符（C_1）	174	62.59	99	35.61	4	1.44	1	0.36
	参与形式与参与客体的相符（C_2）	173	62.23	99	35.61	5	1.80	1	0.36
	参与的方便程度（C_3）	227	81.65	50	17.99	0	0.00	1	0.36
参与结果（D）	参与主体提出的建议被采纳的比例（D_1）	171	61.51	99	35.61	7	2.52	1	0.36
	参与主体提出的问题被解决的比例（D_2）	174	62.59	96	34.53	7	2.52	1	0.36

由表 7-3 可知，绝大多数受访者认为有必要对绝大多数的二级指标进行监测与评估（包括"十分必要"和"有一定必要"）。有一小部分受访者选择了"说不准"，这可能是因为这部分受访者对公众参与效果的监测和评估不太了解，因此无法判断是否有必要进行监测与评估。仅有极个别受访者选择了"没什么必要"。与对一级指标的态度相比，对参与结果的两个二级指标的认可程度虽然仍然比较高，但参与形式二级指标中的"参与的方便程度"骤然升高，显示出受访者想参与却难以参与的心态，反映出公众参与必须要做到方便公众参与，这样才能真正做到公众参与，也说明在监测与评估中设计二级指标的必要性。

从以上问卷调查的结果来看，绝大多数受访者认为有必要对公众参与进行监测与评估，且对监测与评估指标体系的设计持肯定态度。因此，接下来，就针对构建的监测与评估指标体系,以举办古树保护论证会为例,进行具体的监测与评估研究。

7.3 北京市古树名木保护与管理中公众参与监测与评估案例研究

本节以 2018 年 6 月举办的圆明园古树保护论证会为例,进行公众参与的监测与评估。2018 年 6 月初在北京圆明园举行了古树保护论证会,来自北京市园林绿化局、北京林业大学、北京市园林科学研究院的专家组成了专家组,讨论研究了圆明园内 27 株濒危古树存在的隐患、衰弱濒危的原因等问题。

北京市名木成森古树名木养护工程有限公司(以下简称名木成森公司)进行了方案报告,提出依据濒危原因,采取"一树一方案",采取高效务实的技术措施,稳定并恢复树势。专家组对该公司的保护设计方案进行了论证,认为其保护设计方案可行(曹云,2018)。

7.3.1 层次分析法原理及步骤

权重的确定有主观和客观赋权两类。客观赋权的优点是指标权重的确定不依赖于人的主观判断,在某些情况下计算的结果是客观的;缺点是计算过程繁杂,需参考以往的样本数据,不具有灵活性。本节旨在构建北京市古树名木保护与管理中公众参与监测与评估模型,需要依靠公众对参与项目的评价才能体现公众参与是否有效,且本研究的研究对象的指标体系权重的确定并没有可供参考的样本数据,因此并不适宜采用客观赋权法进行监测与评估。

主观赋权法的优点在于,能够充分反映公众参与主体对公众参与的态度,弥补客观赋权法在这一层面的不足。其中,主观赋权法中的层次分析法计算过程较为简单,通过逻辑分析提炼层次结构,仔细权衡指标的相对重要程度,将定性分析转化为定量数值,方便最终确定各指标的权重。因此,本研究采用层次分析法,以举办古树保护论证会为例,确定评估指标的权重,并根据权重确定的结果,对 2018 年 6 月举办的圆明园古树保护论证会的效果进行评估。

层次分析法由美国学者 Satty 提出,是在问题难以量化时进行处理的有效方法。根据决策问题的总体目标,将其划分为多个标准,每个标准对应多个指标,每个标准和指标的相对重要性(同一水平的重要性)由两两比较的方法确定,对定性指标进行定量化,通过计算层次排序来得出最终决策(王莲芬等,1990)。

层次分析法大体可分为五步:

(1)建立递阶层次结构。将系统结构由上而下分为三个准则层,依次是目标层、标准层、指标层。同层之间属性相同。每个标准层由其对应的上层因子控制。层次结构图如图7-1。

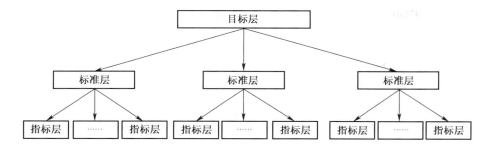

图7-1 递阶层次结构图

Fig. 7-1 Hierarchical organization chart

（2）构造成对比较矩阵。将不同标准层要素之间及同一标准层下的不同准则层要素之间进行两两比较，采用9分位比率法（表7-4）进行打分，构造出成对比较矩阵。

表7-4 9分位比率法含义

Tab. 7-4 The meaning of the 9 division ratio method

尺度	含义
1	第 i 个要素与第 j 个要素重要性相同
3	第 i 个要素比第 j 个要素稍微重要
5	第 i 个要素比第 j 个要素较强重要
7	第 i 个要素比第 j 个要素强烈重要
9	第 i 个要素比第 j 个要素绝对重要
2,4,6,8	第 i 个要素比第 j 个要素的重要性介于以上提到的两个相邻尺度之间
倒数	第 j 个要素比第 i 个要素的重要性

如果使用 a_{ij} 表示第 i 个要素相对于第 j 个要素的重要性比较结果，则 $a_{ij} = 1/a_{ji}$，成对比较矩阵 A 可表示为：

$$A = (a_{ij})_{n \times n} = \begin{pmatrix} a_{11} & a_{12} & \cdots & a_{1n} \\ a_{21} & a_{22} & \cdots & a_{2n} \\ \cdots & \cdots & \cdots & \cdots \\ a_{n1} & a_{n2} & \cdots & a_{nn} \end{pmatrix}$$

（3）计算单排序权向量，进行一致性检验。计算每个 A 中的最大特征值（ $\lambda_{\max}$ ）及对应的特征向量（ W ），通过一致性指标（ CI ）、随机一致性指标（ RI ）及一致性比率（ $CR = \dfrac{CI}{RI}$ ）进行一致性检验。当 $CR < 0.1$ 时，就说明 A 通过检验，对

其对应的 W 进行归一化后即得权向量。当 $CR>0.1$ 时,则认为 A 未通过检验,此时需重新构造成对比较矩阵,直到通过一致性检验。CI 的计算公式为:

$$CI = \frac{\lambda_{max} - n}{n - 1}$$

式中:n 为矩阵 A 的阶数。

RI 的取值见表 7-5。

表 7-5 随机一致性指标 RI 取值表

Tab. 7-5 The value table of random consistency index RI

阶数	1	2	3	4	5	6	7	8	9	10	11
RI	0	0	0.58	0.90	1.12	1.24	1.32	1.41	1.45	1.49	1.51

(4)计算层次总排序权值,进行一致性检验。由低到高依次进行,确定最低层的因素相对于总目标重要性的权重。当层次总排序的一致性比率 $CR<0.1$ 时,认为通过一致性检验。

(5)计算结果评判。将每个指标实际测得的数值乘以该指标对应的权重,依次将这些乘积结果相加,即可得到该公众参与项目监测与评估的具体大小值。将得到的具体大小值与表 7-6 中所列出的等级相对照,即得该公众参与项目监测与评估的结果。

表 7-6 计算结果对照标准

Tab. 7-6 The results are compared with the standard table

计算结果	>0.75	0.50~0.75	0.25~0.50	0~0.25
等级对照	优	良	一般	差

7.3.2 基于层次分析法的公众参与监测与评估

7.3.2.1 建立递阶层次结构

递阶层次结构是根据研究目标之间的内在逻辑联系,分解为多层次的目标体系。层次目标体系包括树状体系和网状体系。树状体系中低层次指标只与上一层次指标中的一个指标有关系,网状层次体系中低层次指标与上一层次指标中一个以上的指标有关系。根据本研究具体监测与评估内容,本研究中分析的低层次的指标只与上一层次中的一个指标有关系,因此,本研究的层次分析的目标体系是树状体系,如图 7-2。

7.3.2.2 构造成对比较矩阵

依据图 7-2,构建两两指标间的成对比较矩阵,采用 9 分位比率法,邀请 13 位古树名木研究领域的专家(其中 5 位为高校教授,3 位为政府机关领导干部,5

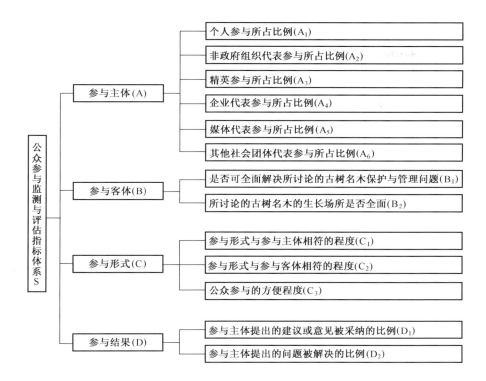

图 7-2 北京市古树名木保护与管理中公众参与监测与评估层次结构图

Fig. 7-2 Structure chart of public participation in monitoring and evaluation in the protection and management of old and notable trees in Beijing

位为科研机构研究员），结合表 7-4，进行两两指标的重要性比较并进行打分。本研究以其中专家 a 的打分结果为例进行说明，表 7-7 至表 7-11 为专家 a 进行两两指标间打分的成对比较矩阵打分结果。

表 7-7 目标层判断矩阵

Tab. 7-7 Target layer judgment matrix

S	A	B	C	D
A	1	3	5	1
B	1/3	1	3	1
C	1/5	1/3	1	1/3
D	1	1	3	1

表 7-8　标准层 A 判断矩阵

Tab. 7-8　Standard layer A judgment matrix

A	A_1	A_2	A_3	A_4	A_5	A_6
A_1	1	1/5	1/9	1/9	1/5	1
A_2	5	1	1/5	1/5	1/5	5
A_3	9	5	1	1	7	7
A_4	9	5	1	1	7	7
A_5	5	5	1/7	1/7	1	5
A_6	1	1/5	1/7	1/7	1/5	1

表 7-9　标准层 B 判断矩阵

Tab. 7-9　Standard layer B judgment matrix

B	B_1	B_2
B_1	1	5
B_2	1/5	1

表 7-10　标准层 C 判断矩阵

Tab. 7-10　Standard layer C judgment matrix

C	C_1	C_2	C_3
C_1	1	1	1/3
C_2	1	1	1/3
C_3	3	3	1

表 7-11　标准层 D 判断矩阵

Tab. 7-11　Standard layer D judgment matrix

D	D_1	D_2
D_1	1	3
D_2	1/3	1

7.3.2.3　单排序权重计算及一致性检验

在获得专家打分矩阵后,采用 STATA13.0 软件计算各矩阵的最大特征根及其特征向量,对其主特征向量进行归一化,即为各指标的相对权重向量。并对判断矩阵进行一致性检验。以专家 a 的打分矩阵所得的相对权重向量为例进行说明,见表 7-12 至表 7-16。

表 7-12　目标层中各指标相对权重

Tab. 7-12　Relative weight of each index in the target layer

指标	A	B	C	D
相对权重	0.425	0.213	0.080	0.282

表 7-13　标准层 A 中各指标相对权重

Tab. 7-13　Relative weight of each index in standard layer A

指标	A_1	A_2	A_3	A_4	A_5	A_6
相对权重	0.026	0.080	0.366	0.366	0.133	0.030

表 7-14　标准层 B 中各指标相对权重

Tab. 7-14　Relative weight of each index in standard layer B

指标	B_1	B_2
相对权重	0.833	0.167

表 7-15　标准层 C 中各指标相对权重

Tab. 7-15　Relative weight of each index in standard layer C

指标	C_1	C_2	C_3
相对权重	0.200	0.200	0.600

表 7-16　标准层 D 中各指标相对权重

Tab. 7-16　Relative weight of each index in standard layer D

指标	D_1	D_2
相对权重	0.750	0.250

通过计算可得各矩阵一致性比率 $CR<0.1$，因此，各矩阵具有满意的一致性。

7.3.2.4　层次总排序权重计算及一致性检验

接下来计算各指标的总权重值。各指标在指标层和标准层相对权重的乘积，即为该指标的总权重。以专家 a 打分所得的指标层中各指标总权重为例进行说明，见表 7-17。

对判断矩阵进行总体一致性检验，可得 $CR<0.1$，即判断矩阵具有总体一致性。

对其余 12 位专家的打分结果处理过程同上文，最终计算可得到 13 位专家打分所得的指标层中各指标总权重。将 13 位专家对每个指标所得的指标总权重进行算术平均，最终可得每个指标相对于目标层的平均总权重值，见表 7-18。将表 7-18 中计算出的各指标平均总权重值由高到低进行排序，排序后的结果见表 7-19。

表 7-17 指标层中各指标总权重

Tab. 7-17 The total weight of each index in the index layer

标准层	标准层相对权重	指标层	指标层相对权重	指标层总权重
A	0.425	A_1	0.026	0.011
		A_2	0.080	0.034
		A_3	0.366	0.156
		A_4	0.366	0.156
		A_5	0.133	0.057
		A_6	0.030	0.013
B	0.213	B_1	0.833	0.177
		B_2	0.167	0.036
C	0.080	C_1	0.200	0.016
		C_2	0.200	0.016
		C_3	0.600	0.048
D	0.282	D_1	0.750	0.212
		D_2	0.250	0.071

表 7-18 专家打分所得指标总权重及平均总权重

Tab. 7-18 The total weight and average total weight of the indicators obtained by the experts´ scores

指标	W_1	W_2	W_3	W_4	W_5	W_6	W_7	W_8	W_9	W_{10}	W_{11}	W_{12}	W_{13}	均值
A_1	0.011	0.013	0.020	0.011	0.013	0.015	0.021	0.019	0.018	0.016	0.017	0.019	0.028	0.017
A_2	0.034	0.039	0.042	0.044	0.029	0.032	0.035	0.031	0.045	0.039	0.042	0.048	0.029	0.038
A_3	0.156	0.201	0.134	0.201	0.251	0.209	0.118	0.167	0.198	0.152	0.153	0.184	0.131	0.173
A_4	0.156	0.221	0.141	0.231	0.228	0.125	0.132	0.155	0.267	0.178	0.118	0.196	0.129	0.175
A_5	0.057	0.099	0.123	0.047	0.097	0.078	0.047	0.039	0.108	0.121	0.051	0.049	0.062	0.075
A_6	0.013	0.024	0.031	0.022	0.019	0.049	0.056	0.098	0.031	0.112	0.101	0.058	0.033	0.050
B_1	0.177	0.201	0.224	0.205	0.198	0.181	0.165	0.177	0.174	0.105	0.104	0.232	0.178	0.179
B_2	0.036	0.099	0.069	0.047	0.054	0.078	0.033	0.021	0.048	0.124	0.129	0.054	0.112	0.070
C_1	0.016	0.010	0.002	0.019	0.009	0.064	0.098	0.087	0.021	0.010	0.021	0.027	0.021	0.031
C_2	0.016	0.021	0.035	0.019	0.024	0.043	0.075	0.011	0.001	0.009	0.029	0.031	0.026	0.026
C_3	0.048	0.039	0.068	0.075	0.056	0.058	0.097	0.054	0.018	0.012	0.062	0.065	0.083	0.057
D_1	0.212	0.020	0.101	0.063	0.021	0.047	0.103	0.123	0.037	0.101	0.091	0.021	0.135	0.083
D_2	0.071	0.013	0.011	0.016	0.001	0.021	0.023	0.020	0.036	0.021	0.082	0.016	0.033	0.028

表 7-19　各指标的平均总权重值取值排序

Tab. 7-19　The average total weight value of each index in order

次序	1	2	3	4	5	6	7	8	9	10	11	12	13
指标	B_1	A_4	A_3	D_1	A_5	B_2	C_3	A_6	A_2	C_1	D_2	C_2	A_1
权重	0.179	0.175	0.173	0.083	0.075	0.070	0.057	0.050	0.038	0.031	0.028	0.026	0.017

由表 7-19 中各指标的平均总权重值可知,指标 B_1(参与客体是否可全面解决所讨论的古树名木保护与管理问题)的权重值最高,其次是指标 A_4(企业代表参与所占比例)、指标 A_3(精英参与所占比例)。这说明,在对古树保护论证会的监测与评估中,进行评分的专家最看重的是论证会本身这一参与形式所属的参与领域是否能够解决所要讨论的问题,将其视为公众参与效果的最重要考虑因素。指标 A_4、A_3 权重值高,是由此次论证会的性质决定的。因为此次论证会的主要目的是专家组对企业的技术方案进行论证,因此企业代表的参与、精英的参与是此次论证会最重要的参与主体;而权重值最低的是指标 A_1(个人参与所占比例),其次是指标 C_2(参与形式与参与客体相符的程度)、D_2(参与主体提出的问题被解决的比例)。权重值较低的指标并不是对于监测与评估不重要,而是相对于其他指标来说,对监测与评估结果的影响程度较低。指标 A_1 权重值最低,是因为此次论证会涉及的是古树保护技术及生物学等专业技术领域的问题,对于个人参与的需求并不大。指标 C_2 权重值较低,表明专家认为在此次论证会中,参与形式与参与客体是否相符,并不能对监测与评估的公众参与的效果产生决定性影响。指标 D_2 权重值较低,是因为在此次论证会中的主要目的是论证保护设计方案,而不是在会议中临时提出问题,进行探讨后加以解决。

7.3.2.5　计算结果评判

在确定了举办古树保护论证会这一具体公众参与形式监测与评估中涉及的指标的权重后,可以根据 2018 年 6 月举办的圆明园古树保护论证会实际情况确定各指标的取值,取值与权重的乘积累加起来所得的结果,即为监测与评估的结果。将结果与表 7-6 相对照,即可得圆明园古树保护论证会监测与评估的最终等级。

(1)参与主体包含的二级指标。由于 2018 年 6 月举办的圆明园古树保护论证会中涉及的参与主体有精英参与(来自北京市园林绿化局、北京林业大学、北京市园林科学研究院的三位专家)、企业参与(名木成森公司)、媒体参与(中国林业网),因此在本案例中,$A_1 = 0$,$A_2 = 0$,$A_3 = 3 \div 5 = 0.6$,$A_4 = 1 \div 5 = 0.2$,$A_5 = 1 \div 5 = 0.2$,$A_6 = 0$。

(2)参与客体包含的二级指标。论证会中讨论研究了圆明园内 27 株濒危古树存在的隐患、衰弱濒危的原因等问题。名木成森公司做了保护设计报告,专家组对该公司的保护设计方案进行了论证,提出保护设计方案可行。因此,所要讨论的古树名木保护与管理问题得到了全面解决。因此,对应 B_1 指标中"完全可以"的备选项;且论证会对圆明园内 27 株濒危古树均进行了讨论,因此所讨论的古树名木的生长场所很全面,对应 B_2 指标中"完全覆盖"的备选项。

由于参与客体包含的二级指标均为定性指标,因此需对其进行量化。表 7-20 列示了指标 B_1 中备选项进行量化的对照表。指标 B_2 中备选项进行量化的取值与指标 B_1 类似。

因此,在本案例中,指标 $B_1=1$,$B_2=1$。

表 7-20　指标 B_1 备选项量化对照表

Tab. 7-20　Indicator B_1 alternative quantitative comparison table

选项	完全可以	基本可以	一般	基本不可以	完全不可以
分值	1	0.75	0.5	0.25	0

(3)参与形式包含的二级指标。论证会探讨的内容为古树存在的隐患、衰弱濒危的原因等问题,属于专业技术领域的问题。因此,采用论证会的形式,邀请专家进行论证,反映出了参与形式与参与主体之间十分相符;论证会中对古树衰弱等问题进行了详细论证,且范围包含了圆明园内的 27 株古树,因此,参与形式与参与客体十分相符;由于论证会是在圆明园内进行,因此,公众参与十分方便。

由于参与形式包含的二级指标也均为定性指标,在对其量化时,参照表 7-20 中的量化标准。因此,在本案例中,$C_1=1$,$C_2=1$,$C_3=1$。

(4)参与结果包含的二级指标。在论证会中,名木成森公司进行了保护设计方案汇报,专家组对该公司的保护设计方案进行了论证,提出保护设计方案可行。因此,论证会中提出的建议均被采纳;保护设计方案即是为解决古树安全隐患、生境等突出问题。因此,论证会中提出的问题均得到了解决。因此,在本案例中,$D_1=1$,$D_2=1$。

综上可知,在圆明园古树名木保护论证会中,涉及的二级指标取值见表 7-21。

表 7-21　圆明园古树名木保护论证会指标取值表

Tab. 7-21　The Value table of the index in protection argument of old and notable trees in Yuanmingyuan

指标	A_1	A_2	A_3	A_4	A_5	A_6	B_1	B_2	C_1	C_2	C_3	D_1	D_2
取值	0	0	0.6	0.2	0.2	0	1	1	1	1	1	1	1

将各指标取值与各指标对应的平均权重值相乘,并将乘积的结果进行累加,可得最终的监测与评估结果 S。S = 0×0.017+0×0.038+0.6×0.173+0.2×0.175+

$0.2 \times 0.075 + 1 \times 0.179 + 1 \times 0.070 + 1 \times 0.031 + 1 \times 0.026 + 1 \times 0.057 + 1 \times 0.083 + 1 \times 0.028 = 0.628$。

参照表 7-6 中的等级,可得对圆明园举办古树保护论证会监测与评估的结果为良。

由以上分析可知,此次论证会监测与评估的结果处于中上级水平,仍有进一步改进的余地。具体来看,此次论证会中没有包含非政府组织代表。非政府组织是重要的参与主体,可为决策提供重要信息。而此次论证会中未包含非政府组织代表的一个重要背景原因是因为当前尚未成立专门针对古树名木保护的非政府组织,现有的文化遗产保护类的非政府组织并未包含古树名木。此外,媒体代表参与所占比例也较小,可适度增加媒体的数量,进而扩大该参与项目的影响力,使得公众参与产生更好的效果。也即是说,当前公众参与主体尚未全面参与到项目中的事实,影响了公众参与监测与评估的结果。

7.4 本章小结

为提高公众参与水平,应及时对公众参与进行监测评估分析。当监测与评估的结果良好时,表明公众参与是有效果的,否则,应对当前公众参与的具体操作进行优化改进,以提高效果。本章创新性地对古树名木保护与管理中的公众参与进行了监测与评估。首先论述了北京市古树名木保护与管理中公众参与监测与评估的意义;接着采用专家访谈法和问卷调查法构建了指标体系;最后以2018 年 6 月举办的圆明园古树保护论证会为例,采用层次分析法、9 分位比率法确定北京市古树名木保护与管理中公众参与监测与评估指标体系中各指标的权重大小,进行了具体的监测与评估。本章得出如下几点总结与讨论。

(1)对公众参与的监测与评估应包含参与主体、参与客体、参与形式、参与结果四个方面。

(2)通过对 2018 年 6 月举办的圆明园古树保护论证会进行监测与评估,最终得到的监测与评估等级为良。通过进一步分析发现当前公众参与主体尚未全面参与到项目中的事实,影响了公众参与监测与评估的结果。

(3)通过对 2018 年 6 月举办的圆明园古树保护论证会的监测评估结果可知,今后可适度增加非政府组织代表和媒体代表的数量,使公众参与能够产生更好的效果。

8 研究结论、相关建议与展望

8.1 研究结论

　　本研究通过实地调查与文献研究,分析了北京市古树名木保护与管理概况和公众参与中存在的问题,通过调查公众对古树名木保护与管理的认知、参与情感、参与行为意向,采用主成分分析法、列联表卡方检验、结构方程模型,基于拓展的知情行理论,分析了公众认知、参与情感、参与行为意向及对公众参与行为意向的影响;在此基础上,借鉴国内外公共管理领域的公众参与形式,根据参与主体、客体,基于托马斯有效决策模型,创新北京市古树名木保护管理中的公众参与形式,并采用问卷调查法对新型参与形式进行了有效性检验;借鉴国内外公共管理领域的公众参与运行机制,在专家访谈的基础上,基于公众参与阶梯理论、霍夫兰说服理论,采用层次分析法、回归分析法、9 分位比率法、调整系数法,进行了北京市古树名木保护与管理中的公众参与运行机制构建的研究,并采用问卷调查法对构建的公众参与运行机制进行了有效性检验;基于托马斯有效决策模型,构建了北京市古树名木保护与管理中的公众参与项目有效决策模型;基于专家访谈法和问卷调查法,从参与主体、参与客体、参与形式、参与结果四个方面构建了监测与评估指标体系,以举办古树保护论证会为例,采用层次分析法、9 分位比率法确定北京市古树名木保护与管理中公众参与监测与评估指标体系中各指标的权重大小,并进行具体的监测与评估,以及时发现不足之处。研究得出如下结论。

　　(1)从北京市古树名木保护与管理概况和公众参与问题中得出,当前北京市古树名木保护与管理中公众参与成效并不显著,公众参与仍处于初级阶段,尚需进一步完善。

　　(2)在北京市古树名木保护与管理中的公众认知、参与情感对参与行为意向的影响机理研究中发现:①当前公众参与形式的缺乏、公众参与运行机制的缺失,并未对公众参与提供良好的客观环境。导致当前公众在参与北京市古树名木保护与管理中遇到如下问题:缺乏对于古树名木的认知,遇到问题不知向谁反映、通过什么方式反映,并未深刻意识到保护古树名木是每个人的权利和义务,因政府缺乏支持参与的政策而担心在参与过程中自身权利得不到保障,担心所支付的费用很可能用不到古树名木保护上,因政府的奖励措施不足而缺乏参与的积极性。②公众的认知有待于进一步加强,参与情感有待于进一步激发,参与行为意向有待于进一步提升。③基本认知、价值及重要性认知、信息认知、管护认知、参与情感对投入行为意向和保护行为意向具有显著正向直接影响。此外,价值及重要性认知、信息认知、管护认知通过参与情感,对投入行为意向和保护行为意向具有显著正向间接影响。④为提升公众的参与行为意向,应首要考虑增强基本认知和参与情感,其次是进一步促使价值及重要性认知、管护认知向参与行为意向的转化,同时,应不断增强信息认知。

（3）由北京市古树名木保护与管理中的公众参与形式创新研究中得出：①当前北京市古树名木保护与管理中的公众参与形式存在对社会力量的调动不足、对社会资金的吸纳不足、公众参与在深度和广度上处于初级水平、尚未融入到文化遗产保护中、专门性的非政府组织少、公众参与形式少的问题。②对公众参与形式进行了创新。首先界定了公众参与的主体,将参与主体划分成了六类：个人参与、非政府组织参与、精英参与、企业参与、媒体参与、其他社会团体参与；其次界定了公众参与的客体,从公众参与的领域和公众参与的范围两方面进行界定。公众参与的领域包括制度性参与、社会性参与、经济性参与,公众参与的范围包括乡村街道,区县城区,市区范围,自然保护区、风景名胜区、森林公园、历史文化街区及历史名园。依据托马斯有效决策模型,从七个方面进行了公众参与形式的创新：关键公众接触、由公众发起的接触、公众调查、多媒体参与、各种参与活动、公众会议、古树名木保护与管理非政府组织。每一方面的公众参与形式下均包括多个具体的公众参与形式。各种公众参与形式之间相互融合,并非独立存在,完成一个参与事项,往往涉及两个及以上的参与形式。③通过对新型参与形式进行有效性检验发现,绝大多数受访者均认为新型的公众参与形式对于古树名木保护产生作用,且绝大多数受访者愿意参与到新型的公众参与形式中（或愿意对新型的参与形式表示支持）。相较于公众参与形式创新之前,公众的参与行为意向有了明显的提升。

（4）由北京市古树名木保护与管理中的公众参与运行机制构建研究中得出：①目前北京市古树名木保护与管理中公众参与运行机制并不完善,基于国内外公共管理领域公众参与运行机制的经验与不足,构建了北京市古树名木保护与管理中的公众参与运行机制,包括：公众参与法治机制、公众参与教育机制、公众参与激励机制、公众参与资金投入机制、公众参与信息沟通机制、公众参与合作机制。在公众参与的法治机制中,从公众的知情权、参与权、监督权方面进行构建；公众参与教育机制从大众教育、专业教育、职业教育方面进行构建；公众参与激励机制从经济激励、榜样激励、内容激励方面进行构建；公众参与资金投入机制从政府财政资金投入和公益性资金投入方面进行构建；公众参与信息沟通机制从政府发起型信息沟通和公众发起型的信息沟通方面进行构建;公众参与合作机制从决策制定、决策执行、决策评估、决策反馈阶段进行构建。②在对构建的公众参与运行机制进行有效性检验中发现,绝大多数受访者均认为构建的公众参与运行机制对于古树名木的保护产生作用,且愿意参与到构建的公众参与运行机制中(或愿意对构建的参与运行机制表示支持)。相较于公众参与运行机制构建之前,公众的参与行为意向有了明显的提升。③对北京市40 721株古树名木的价值进行了评估,得出综合价值为137.66亿元,古树名木蕴含着巨大的价值,为使古树名木的价值得以延续,投入足够的管护资金。④确定决策模式时应考虑决策的质量要求及公众对于决策的可接受性。通过构建北京市古树名木保护与管理中的公众参与项目有效决策模型,以"公开征询古树名木问题反映渠道"这一具体项目信息为例,分析其适用的公众参与模式为公共决策。

(5)从北京市古树名木保护与管理中公众参与的监测与评估研究中得出,当前公众参与主体尚未全面参与到项目中,影响了公众参与监测与评估的结果。

8.2 相关建议

8.2.1 针对性克服公众在参与中遇到的问题

根据本章第8.1节得出的结论(1)和结论(2)可知,当前北京市古树名木保护与管理中的公众参与仍处于初级阶段,公众在参与北京市古树名木保护与管理中遇到的问题:缺乏对于古树名木的认知,遇到问题不知向谁反映、通过什么方式反映,并未深刻意识到保护古树名木是每个人的权利和义务,政府缺乏支持参与的政策因而担心在参与过程中自身权利的得不到保障,担心所支付的费用很可能用不到资源保护上,政府的奖励措施不足以调动参与的积极性。为提高公众的参与水平,需克服公众在参与中遇到的问题。

(1)采取措施使公众增强对于古树名木的认知。使公众能够清楚地认识到古树名木的含义、分类、保护管理规定、责任划分情况、价值、损害行为、管护力度与效果、管护技术水平等信息。为此应增加形式多样的信息传播形式。具体可采取:①开发古树名木游戏小程序,通过在古树名木的游戏中,增设古树名木常识认知板块、古树名木历史传说故事板块等来增强公众对于保护古树名木的认知,寓教于乐。②增加旅游景点人工导游和电子导游讲解器对古树名木的介绍,考虑配备虚拟翻书系统,使游客可通过红外感应、液晶触摸屏实现动态翻书,通过增强阅读兴趣来增强对古树名木的了解。③设立古树名木保护微信公众号、官方微博,发动具有重要影响力的名人、明星、新浪微博大V在小红书、抖音、腾讯微视、微博等平台分享古树名木相关奇闻趣事。④在综艺节目中添加保护古树名木的元素,在其中赋予古树名木相关知识信息,提升公众的认知;并可增设古树名木专业性电视节目。⑤研发文创产品(例如古树名木日历、鼠标垫、影壁画等)。⑥开展古树名木模型展览会。⑦创建古树名木保护日,开展有奖答题活动。⑧在街边路灯旁、公交车、公交站、地铁上、地铁站、火车车厢内、火车站、餐馆等人口密集的公众场所设立广告牌,并在广告牌中设立二维码,通过让居民、游客扫描二维码,登录网站了解更多信息。⑨通过与小学、中学相联系,开设专门讲座,组织学生观看古树名木保护纪录片,在班级板报、校报的制作中添加古树名木的元素,使少年儿童更为深刻地体会到古树名木保护的重要性;在课外实践活动中,组织学生参与"走进古树名木"等夏令营活动、冬令营活动及其相关活动,充当古树名木知识"爱心小宣传员"等,使少年儿童获得保护古树名木的亲身感受,增强对于古树名木的认知。⑩还可通过增强文化遗产保护中心、京津冀古树名木保护研究中心等非政府组织对于古树名木相关信息的宣传,并通过创建古树名木爱好者联盟、古树名木保护会等专门性的古树名木保护非政府组织来加强对于古树名木相关信息的宣传。

(2)采取措施使公众在参与古树名木保护与管理过程中的权利得到充足保障,使公众认识到自身付出的金钱确实用到了古树名木保护中。为此应采取相应措施:①赋予公众在参与古树名木保护与管理中的知情权、参与权、监督权。通过构建公众参与法律法规体系,使公众参与权利得到制度化表达,使公众可以参与到政府关于古树名木的决策中,可以以各种媒体为媒介向政府表达自身在参与古树名木保护与管理中的合法权益。②使公众认识到自身付出的金钱确实用到了古树名木保护中。应为公众提供一个开放的平台,增加资金运用的透明度,每一笔资金的运用均应向相关公众做出字面说明,并使资金的使用情况和使用后的进展可供公众随时查询,公众如有异议,可随时进行咨询,确保公众能够放心地参与到古树名木的保护中。

(3)增强政府的奖励措施,以调动公众参与的积极性,使公众积极、自愿、合理、科学地参与到北京市古树名木的保护与管理中。为此需要:①进行经济激励。就个人参与和精英参与而言,将参与北京市古树名木保护与管理纳入其所在工作单位的绩效考核中,以是否参与、参与的程度、参与的结果为考核系数的确定标准,将绩效考核直接与职位晋升、年终奖的发放挂钩,以此间接激励公众参与古树名木保护的积极性;就企业参与而言,鼓励银行向参与古树名木保护与管理的企业提供融资服务,并规定参与古树名木保护与管理的企业可以适当给予税收优惠;就非政府组织、其他社会团体参与而言,通过向其提供资金补贴,以此带动其参与的积极性。②进行榜样激励。通过授予相关公众或单位"模范标兵""先进个人""古树名木保护爱心企业""古树名木保护爱心媒体"等荣誉称号,并在官网、旅游景点、人口密集场所加强宣传其先进事迹,激励其在今后以更加积极的态度参与到古树名木的保护中,同时也可为其他公众树立学习的榜样。③进行内容激励。可从公众可获得的益处入手,通过本章第8.2.1节(1)中提到的多种渠道,加强对公众参与到古树名木的保护与管理中会得到的益处的宣传,使其认识到可以获得的益处,进而调动其参与积极性。

8.2.2　采取有效措施增强公众的参与行为意向

根据本章第8.1节得出的结论(2)可知,公众的认知有待于进一步加强,参与情感有待于进一步激发,参与行为意向有待于进一步提升。为提升公众的参与行为意向,应首要考虑增强基本认知和参与情感,其次是进一步促使价值及重要性认知、管护认知向参与行为意向的转化,同时,应不断增强信息认知。为此:

(1)应采取措施增强公众的基本认知和参与情感。①为增强公众的基本认知,应增加形式多样的信息传播形式,例如开发游戏小程序、研发文创产品(例如古树名木日历、内画壶)、开展古树名木模型展览会、创建古树名木保护日等,在其中赋予古树名木基本信息。②为增强公众的参与情感,可通过创新多种参与形式提高参与体验,以增进参与情感。例如近些年每年均会举办的北京市古树名木摄影评选活动,具有重要意义。除此之外,还可通过举办多种形式的现实活动和虚拟活动,来增进公众的参与情感。就现实活动而言,可举办古树名木诗歌评比活动、相声小品创作活动、以认养人为主体的古树名木摄影比赛、认养情况展示等活动,并提高活动举办次数,使公众切身体验到参与到古树名木保护中的愉悦之处;就虚拟活动而言,可开发以认养等古树名木保护活动为主题的游戏,利用VR技术,通过在虚拟世界里认养虚拟的古树名木等保护古树名木的方式,增强公众的参与体验,并依据经验点、进度条、排名提供奖励以激励公众。

(2)应采取措施进一步促使价值及重要性认知、管护认知向参与行为意向的转化。①就价值及重要性认知来说,可发动具有重要影响力的名人、明星、新浪微博大V在小红书、抖音、腾讯微视、微博等平台宣传古树名木的价值及保护的重要性,并分享自己参与到古树名木保护与管理中的故事,号召广大公众参与;在综艺节目中添加参与古树名木保护与管理重要性的元素,增设古树名木专业性电视节目,在对古树名木的价值和重要性进行宣传的基础上,对实际参与的公众的参与行为进行宣传、记录、报道,对广大公众形成潜移默化的影响。②就管护认知来说,当公众认为管护效果好、技术水平高时,会更加信任政府,认为政府的管护行动均能落到实处,因此会增强参与的信心。但目前管护认知的总影响很低,应及时与公众进行有效的信息沟通,将古树名木管护信息及时反馈给公众。应发挥国家政府机关和权威部门、权威专家、权威媒体的作用,利用各种正规传播渠道,向公众发布、传播、解读古树名木保护与管理的信息,向公众传播的管护信息应是完整、客观、具有正面带动性的信息,使公众能够准确把握信息的来龙去脉,加深对于古树名木保护的重要性的认识,最终转化为参与行为意向。③为促成价值及重要性认知、管护认知向参与行为意向的转化,还可建立激励机制,通过将参与北京市古树名木保护与管理纳入其个人所在工作单位的绩效考核,对参与古树名木保护与管理的企业给予融资、税收优惠,对非政府组织、其他社会团体提供资金补贴,授予相关公众"模范标兵""先进个人""古树名木保护爱心企业""古树名木保护爱心媒体"等荣誉称号,加强实际宣传等措施来促使公众将价值及重要性认知、管护认知转化为参与行为意向。

(3)应采取措施不断增强信息认知。可通过采取有奖答题、开发游戏小程序、研发文创产品、公交车、地铁广告的投放,设立古树名木保护微信公众号等形式,增强公众对于信息的认知。具体措施在 8.2.1 节已经提到,在此不再重述。

8.2.3　创新和优化公众参与形式

根据本章第 8.1 节得出的结论(3)可知,当前北京市古树名木保护与管理中的公众参与形式存在对社会力量的调动不足、对社会资金的吸纳不足、公众参与在深度和广度上处于初级水平、尚未融入到文化遗产保护中、专门性的非政府组织少、公众参与形式少的问题,为提高公众参与水平,需创新和优化公众参与形式。

(1)创新多种公众参与形式,加强对社会力量的调动。为此应根据对公众参与的不同要求,创新不同的参与形式。创新的各种参与形式之间并不是独立存在的,而是相互融合,相互联系的。①若是以获得公众信息为目标,此类决策对参与的深度要求不高,对参与的广度要求较高,因此可创新的参与形式有:设置专门的古树名木专家委员会;设置专门针对某一活动的专家小组;提倡公众自发建立古树名木爱好者联盟、古树名木保护会等组织;采取多种形式进行公众调查,例如通过在适当场合、适当位置设立二维码,通过让居民、游客扫描二维码,进入调查网页,填写问卷,也可向公众邮寄信件、拨打电话,或在各大新闻媒体网站上刊登调查链接。②若是以增进政策接受性为目标,此类政策的执行需要得到公众的广泛支持,否则无法顺利实施。只有双向沟通才能达成目标。参与形式包括公众大会、公众听证会、咨询委员会、公众论坛。③若是以建立政府与公众共同生产的伙伴关系为目标,则需要政府与公众在古树名木保护与管理中建立合作关系,此时可创新的参与形式是建立多个非政府组织,如古树名木保护学者联盟、古树名木爱好者志愿服务组、古树名木保护公益组织。

(2)创新面向公众的筹资形式,广泛吸纳社会资金。由于当前吸纳社会资金的渠道仅为使公众出资认养古树名木的方式来吸纳古树名木管护资金,存在对社会资金的吸纳不足的问题,应创新该类公众参与形式。①通过与支付宝的爱心捐赠应用进行合作,成立北京市古树名木保护的爱心公益项目,通过单笔捐、周捐、月捐、收益捐、一帮一等形式带动公众为古树名木的保护进行捐款。②与旅游景点的门票制度相结合。在生长有古树名木的旅游景点中,将门票设置为两种门票价格:包含为古树名木保护捐款的门票价格和不为古树名木保护捐款的门票价格。前者价格可以比后者价格多出一元钱。在购买门票时,依据游客个人的意愿进行购买。③在支付宝中创建类似于蚂蚁庄园的应用,例如古树名木庄园,通过设置虚拟的古树名木形象,公众通过对虚拟的古树名木进行养护获取爱心,通过积累并捐赠爱心来参与到古树名木保护项目中,在此过程中通过召集爱心企业,与爱心企业协议通过公众积累的爱心来决定捐款数额,或者购买养护设施。④在古树名木的出资认养中引入拍卖制度,在确定认养权的拍卖价格时,可以依据方法估算出古树的价值,依据价值的千分之一作为拍卖的起拍价进行拍卖。⑤还可与微信支付和 QQ 钱包中的腾讯公益、新浪微博中的微公益等公益项目进行合作,构建古树名木保护公益项目。

(3)采取措施加强公众参与的深度和广度,实现实质性参与,并将古树名木的保护融入到文化遗产保护中。为此:①应确保公众参与的主体涉及各种类型,应包括个人参与、非政府组织参与、精英参与、企业参与、媒体参与、其他社会团体参与;应确保公众参与的客体涉及各种类型,从公众参与的领域来看,应包括制度性参与、社会性参与、经济性参与,从公众参与的范围来看,应包括乡村街道,区县城区,市区范围,自然保护区、风景名胜区、森林公园、历史文化街区及历史名园。应做到这些方面均融入公众参与,并加强政府对于公众参与的重视,以实现实质性参与。②将古树名木的保护融入到文化遗产保护中。在文化遗产保护中心等文化遗产保护的非政府组织中增加古树名木保护。

(4)鼓励发展多种类型的公众参与古树名木保护的非政府组织。①第一类是专业类的非政府组织,由专家学者构成,例如古树名木保护学者联盟,包含各个领域的专家组成,例如,引入生物学家负责为北京市古树名木的养护复壮等进行生物学特性科学研究;引入艺术家负责以北京市古树名木作为创作题材进行歌舞、小品、相声等文艺作品的创作等。②第二类是公众志愿服务类的非政府组织,由广大古树名木爱好者构成,并鼓励广大古树名木爱好者自发组建古树名木保护组织,进行古树名木相关历史故事的交流,将相关历史故事通过语音、文字等形式记录下来,使之得以传承;并可负责对破坏古树名木的行为进行监督。③第三类是资金筹集类的非政府组织,主要负责从社会筹集古树名木保护资金,并监督资金的使用去向。例如,通过向社会公开发起捐款的形式筹集资金,成立北京市古树名木保护的爱心公益项目,通过单笔捐、周捐、月捐、收益捐、一帮一等形式带动公众为古树名木的保护进行捐款,还可使该非政府组织与支付宝、微信支付和 QQ 钱包中的腾讯公益、新浪微博中的微公益等公益项目进行合作,构建古树名木保护公益项目。

8.2.4 建立和完善公众参与运行机制

根据本章第 8.1 节得出的结论(4)可知,目前北京市古树名木保护与管理中公众参与运行机制并不完善,为提高公众的参与水平,需建立和完善公众参与运行机制。

(1)完善北京市古树名木保护与管理中的公众参与法治机制。完善的法治机制可以解决公众参与中"赋权"的问题。为此:①应在宪法中明确规定公众在参与古树名木保护与管理中享有的知情权、参与权和监督权。②在《北京市古树名木保护管理条例》及其实施办法中增加关于公众的知情权、参与权和监督权的内容,明确指出公众具有获取相关法律法规、政策、规划、措施、生长势情况、养护管理情况等的权利;明确指出公众具有参与到古树名木的保护与管理的决策的整个过程中的权利,并为公众的参与提供便捷的渠道,例如开设专门的邮箱、信箱、热线电话、网站专栏、办公博客,设立二维码,通过成立古树名木爱好者联盟等公益组织来参与;明确指出政府应将古树名木相关决策、执行情况的信息向公众内进行披露,披露的方式有举办发布会,接受记者采访等,以接受公众的监督。③在《首都古树名木认养管理办法》中增加公众有权获悉认养古树名木的树高、年龄、生长势情况、目前的养护管理情况等信息的内容。

(2)完善北京市古树名木保护与管理中的公众参与教育机制。完善的教育机制可以解决公众参与中"赋能"的问题。为此:①通过大众教育增强公众的认知。一方面应注重对少年儿童的教育,可组织学生观看古树名木保护纪录片,在班级板报、校报制作中添加古树名木的元素,组织学生参与"走进古树名木"等夏令营活动、冬令营活动。另一方面进行社会大众教育。在旅游景点配备虚拟翻书系统,使游客通过红外感应、液晶触摸屏实现动态翻书,通过增强阅读兴趣来增强对古树名木的了解;发动具有重要社会影响力的名人、明星在小红书、抖音、快手、好多视频、腾讯微视、微博等新兴媒体平台分享古树名木相关奇闻趣事;增设古树名木专业性电视节目,制作古树名木纪录片、公益广告、短视频、艺术化为电视剧;设立古树名木保护日。②通过专业教育增强公众的认知。在高校开设古树名木保护专业来进行专业人才培养,设置古树名木保护课程,设置古树名木保护研究方向,构建人才梯队,通过举办研讨会、交流会、青年论坛,积极开展国际交流。③通过职业教育增强公众的认知。针对古树名木在春、夏、秋和冬季的不同养护措施,以季度为周期进行定时培训,同时加强不定期培训,拓宽教育人群,采用模拟仿真教学法等增加被培训者的学习乐趣。

(3)完善北京市古树名木保护与管理中的公众参与激励机制。完善的激励机制可以调动公众参与的积极性。为此:①进行经济激励。就个人参与和精英参与而言,将参与古树名木保护与管理纳入其所在工作单位的绩效考核中;鼓励银行向参与古树名木保护与管理的企业提供融资服务,适当给予税收优惠;向参与古树名木保护与管理的非政府组织和其他社会团体其提供资金补贴。②进行榜样激励。授予"模范标兵""先进个人""古树名木保护爱心企业""古树名木保护爱心媒体"等荣誉称号。③进行内容激励。加强对公众参与到古树名木的保护中会得到的益处的宣传,可在地铁、公交站等人口密集地摆放大型宣传广告牌,通过明星进行公益视频宣传;开发古树名木游戏小程序,在游戏中开设交友板块、古树名木常识认知板块、古树名木历史传说故事板块、荣誉市民板块等来增强公众对于保护古树名木能获得的益处认知,寓教于乐。

(4)完善北京市古树名木保护与管理中的公众参与资金投入机制。确保古树名木的管护具有足够的资金。为此:①加强政府财政资金投入。应充分发挥中央财政资金的主导带头作用,加大北京市财政资金投入,接着带动区财政资金的投入。②加强公益性资金投入。可成立古树名木保护与管理基金会,与支付宝的爱心捐赠应用进行合作,成立北京市古树名木保护爱心公益项目;改革旅游景点的门票制度,将门票设置为包含为古树名木保护捐款的门票价格和不为古树名木保护捐款的门票价格;可通过拍卖认养权的方式,实现认养;发行古树名木公益彩票;加强对古树名木文创产品开发等手段。

(5)完善北京市古树名木保护与管理中的公众参与信息沟通机制。为此:①在政府发起型信息沟通中,古树名木管护政府部门应通过各种权威渠道,且公众方便获取信息、反馈信息的渠道进行传播。例如通过官网专栏、办公博客、微信公众号、官方微博、法制节目、成立古树名木专家关注组向公众解读信息。应确保传播的信息具有完整性、客观性、正面性。②在公众发起型信息沟通中,公众应可以通过各种方便、有效的渠道反映信息,选举古树名木保护非政府组织中的专家作为代表反映问题,可以政府主管部门为公众开设的邮箱、信箱、热线电话、网站专栏、办公博客反映问题,可以在各乡村街道、居民社区、风景名胜区、森林公园、历史文化街区及历史名园等地的公示栏中设立二维码,通过让公众扫描二维码出现相应网页来反映问题。

(6)完善北京市古树名木保护与管理中的公众参与合作机制。为此:①在决策制定阶段,古树名木管护政府部门就拟要制定的有关古树名木管护决策向公众征求意见,通过各种渠道邀请公众参与到古树名木决策中。②在决策执行阶段,依据决策制定阶段确立的决策,在实际工作中进行执行。政府应将决策执行过程中的信息向公众进行开放,使得参与决策的公众随时可以查询到政府决策的执行进程。③在决策评估阶段,古树名木管护政府部门通过授权内部专家对决策执行的效果进行评估,并邀请外部专家对决策执行的效果进行评估。评估结束后,政府主管部门应将评估手段与评估结果向公众进行披露。④在决策反馈阶段,政府主管部门需要将决策的最终结果反馈给公众,需将决策前与决策后对古树名木的保护与管理其带来的不同之处反馈给公众。

8.3　研究不足与展望

（1）本研究从公众参与的视角对北京市古树名木的保护与管理进行研究，重点关注了公众认知、参与情感对参与行为意向的影响机理，公众参与形式创新和公众参与运行机制构建，公众参与的监测与评估问题。由于本研究调研资料的有限性，研究有待于从不同角度进一步加深。例如，下一步可将公众参与的发展与政策的演变相结合进行分析，在更广阔的视角下对完善策略进行研究。

（2）由于当前北京市古树名木保护与管理中的公众参与研究尚处于初级阶段，因此研究受到了一定的局限，日后有待于进一步研究。例如，由于当前公众参与形式较少，许多公众参与形式还未应用到现实中，因此无法对其进行实际的监测与评估。在后续研究中，随着多种公众参与形式在现实中的应用，可及时对其进行监测与评估，以及时反映公众参与的效果。此外，随着越来越多的公众参与到北京市古树名木的管护中，会出现各种各样的问题。在后续研究中，应及时发现公众参与中出现的问题，及时加以解决，以确保北京市古树名木管护中公众参与的顺利进行，确保北京市古树名木得到有效保护。

参　考　文　献

1. 安迪,孙亚平. 古树名木价值评价指标体系初探[J].安装,2015(11):63-64.

2. 薄芳芳. 基于BPR的古树名木智能信息化管理系统研究[J].安徽农业科学,2016(32):204-206.

3. 北京市园林科学研究所. 公园古树名木[M].北京:中国建筑工业出版社,2012.

4. 北京市园林绿化局野生动植物保护处. 颁发新版"身份证"评出"北京最美十大树王" 北京古树名木保护管理全面升级[J].绿化与生活,2019(2):20-22.

5. 毕琳琳. 城市规划公众参与权法律制度研究[D].沈阳:辽宁大学,2015.

6. 蔡定剑. 公众参与及其在中国的发展[J].人民之友,2010(3):9-10.

7. 曹云.北京圆明园举办古树保护论证会[N].中国绿色时报,2018-06-05(第B3版).

8. 产金苗. 太湖县古树名木保护现状、问题及对策建议[J].安徽农学通报,2015,21(7):118-119.

9. 巢阳,卜向春,古润泽. 北京市古树保护现状及存在问题[J].北京园林,2005,21(2):38-41.

10. 陈德敏,霍亚涛. 我国节能减排中的公众参与机制研究[J].科技进步与对策,2010,27(6):86-90.

11. 陈东,刘细发. 社会管理的公众参与机制及其路径优化[J].湖南社会科学,2014(3):6-8.

12. 陈剩勇,徐珣. 参与式治理:社会管理创新的一种可行性路径——基于杭州社区管理与服务创新经验的研究[J].浙江社会科学,2013(2):62-72,158.

13. 陈尧. 从参与到协商:当代参与型民主理论之前景[J].学术月刊,2006(8):14-21.

14. 崔峰,丁风芹,何杨,等. 城市公园游憩资源非使用价值评估——以南京市玄武湖公园为例[J].资源科学,2012,34(10):1988-1996.

15. 代凯. 公众参与政府绩效管理:困境与出路[J/OL].中共天津市委党校学报,2017,19(2):90-95.

16. 邓敏贞. 公用事业特许经营中公众参与的反思与走向——以若干典型垃圾焚烧发电厂公众维权事件为实证分析对象[J].湖北社会科学,2016(11):140-148.

17. 董冬,周志翔,何云核,等. 基于游客支付意愿的古树名木资源保护经济价值评估——以安徽省九华山风景区为例[J].长江流域资源与环境,2011,20(11):1334-1340.

18. 董冬. 九华山风景区古树名木景观美学评价与保护价值评估[D].武汉:华中农业大学,2011.

19. 段世霞. 我国大型公共工程公众参与机制的思考[J].宁夏社会科学,2012(3):64-68.

20. 葛俊杰. 利益均衡视角下的环境保护公众参与机制研究[D].南京:南京大学,2011.

21. 郭维建. 红河州古树名木现状中的问题与对策[J].绿色科技,2016(7):107-109.

22. 国洪艳. 基于博弈的参与式土地利用规划决策研究[D]. 武汉:武汉大学,2011.

23. 何包钢. 怎样联系决策与协商[N]. 学习时报,2008-07-14(第005版).

24. 贺爱忠,杜静,陈美丽. 零售企业绿色认知和绿色情感对绿色行为的影响机理[J].中国软科学,2013(4):117-127.

25. 贺勇. 北京用心呵护古树名木[N]. 人民日报,2018-06-30(第10版).

26. 侯小伏. 英国环境管理的公众参与及其对中国的启示[J].中国人口·资源与环境,2004(5):127-131.

27. 胡乙,赵惊涛. "互联网+"视域下环境保护公众参与平台建构问题研究[J].法学杂志,2017,38(4):125-131.

28. 环境保护部宣传教育司公众参与调研组. 英国在环境共治与环保公众参与方面的经验及对我国的启示[J].环境保护,2017,45(16):67-68.

29. 黄德林,陈宏波,杨英云. 发达国家节能减排中的公众参与机制及其启示[J].资源与产业,2011,13(6):19-23.

30. 黄海艳. 发展项目的公众参与研究[D].天津:河海大学,2004.

31. 黄宁辉. 基于GIS的广东省古树名木信息管理系统的设计与应用[J].林业勘查设计,2012(3):110-112.

32. 江国华,梅扬. 重大行政决策公众参与制度的构建和完善——基于文本考察与个案分析的视角[J]. 学习与实践,2017(1):71-79.

33. 寇建良. 福州城区古树名木旅游资源综合评价与旅游产品策划[D].福州:福建师范大学,2009.

34. 雷硕,马奔,温亚利. 北京市民对古树名木保护支付意愿及影响因素研究[J].干旱区资源与环境,2017,31(4):73-79.

35. 李道平. 公共关系学[M].北京:高等教育出版社,2016.

36. 李菲,裴宗亭. 公众参与高速铁路建设问题的探讨[J/OL].铁道运输与经济,2016,38(8):97-100.

37. 李恒吉,曲建升. 低碳发展中的社会公众参与机制[J].人民论坛,2016(14):53-55.

38. 李记,徐爱俊. 古树名木旅游最优路线设计与实现[J].浙江农林大学学报,2018,35(1):153-160.

39. 李景鹏. 论制度与机制[J].天津社会科学,2010,3(3):49-53.

40. 李克恩. 温州市古树名木资源现状与价值评估研究[J].现代农业科技,2010(7):242-248.

41. 李丽娟,毕莹竹. 美国国家公园管理的成功经验及其对我国的借鉴作用[J].世界林业研究,2019(1):96-101.

42. 李天威,李新民,王暖春,等. 环境影响评价中公众参与机制和方法探讨[J].环境科学研究,1999(2):39-42.

43. 李琰. 农村土地整理中公众参与机制探析[J].农业经济,2013(9):29-31.

44. 李玉文,孙洪刚. 我国环境影响评价公众参与的现状和对策[J].环境科学动态,2004

（1）:3-5.

45. 李子奈,潘文卿.计量经济学(第四版)[M].北京:高等教育出版社,2015.

46. 刘福元.数字城管模式下公众参与的路径考察——基于实证视角的网站参与和市民城管通[J].电子政务,2017(2):86-95.

47. 刘嘉茵,韩利红.中国现代城市规划中的公众参与路径探析[J].河北学刊,2014,34(2):237-239.

48. 刘金龙,宋露露,周霆,等.参与式林业——参与式发展在森林管理中的实践[J].世界林业研究,1999(5):20-25.

49. 刘金龙,孙程艳,庞闽志.参与式林业政策过程方法的运用——以福建三明市制定林木采伐管理规定为例[J].林业经济,2010(12):103-107.

50. 刘金龙,孙程艳,徐飞.参与式林业政策过程方法——一个新的林业政策形成路径[J].林业经济,2011(2):82-86.

51. 刘金龙,叶敬忠,郑宝华.影响农民参与森林经营的因素[J].世界林业研究,2000(6):61-68.

52. 刘金龙,张译文,梁茗,等.基于集体林权制度改革的林业政策协调与合作研究[J].中国人口·资源与环境,2014,24(3):124-130.

53. 刘金龙,张译文,孟园.政府管理中伙伴关系的构建——以森林可持续经营为例[J].西北农林科技大学学报(社会科学版),2013,13(6):68-72,77.

54. 刘金龙.中国参与式林业的简要回顾和展望[J].林业科技管理,2004(1):28-30,33.

55. 刘金龙.中国参与式林业理论和实践的回顾和展望[J].林业经济评论,2012(2):188-193.

56. 刘凯.泰州城市古树名木定位与管理系统设计[J].江苏农业科学,2014(11):441-442.

57. 刘敏.天津建筑遗产保护公众参与机制与实践研究[D].天津:天津大学,2012.

58. 刘淑妍.当前我国城市管理中公众参与的路径探索[J].同济大学学报(社会科学版),2009,20(3):85-92.

59. 刘为勇.我国城乡规划公众参与规定之完善:权能理论视域[J].学习与实践,2017(4):76-85.

60. 刘卫平.浅谈古树名木的保护与管理——以山西潞城市为例[J].中国园艺文摘,2013(3):68-70.

61. 刘小蓓.日本乡村景观保护公众参与的经验与启示[J].世界农业,2016(4):135-138,154.

62. 刘小康.论行政决策公众参与度及其影响因素——基于中国经验的分析[J].北京行政学院学报,2017(4):54-62.

63. 刘欣然.食品安全监管的公众参与机制[J].人民论坛,2016(17):74-76.

64. 刘秀琴.兰州市古树名木调查及保护研究[D].兰州:兰州大学,2009.

65. 刘云松,陈家军,李文光,等.城市大型公共生态项目公众参与过程调查分析[J].环境科学与技术,2016,39(11):190-195.

66. 刘朱燕,姚新红,魏娜,等.如皋市古树名木资源现状及保护措施探讨[J].宁夏农林科技,

2016,57(4):11-12.

67. 柳昇平,胡浪云,王洪亮. 宜春市古树名木保护现状及建议[J].现代农业科技,2015 (21):173-174.

68. 龙运荣. 从意大利和英国管理模式看我国文化遗产保护的新思路[J].湖北社会科学, 2010(7):108-110.

69. 卢青. 生态安全公众参与的实现[J].求索,2015(9):10-13.

70. 陆安忠. 上海地区古树名木和古树后续资源现状及保护技术研究[D].杭州:浙江大学,2009.

71. 吕建华,柏琳. 我国海洋环境管理公众参与机制构建刍议[J].中国海洋大学学报(社会科学版),2017(2):32-38.

72. 马龙波. 开发建设项目占用林地价值损失计量与恢复效益研究[D].北京:北京林业大学,2013.

73. 米锋,李吉跃,张大红,等. 北京地区林木损失额的价值计量研究——有关古树名木科学文化价值损失额计量方法的探讨[J].北京林业大学学报(增刊),2006,28(S2):141-148.

74. 欧卫明,龙彩霞,张雄风,等. 桃江县古树名木保护现状及对策[J].湖南林业科技,2010, 37(2):104-106.

75. 庞成才. 平度市古树名木现状及保护对策[J].科技展望,2016(4):261.

76. 彭翀,李婷,彭仲仁,等. 美国小城镇总体规划编制的公众参与组织案例研究——以德州丹顿大学城为例[J].现代城市研究,2016(9):60-66.

77. 彭正波. 地方公共产品供给决策中的公众参与研究[J].经济体制改革,2009(3):28-32.

78. 齐少波,江闪闪. 基于层次分析法的高校教师绩效考核评价体系构建研究[J].河北企业,2018(4):96-98.

79. 齐卫平,朱联平. 构建党的执政能力运作机制刍议[J].理论导刊,2006(2):45-47.

80. 任丙强. 西方环境决策中的公众参与:机制、特点及其评价[J].行政论坛,2011,18(1):48-51.

81. 尚文博.北京设立古树保护专项基金[N].中国绿色时报,2019-08-07(第01版).

82. 沈启昌. 古树名木林木价值评估探讨[J].绿色财会,2006(1):39-41.

83. 施海. 北京市古树名木资源存在的问题及保护管理对策(二)[J].绿化与生活,2006(5):22-23.

84. 施海. 北京市古树名木资源存在的问题及保护管理对策(一)[J].绿化与生活,2006(4):18-20.

85. 石河. 北京首次设立"古树名木保护专项基金"助推41865株古树名木更"健康"[J].绿化与生活,2019(6):20-27.

86. 首都园林绿化政务网. 见证古都—北海团城白袍将军和遮荫侯[EB/OL] http://www. bjyl. gov. cn/ztxx/jzgd/jzbjls/201510/t20151013 _ 164609. html, 2015 - 10 - 13/2018/ 03-10.

87. 宋妍,张明. 公众认知与环境治理:中国实现绿色发展的路径探析[J].中国人口·资源与环境,2018,28(8):161-168.

88. 孙柏瑛.公民参与形式的类型及其适用性分析[J].中国人民大学学报,2005(5):124-129.

89. 孙超,车生泉.古树名木景观价值评价——程式专家法研究[J].上海交通大学学报(农业科学版),2010,28(3):209-217.

90. 孙超.上海市松江区古树名木景观评价研究[D].上海:上海交通大学,2009.

91. 孙春艳.零陵区古树名木的保护现状及对策[J].绿色科技,2015(12):163-164.

92. 孙丰军,米锋,吴卫红,等.北京地区林木损失额的价值计量研究——有关古树名木生长势系数确定方法的探讨[J].广东林业科技,2008,24(5):45-48.

93. 孙海涛.水资源管理中的公众参与制度研究[J].理论月刊,2016(9):104-110.

94. 锁喜鹏,朱聿利,李琴义.偃师市古树名木的现状调查及保护对策[J].国土绿化,2016(11):52-53.

95. 汤姚华,潘建萍,黄祯强.上海地区古树名木价值的计量方法探讨[J].上海建设科技,2014(1):68-70.

96. 唐萌.迈向互动式公众参与理念[D].长春:吉林大学,2009.

97. 田达睿.法国生态街区建设的最新实践经验与借鉴——以巴黎克里希街区和里昂汇流区项目为例[J].城市规划,2014,38(9):57-63.

98. 汪劲,李启家.当代中国和世界环境法研究的若干新课题——环境法国际学术研讨会述评[J].法学评论,1993(1):89-90.

99. 王碧云,修新田,兰思仁.古树名木文化价值货币化评估[J].林业经济问题,2016,36(6):565-570.

100. 王彬辉.新修订《环境保护法》"公众参与"条款有效实施的路径选择——以加拿大经验为借鉴[A]//环境保护部政策法规司、中国环境资源法学研究会、上海财经大学、上海政法学院.2014年《环境保护法》的实施问题研究——2015年全国环境资源法学研讨会(年会)论文集[C].环境保护部政策法规司、中国环境资源法学研究会、上海财经大学、上海政法学院:中国法学会环境资源法学研究会,2015:7.

101. 王斌,马玉美,王新,等.提高建设项目环境影响评价中公众参与的有效性[J].科技进步与对策,2005(3):132-133.

102. 王博,郭俊刚,奇辉,等.渭南市古树名木保护调查研究[J].现代农业科技,2015(16):169-175.

103. 王博兰.北京市古树名木损失赔偿办法[J].国土绿化,2000(4):33.

104. 王春雷.基于有效管理模型的重大事件公众参与研究——以2010年上海世博会为例[D].上海:同济大学,2008.

105. 王春雷.重大事件公众参与的国际经验与教训[J].世界地理研究,2008,17(4):49-58.

106. 王春玲,王久丽.北京市古树名木管理系统介绍[J].中国花卉园艺,2008(4):16-17.

107. 王存刚.公众对中国外交的参与及其影响——基于2003年的三个案例的研究[J].外交评论(外交学院学报),2010,27(3):74-96.

108. 王丹英,王建炜,潘声雷.北京市古树保护存在的问题及管理对策[J].林业资源管理,2007(6):29-33.

109. 王海燕.树木认养费花在哪要出明细[N].北京日报,2014-03-24(第01版).

110. 王红梅,刘红岩. 我国环境治理公众参与:模型构建与实践应用[J].求是学刊,2016,43 (4):65-71.

111. 王继程. 古树名木综合价值评价研究[D].南京:南京农业大学,2011.

112. 王敬. 公众参与土地管理是农村发展的基本原则和核心内容——德国巴伐利亚州的成功经验[J].资源与产业,2008(1):94-96.

113. 王利敏,欧名豪,邵晓梅,等. 土地利用规划公众参与表达机制构建[J].生态经济,2010 (1):38-41.

114. 王莲芬,许树柏. 层次分析法引论[M].北京:中国人民大学出版社,1990.

115. 王鹏. 新媒体与城市规划公众参与[J].上海城市规划,2014(5):21-25.

116. 王曦. 试论美国联邦和州宪法在环境权问题上的发展[J].武汉大学学报(社会科学版),1992(3):88-91.

117. 王艳莉,赖胜男,丁思统. 吉安古树生态效益货币计量探析[J].江西林业科技,2008 (3):30-32.

118. 王越. 我国生态文明建设公众参与研究[D].大连:大连理工大学,2015.

119. 王梓慕,高明,黄清煌,等. 环境政策、环保投资与公众参与对工业废气减排影响的实证研究[J].生态经济,2017,33(6):172-177.

120. 韦如梅. 城市治理中的公民参与:新加坡经验的中国借鉴[J].湖北社会科学,2014(8): 51-54.

121. 毋晓蕾. 美国和日本两国激励公众参与食品安全监管制度及其经验借鉴[J].世界农业,2015(6):81-85.

122. 吴建南,徐萌萌,马艺源. 环保考核、公众参与和治理效果:来自31个省级行政区的证据[J].中国行政管理,2016(9):75-81.

123. 吴明隆. 结构方程模型:AMOS 的操作与应用(第 2 版)[M].重庆:重庆大学出版社,2017.

124. 武小军,刘行波,范娟娟. 城市古树名木管理信息系统的设计与实现[J].城市勘测,2010 (S1):46-48.

125. 向德平,王志丹. 城市社区管理中的公众参与[J].学习与探索,2012(2):37-39.

126. 向荣淑. 公众参与城市治理的障碍分析及对策探讨[J].探索,2007(6):69-71.

127. 肖军,刘金龙. "参与式"管理在现代营造林工程中的作用[J].防护林科技,2008(1): 29-31.

128. 肖萍,卢群. 城市治理过程中公众参与问题研究——以政府特许经营 PPP 项目为对象 [J]. 南昌大学学报(人文社会科学版),2016,47(6):89-94.

129. 谢琳琳,杨宇. 政府投资建设项目决策中公众参与实证研究[J].建筑经济,2012(8): 34-38.

130. 谢起慧,褚建勋. 基于社交媒体的公众参与政府危机传播研究——中美案例比较视角 [J]. 中国软科学,2016(3):130-140.

131. 徐敏. 收费公路政策的公众态度与公众参与机制研究[D].成都:长安大学,2016.

132. 徐炜. 古树名木价值评估标准的探讨[J].华南热带农业大学学报,2005,11(1):66-69.

133. 许世光,魏建平,曹轶,等.珠江三角洲村庄规划公众参与的形式选择与实践[J].城市规划,2012,36(2):58-65.

134. 杨秋波.邻避设施决策中公众参与的作用机理与行为分析研究[D].天津:天津大学,2012.

135. 杨晓晶.古树名木旅游资源评价体系的构建及其在福州市的应用[D].福州:福建师范大学,2008.

136. 杨有运.腾冲市曲石镇古树名木保护存在的问题及对策[J].农业科技与信息,2016(7):115-119.

137. 杨娱,田明华,黄三祥,等.公众认知、情感对公众参与古树名木保护与管理的行为意向影响研究——以北京市为例[J].干旱区资源与环境,2019,33(7):49-55.

138. 杨娱,田明华,秦国伟,等.城市古树名木综合价值货币化评估研究——以北京市古树"遮荫侯"为例[J].干旱区资源与环境,2019,33(6):185-191.

139. 杨韫嘉,王晓辉,乐也,等.古树名木价值等级的评估研究[J].中国农学通报,2014,30(10):28-34.

140. 叶永昌,刘颂颂,黄炜棠,等.古树名木信息查询网站构建——以东莞市建成区为例[J].广东林业科技,2008(1):67-70.

141. 尹俊杰,黄三祥.北京市古树名木保护管理问题及对策[J].北京园林,2014,30(1):3-8.

142. 尹小俊,颜建辉,吴允平.基于物联网技术的古树名木环境监测系统[J].微型机与应用,2016(10):63-66,69.

143. 尤建新,蔡三发,王江.城市管理中公众参与问题分析[J].上海管理科学,2003(4):50-52.

144. 余建荣,程建慧.衢州市柯城区古树名木生存现状调查及保护管理对策研究[J].现代农业科技,2014(11):189-191.

145. 余晓泓.日本环境管理中的公众参与机制[J].现代日本经济,2002(6):11-14.

146. 俞可平.公众参与的几个理论问题[N].学习时报,2006-12-18(第005版).

147. 约翰·克莱顿·托马斯.公共决策中的公众参与:公共管理者的新技能与新策略[M].北京:中国人民大学出版社,2005.

148. 詹运洲,周凌.生态文明背景下城市古树名木保护规划方法及实施机制的思考——以上海的实践为例[J].城市规划学刊,2016(1):106-115.

149. 占拥法,吕律英.浙江松阳古树名木资源保护初探[J].低碳世界,2016(4):219-220.

150. 张大华,刘金龙,张敏新.社区参与森林管理及对天然林保护工程的启示[J].南京林业大学学报(人文社会科学版),2002(3):28-32.

151. 张建民.加强古树名木保护管理问题探讨[J].绿化与生活,2007(6):24-27.

152. 张三焕,赵国柱,田允哲,等.长白山珲春林区森林资源资产生态环境价值的评估研究[J].延边大学学报(自然科学版),2001(2):126-134.

153. 张文博,郭建军,张青萍.基于PPGIS公众参与的南京锁金村社区微更新研究[J].科技促进发展,2018,14(Z1):89-103.

154. 张小航,贺慨,徐磊.论公共体育服务中的公众参与机制[J].体育文化导刊,2017(1)：13-15,56.

155. 张心.城市遗产保护的人本视角研究[D].济南：山东大学,2016.

156. 张占录,胡红梅,张远索.台湾农村社区土地重划的公众参与机制——以过沟农村社区为例[J].地域研究与开发,2013,32(5)：133-137.

157. 张占平,蒋荣山.农村古树名木价值评估的探讨[J].湖南林业科技,2010,37(6)：28-31.

158. 赵德关.城市管理公众参与的理性思考[J].上海城市管理职业技术学院学报,2006(3)：14-18.

159. 赵立魁,苏向辉,赵金鹏,等.校园古树名木资源调查及保护探讨——以新疆农业大学为例[J].中国园艺文摘,2016(6)：73-78.

160. 郑涛,张林.洛阳市城区古树名木保护管理现状分析与思考[J].现代园艺,2016(6)：154-155.

161. 周丁扬,安萍莉,张凤荣,等.土地利用总体规划公众认知程度分析——以北京市顺义区为例[J].中国土地科学,2007(6)：29-34.

162. 周建,施国庆,李菁怡.城市建设征地拆迁中的公众参与——以某机场扩建工程为例[J].技术经济与管理研究,2010(1)：73-76.

163. 周婕,姚文萃,谢波,等.从博弈到平衡：中西方旧城更新公众参与价值观探析[J].城市发展研究,2017,24(2)：84-90.

164. 周珂,史一舒.环境行政决策程序建构中的公众参与[J].上海大学学报(社会科学版),2016,33(2)：14-26.

165. 周映华.公共决策中的公民参与——论约翰·克莱顿·托马斯的公民参与的有效决策模型[J].四川行政学院学报,2006(3)：13-15.

166. 庄晨辉,方艺辉,陈铭潮,等.福建省古树名木管理信息系统设计和实现[J].华东森林经理,2015(2)：59-62.

167. 庄晨辉,吴朝明.福建省古树名木现状调查与保护对策[J].福建林业,2013(6)：26-27.

168. Elmerghany A H, Paulus G. UsingMinecraft as a geodesign tool for encouraging public participation in urban planning[J]. Elmerghany & Paulus, 2017(1)：300-314.

169. Maidin A J. Access topublic participation in the land planning and environmental decision making process in Malaysia[J]. International Journal of Humanities and Social Science, 2011,1(3)：148-164.

170. Aiyeola A. Assessment ofattitude, motivation, and information on public participation in environmental impact assessment of the MRT Project in Malaysia[J]. International Journal of Interdisciplinary Environmental Studies, 2015, 10(1)：1-10.

171. Ajzen I. The theory of planned behavior[J]. Organization Behavior and Human Decision Processes,1991,50：179-211.

172. Alam K. Factorsaffecting public participation in river ecosystem restoration：using the contingent valuation method[J]. Journal of Developing Areas, 2013, 47(1)：223-240.

173. Amasuomo E, Tuoyo O J A, Hasnain S A. Analysis ofpublic participation in sustainable waste management practice in Abuja, Nigeria［J］. Environmental Management and Sustainable, 2015, 4(1):180.

174. Trant A J, Jameson R G,Hermanutz L. Persistence at the tree line: old trees as opportunists ［J］. Arctic, 2011, 64(3): 367-370.

175. Mwenda A N, Bregt A K, Ligtenberg A, Kibutu T N. Trends in consultation and public participation within environmental impact assessment in Kenya［J］. Impact Assessment and Project Appraisal, 2012,30(2): 130-135.

176. Arnstein S R. A ladder of citizen participation［J］.Journal of the American Institute of Planners, 1969,35(4):216-224.

177. Asko Lõhmus, Piret Lõhmus. Old-Forest species: the importance of specific substrata vs. stand continuity in the case of Calicioid Fungi［J］. Silva Fennica, 2011, 45(5): 1015-1039.

178. Ast J A V, Gerrits L. Public participation, experts and expert knowledge in water management in the Netherlands［J］. Water Policy, 2017, 19(1): 115-127.

179. Beierle T C, Cayford J. Democracy in practice: public participation in environmental Decisions［M］. Washington, D. C: Resources for the Future,2002.

180. Brown G, Chin S Y W. Assessing theeffectiveness of public participation in neighborhood planning［J］. Planning Practice & Research, 2013, 28(5):563-588.

181. Brown G. Engaging the wisdom of crowds and public judgment for land use planning using public participation geographic information systems［J］.Australian Planner, 2015, 52(3):199-209.

182. Jim C Y. Evaluation ofheritage trees for conservation and management in Guangzhou city (China)［J］. Environmental Management, 2004,33(1):74-86.

183. Jim C Y. Floristics, performance and prognosis of historical trees in the urban forest ofGuangzhou city (China)［J］. Environmental Monitoring and Assessment, 2005(102): 285-308.

184. Jim C Y. Formulaicexpert method to integrate evaluation and valuation of heritage trees in compact city. Environmental Monitoring and Assessment, 2006(116): 53-80.

185. Jim C Y, Zhang H. Defect-disorder and risk assessment of heritage trees in urban Hong Kong ［J］.Urban Forestry & Urban Greening, 2013(12): 585-596.

186. Jim C Y, Zhang H. Species diversity and spatial differentiation of old-valuable trees in urban Hong Kong［J］.Urban Forestry & Urban Greening, 2013(13): 171-182.

187. Jim C Y. Outstanding remnants of nature in compact cities: patterns and preservation of heritage trees in Guangzhou city (China)［J］.Geoforum, 2005(36): 371-385.

188. Jim C Y. Spatial differentiation and landscape-ecological assessment of heritage trees in urban Guangzhou (China)［J］. Landscape and Urban Planning, 2004(69): 51-68.

189. Cooper T L. Civic Engagement in the Twenty-First Century: Toward a Scholarly and Practical Agenda［J］.Public Administration Review, 2005, 65(5):534-535.

190. Roux D S L, Ikin K, Lindenmayer D B, Adrian D. Manning, Philip Gibbons. Thefuture of

large old trees in urban landscapes[J]. Plos One, 2014, 9(6):1-11.

191. Lindenmayer D B, Laurance W F, Franklin J F. Globaldecline in large old trees [J]. Science, 2012, 338(7):1305-1306.

192. Bugs G, Granell C, Fonts O, Huerta J, Painho M. An assessment of public participation GIS and Web 2. 0 technologies in urban planning practice in Canela, Brazil[J]. Cities, 2010, 27 (3): 172-181.

193. Gordon E, Baldwin-Philippi J. Playfulcivic learning: enabling reflection and lateral trust in game-based public participation[J]. International Journal of Communication, 2014, 8(1): 759-786.

194. Orłowski G, Nowak L. The importance of marginal habitats for the conservation of old trees in agricultural landscapes[J].Landscape & Urban Planning,2007,79(1):77-83.

195. Ross H, Baldwin C & Carter R W (Bill). Subtle implications: public participation versus community engagement in environmental decision-making[J].Australasian Journal of Environmental Management, 2016, 23(2): 123-129.

196. Alberdi I, Cañellas I, Hernández L, Condés S. A new method for the identification of old-growth trees in National Forest Inventories: application to Pinus halepensis Mill. stands in Spain[J]. Annals of Forest Science, 2013, (70):277-285.

197. Pandya I Y. Estimation of carbon storage inMitragyna parviflora heritage tree species of Purna Wildlife Sanctuary of Dangs District of Vibrant Gujrat [J]. Indian J. L. Sci. , 2012, 2 (1): 77-79.

198. Whittona J, Brasier K, Charnley-Parrya I, Matthew Cotton. Shale gas governance in the United Kingdom and the United States: opportunities for public participation and the implications for social justice[J]. Energy Research & Social Science, 2017(26): 11-22.

199. Hadley J L, Schedlbauer J L Carbon exchange of an old-growth eastern hemlock (Tsuga Canadensis) forest in central New England[J]. Tree Physiology, 2002(22): 1079-1092.

200. Briffa K R. Annual climate variability in the Holocene: interpreting the message of old trees [J]. Quaternary Science Reviews, 2000(19):87-105.

201. Winmore K, Sumaiya A D, Heinz B, Chemura Abel. Assessingpublic participation in water conservation and water demand management in water stressed urban areas: insights from the City of Gweru, Zimbabwe[J]. Review of Social Sciences, 2016,1(8): 30-43.

202. Karimifard L. Urban sustainable development from public participation in urban management [J].Capital Urban Manage, 2016,1(2): 141-148.

203. Feller M C. Coarse woody debris in the old-growth forests of British Columbia[J].Environ. Rev. , 2003(11): 135-157.

204. Kaji M. Role of experts and public participation in pollution control: the case of Itai-itai disease in Japan[J].Ethics in Science and Environmental Politics, 2012(12): 99-111.

205. Hribar M S, Lisec A. Protecting trees through an inventory and typology: heritage trees in the Karavanke Mountains, Slovenia[J]. Acta geographica Slovenica, 2011,51(1):170-188.

206. Kaufmann M R. To live fast or not: growth, vigor and longevity of old-growth ponderosa pine andlodgepole pine trees[J]. Tree Physiology, 1995(16): 139-144.

207. Miguel Martínez-Ramos, Elena R. Alvarez-Buylla. How old are tropical rain forest trees? [J]. Trends in Plant Science, 1998, 3(10):400-405.

208. Phillips N G, Buckley T N, Tissue D T. Capacity ofold trees to respond to environmental change[J]. Journal of Integrative Plant Biology, 2008, 50 (11): 1355-1364.

209. Pederson N. External Characteristics ofold trees in the eastern deciduous forest[J]. Natural Areas Journal, 2010,30(4):396-406.

210. Neshkova M I, Guo H. Public Participation and Organizational Performance: Evidence from State Agencies[J]. Journal of Public Administration Research & Theory, 2012, 22(22): 267-288(22).

211. Becker N, Freeman S. The economic value of old growth trees in Israel[J].Forest Policy and Economics, 2009(11): 608-615.

212. Rackham O. Ancient woodlands: modern threats [J]. New Phytologist, 2008 (180): 571-586.

213. Burton P J, Kneeshaw D D, Coates K D. Managing forest harvesting to maintain old growth in boreal and sub-boreal forests[J]. The Forestry Chronicle,1999,75(4):623-631.

214. Mohamad R S, Bteich M R, Cardone G, Marchini A. Economic analysis in organic olive farms: the case of the old olive trees in the rural parkland in Apulia[J].New Medit N, 2013 (4):55-61.

215. Le R D, Ikin K, Lindenmayer D B, Manning AD, Gibbons P. The future of large old trees in urban landscapes[J]. Plos One,2014,9(6).

216. Johnson S E, Abrams M D. Age class, longevity and growth rate relationships: protracted growth increases in old trees in the eastern United States [J]. Tree Physiology,2009(29): 1317-1328.

217. Wagner S A, Vogt S, Kabst R. The future of public participation: Empirical analysis from the viewpoint of policy-makers [J]. Technological Forecasting & Social Change, 2016(106): 65-73.

218. Chai S L, Tanner E V J. 150-year legacy of land use on tree species composition in old-secondary forests of Jamaica[J].Journal of Ecology, 2011(99): 113-121.

219. Hood S M. Mitigatingold tree mortality in long-unburned, fire-dependent forests: a synthesis [R]. USDA Forest Service - General Technical Report RMRS-GTR, 2010.

220. Charnleya S, Engelbertb B. Evaluating public participation in environmental decision-making: EPA's superfund community involvement program[J]. Journal of Environmental Management, 2005(77):165-182.

221. The World Bank. Publicinvolvement in environmental assessment: requirements, opportunities and issues[R]. The World Bank, Washington D. C. , U. S. A, 1993.

222. Gera W. Public participation in environmental governance in the Philippines:the challenge of

consolidation in engaging the state[J]. Land Use Policy, 2016(52): 501-510.

223. Keeton W S, Franklin J F. Fire-related landform associations of remnant old-growth trees in the southern Washington Cascade Range[J].Canadian Journal of Forest Research-Revue Canadienne de Recherche Forestiere, 2004,34(11): 2371-2381.

224. Wright Z M. Avoice for the community: public participation in wind energy development[J]. Dalhousie Journal of Interdisciplinary Management, 2012, 8(Spring):1-17.

附　　录

附录 A 公众对古树名木保护与管理的认知、参与情感、参与行为意向调查问卷

尊敬的先生/女士：

您好！非常感谢您能参与本次问卷调查。为了解公众对于古树名木保护与管理的认知、参与情感、参与行为意向,提高公众的参与意识,实现古树名木的有效保护,我们在北京市开展了这项调查。本调查遵循《中华人民共和国统计法》要求,是匿名调查,调查结果仅用于统计分析。再次感谢您的配合和支持!

《北京市古树名木保护与管理中的公众参与机制研究》课题组

2018 年 7 月

古树名木是我国的自然文化双重遗产,保留了宝贵的物种资源,记载了历史的演变,它孕育了自然美丽的生态奇观,孕育着广大人民群众的思乡之情,保护古树名木,是加强历史文化传承的重要举措。加强古树名木保护,对于推进美丽中国建设也有重要作用。北京的古树名木是首都悠久历史的见证,是北京活的编年史,北京是全世界保存个数名目最多的大都会,北京也是全国范围内率先开展古树名木保护的省市。加强对于北京市古树名木的保护与管理,具有十分重要的意义。

调查员签字：　　　　　　　　　　　调查日期： 年 月 日

第一部分:公众对于古树名木的相关认知	
题号	问题及选项
1	您了解古树名木的含义吗? A. 十分了解　　　　　B. 了解一些　　　　　C. 不了解
2	您了解古树名木的分类吗? A. 十分了解　　　　　B. 了解一些　　　　　C. 不了解
3	您认为古树名木有历史文化价值吗? A. 有　　　　　　　　B. 没有　　　　　　　C. 不清楚
4	您认为古树名木有景观价值吗? A. 有　　　　　　　　B. 没有　　　　　　　C. 不清楚
5	您认为古树名木有科学研究价值吗? A. 有　　　B. 没有　　　C. 不清楚
6	您认为古树名木有生态价值吗? A. 有　　　B. 没有　　　C. 不清楚

（续）

第一部分:公众对于古树名木的相关认知	
题号	问题及选项
7	您认为古树名木有林副产品价值吗? A. 有　　　　B. 没有　　　　C. 不清楚
8	您认为有必要对古树名木进行保护与管理吗? A. 有必要　　　B. 没必要　　　C. 无所谓
9	当前北京市共发布了 15 项关于古树名木保护与管理的规定。您听说过几项? A. 0 项　　　B. 1~3 项　　　C. 4~6 项　　　D. 7~9 项　　　E. 10~12 项 F. 13~15 项
10	您了解当前北京市古树名木管护责任的划分情况吗? A. 十分了解　　B. 了解一些　　C. 不了解
11	您认为保护古树名木是每个人都具有的权利和义务吗? A. 是每个人都具有的权利和义务 B. 是每个人都具有的权利,但不是义务 C. 是每个人都具有的义务,但不是权利 D. 既不是权利,也不是义务 E. 不清楚
12	以下行为中,您认为哪些属于损害古树名木的行为(多选题)? A. 刻画钉钉　　B. 缠绕绳索　　C. 攀树折枝　　D. 剥损树皮　　E. 借用树干做支撑物 F. 擅自采摘果实　　G. 树冠外缘三米内挖坑取土　　H. 树冠外缘三米内动用明火 I. 树冠外缘三米内排放烟气　　J. 树冠外缘三米内倾倒污水污物　　K. 树冠外缘三米内堆 放危害树木生长的物料　　L. 树冠外缘三米内修建建筑物或者构筑物 M. 擅自移植　　N. 砍伐　　O. 其他(请注明)_____
13	您从以下哪些渠道了解过古树名木(多选题)? A. 旅游景点里的介绍　　B. 报纸　　C. 课本　　D. 手机上网　　E. 电脑上网 F. 电视　G. 广播　H. 书籍、杂志　I. 开展的文化活动　J. 发放的宣传资料　　K. 其他渠 道(请注明)_____　　L. 未从任何渠道获取过
14	您是否认为当前北京市古树名木管护力度很大、管护效果良好? A. 是的,我认为管护力度很大、管护效果良好 B. 我认为有一定管护力度,但仍存在问题 C. 我认为管护力度不大、管护效果不好 D. 不清楚

（续）

	第一部分：公众对于古树名木的相关认知
题号	问题及选项
15	您是否认为当前北京市古树名木管护专家、技术人员技术水平高？ A. 是的，我认为管护专家、技术人员技术水平高 B. 我认为有一定技术水平，但仍需提高 C. 我认为管护水平不高 D. 不清楚
16	您参与过古树名木的保护与管理活动吗？ A. 参与过　　　　　　B. 没参与过 若您参与过，请问是如何参与的_____
17	您身边有人参与过古树名木的保护与管理活动吗？ A. 参与过　　　　　　B. 没参与过　　　　　　C. 不清楚 若他/她参与过，请问是如何参与的_____
	第二部分：公众对于古树名木保护与管理的参与情感
18	假设您现在参与北京市古树名木管护活动（只是假设，并不需要您马上参与）： (1) 您认为是一件很有意义的事情吗？ A. 是　　　B. 不是　　　C. 说不准 (2) 您认为会得到身边人的支持吗？ A. 会　　　B. 不会　　　C. 说不准 (3) 您认为会使您感到很愉快吗？ A. 会　　　B. 不会　　　C. 说不准 (4) 您认为自己会从中获得哪些好处（多选题）？ A. 结交了很多朋友　　　B. 认识了很多树木　　　C. 知道了很多历史故事 D. 打发了很多无聊的时间　　　　　　E. 为社会贡献了自己的一份力量 F. 其他（请注明）_____　　　G. 并不会带来任何好处
	第三部分：公众对于古树名木保护与管理的参与行为意向
19	以下北京市举办的古树名木保护活动中，您愿意参加的是（多选题）： A. 公益讲座　　　　　B. 志愿者活动　　　　　C. 古树名木保护的政策制定 D. "品古树风韵"等文化活动　　　　E. 寻找"最美古树名木"大赛等竞赛活动 F. 都不感兴趣，都不愿意参加
20	对于损伤、破坏古树名木的行为： (1) 您是否会进行劝阻？ A. 绝对会　　　B. 应该会　　　C. 说不准　　　D. 应该不会　　　E. 绝对不会 (2) 您是否会向政府部门揭发违法犯罪行为？ A. 绝对会　　　B. 应该会　　　C. 说不准　　　D. 应该不会　　　E. 绝对不会

（续）

	第三部分：公众对于古树名木保护与管理的参与行为意向
21	《首都古树名木认养管理办法》中规定认养古树名木是首都市民履行植树义务的重要形式，以出资认养为主，以出劳认养为辅。 （1）您愿意以"出资认养"方式认养古树名木吗？（一棵树一年约 1500 元） A. 十分愿意　B. 比较愿意　C. 说不准　　　D. 不太愿意　　E. 十分不愿意 （2）您愿意以"出劳认养"方式认养古树名木吗？ A. 十分愿意　B. 比较愿意　C. 说不准　　　D. 不太愿意　　E. 十分不愿意
22	您愿意向身边的人宣传北京市古树名木保护与管理的重要性吗？ A. 十分愿意　B. 比较愿意　C. 说不准　　　D. 不太愿意　　E. 十分不愿意
23	您愿意就北京市古树名木的保护与管理问题向管护责任者献言献策吗？ A. 十分愿意　B. 比较愿意　C. 说不准　　　D. 不太愿意　　E. 十分不愿意
24	您愿意为北京市古树名木管护支付一定金额吗？（只是假设，不需实际支付） A. 愿意　　　　　B. 不愿意（直接跳到 27 题）
25	您每年愿意支付的费用是多少（只是假设，并不需要您实际支付）？请在相应金额后面的括号内打钩（√） 　1~5 元（　）　　　　6~10 元（　）　　　11~15 元（　）　　　16~20 元（　） 21~30 元（　）　　31~40 元（　）　　41~50 元（　）　　51~60 元（　） 61~70 元（　）　　71~80 元（　）　　81~90 元（　）　　91~100 元（　） 101~150 元（　）　151~200 元（　）　201~300 元（　）　301~400 元（　） 401~500 元（　）　501~600 元（　）　　其他（请注明）＿＿＿＿＿＿＿
26	（25 题选 A，请忽略此题）若您不愿意支付一定金额，原因是：（多选题） A. 自己收入有限，无能力支付 B. 担心所支付的费用很可能用不到资源保护上 C. 费用应该由政府、管护责任者或企业支付 D. 景区门票费中应该包括保护费用（若您在收费景区） E. 对古树名木的保护与管理不感兴趣 F. 自身居住地距此地远，是否支付不会对自身带来影响 G. 其他原因（请注明）＿＿＿＿＿＿＿＿＿＿＿
27	您认为您在参与北京市古树名木保护中，遇到的困难是（多选题）： A. 政府的奖励措施不够，没有调动我参与古树名木保护的积极性 B. 政府缺乏支持参与的政策，担心参与过程中权利得不到保障 C. 遇到问题不知向谁反映 D. 对古树名木并不了解，不能提出有针对性的意见和问题 E. 没有时间参与 F. 居住地离北京市较远　　　G. 其他（请注明）＿＿＿＿＿＿＿＿＿＿
	第四部分：受访者的基本情况
28	您的性别是 A. 男　　　　B. 女

（续）

	第四部分:受访者的基本情况
29	您的民族是 A. 汉　B. 壮　　C. 回　　D. 满　　E. 维吾尔　　F. 其他(请注明)_____
30	您的年龄范围在 A.18 岁及以下　　B. 19~22 岁　　C.23~25 岁　D. 26~30 岁　E. 31~40 岁 F. 41~50 岁　　G. 51~60 岁　　H. 61 岁及以上
31	您的月平均收入水平是 A. 没有收入　　　　　B. 有收入,在 3000 元及以下　　　　C. 3001~5000 元 D. 5001~8000 元　E. 8001~10000 元　F. 10001~13000 元　G. 13001~15000 元 H. 15001~18000 元　I. 18001 元及以上
32	您的学历为 A. 小学及以下　　　　B. 初中　　　C. 高中及中专　　　　D. 专科 E. 本科　　　　　　　F. 硕士　　　G. 博士
33	您的职业为 A. 退休人员　B. 农民　　C. 工人　　　D. 学生　　　E. 公务员 F. 事业单位人员　G. 企业人员　H. 教师　　　I. 私营企业主或个体经营 J. 受雇于个体经营者　　　　K. 其他(请注明)_____
34	您的职业与资源保护是否有关? A. 有关　　　　B. 无关
35	您的婚姻状况是 A. 未婚　　　　B. 已婚　　　　C. 离异　　　　D. 再婚　　　　E. 丧偶

附录 B　公众对古树名木管护认知、参与情感、
参与行为意向调研地点及编码

编码	地点	编码	地点	编码	地点
101	陶然亭公园	117	日坛公园	133	东单公园
102	北海公园	118	朝阳公园	134	北土城遗址公园
103	北海公园团城	119	海淀公园	201	朝阳区金盏乡小店村村西
104	中山公园	120	人定湖公园	202	石景山区苹果园街道西黄村
105	天坛公园	121	莲花池公园	203	顺义区马坡镇衙门村
106	地坛公园	122	龙潭公园	204	昌平区南口镇檀峪村
107	圆明园	123	青年湖公园	205	房山区长阳镇
108	颐和园	124	柳荫公园	206	通州区皇木厂村
109	北京市植物园	125	皇城根遗址公园	207	怀柔区怀柔镇大屯村
110	香山公园	126	宣武艺园	208	平谷区东撞村
111	景山公园	127	万寿公园	209	密云区十里堡镇燕落寨村
112	什刹海风景区	128	北滨河公园	210	延庆区八达岭镇岔道村
113	月坛公园	129	永定门公园	211	大兴区西红门镇七村
114	玉渊潭公园	130	菖蒲河公园	212	海淀区北安河乡
115	紫竹院公园	131	北二环城市公园	213	门头沟区潭柘寺镇
116	太庙	132	南馆公园	214	丰台区花乡造甲村

附录 C　公众对古树名木保护与管理中新型
参与形式的态度调查问卷

尊敬的先生/女士:

　　您好!非常感谢您能参与本次问卷调查。为了解公众对于古树名木保护与管理中的新型参与形式的态度,我们在北京市开展了这项调查。本调查严格按照《中华人民共和国统计法》的要求进行,不用填写姓名,所有回答只用于统计分析。您只需根据自己的真实想法和实际情况填写即可。再次感谢您的配合和支持!

　　　　　　　　　　　《北京市古树名木保护与管理中的公众参与机制研究》课题组
　　　　　　　　　　　　　　　　　　　　　　　　　　　　　　　　2018 年 9 月

　　古树名木是我国的自然与文化双重遗产,北京的古树名木是记载首都历史的史籍,北京也是保存数量和类别最多的大都会。进入 21 世纪以来,公众参与古树名木保护与管理的热情也逐渐兴起。为顺应公众参与的需要,我们进行了公众参与形式的创新,本次调查即是了解您对新型参与形式的态度。

调查员签字:　　　　　　　　　　　调查日期:　　年　　月　　日

	第一部分:公众对于新型参与形式的态度
1	设置古树名木专家委员会的参与形式:通过建立古树名木专家委员会,召集古树名木保护权威专家,开展古树名木保护管理研究和学术交流,充分利用专家资源的权威及优势。一经成立,可在任何古树名木保护的决策中发挥作用,不会随着某一活动的结束而终止。 您认为设置古树名木专家委员会对古树名木保护产生的作用为: A. 作用很大　　B. 有一定作用　　C. 说不准　　　　D. 没什么作用 　　若您是古树名木保护专家,您是否愿意通过此种参与形式参与到古树名木保护中?（若您不是古树名木保护专家,您是否支持将此种参与形式引入到古树名木保护中?） A. 十分愿意/十分支持 B. 比较愿意/比较支持 C. 说不准 D. 不太愿意/不太支持 E. 十分不愿意/十分不支持 若您不愿意参与/不支持,原因是＿＿＿＿＿＿＿＿＿＿
2	设置专门的专家小组的参与形式:具体针对某一活动,设置专门的专家小组。当活动完成后,专家小组随即解散。 您认为设置专门的专家小组对古树名木保护产生的作用为: A. 作用很大　　B. 有一定作用　　C. 说不准　　　　D. 没什么作用 　　若您是古树名木保护专家,您是否愿意通过此种参与形式参与到古树名木保护中?（若您不是古树名木保护专家,您是否支持将此种参与形式引入到古树名木保护中?） A. 十分愿意/十分支持 B. 比较愿意/比较支持 C. 说不准 D. 不太愿意/不太支持 E. 十分不愿意/十分不支持 若您不愿意参与/不支持,原因是＿＿＿＿＿＿＿＿＿＿

（续）

第一部分:公众对于新型参与形式的态度	
3	建立古树名木爱好者联盟、古树名木保护会的参与形式:提倡公众自发建立组织,在组织内针对古树名木保护的问题通过交流会、研讨会等形式进行交流协商,并以组织的名义向政府反映问题。 您认为建立古树名木爱好者联盟、古树名木保护会对古树名木保护产生的作用: A. 作用很大　　B. 有一定作用　　　C. 说不准　　　　　D. 没什么作用 您是否愿意加入古树名木爱好者联盟、古树名木保护会来参与古树名木保护? A. 十分愿意　　B. 比较愿意　　　C. 说不准　　　　　D. 不太愿意　　E. 十分不愿意 若您不愿意参与,原因是＿＿＿＿＿＿＿＿＿＿＿
4	通过畅通公众意见的反映渠道,来使公众参与到古树名木的保护中。反映渠道包括邮箱、信箱、热线电话、网站专栏、办公微博、设立二维码等。 您认为通过畅通公众意见的反映渠道,对古树名木保护产生的作用为: A. 作用很大　　B. 有一定作用　　　C. 说不准　　　　　D. 没什么作用 您是否愿意通过以上渠道来参与到古树名木保护中? A. 十分愿意　　B. 比较愿意　　　C. 说不准　　　　　D. 不太愿意　　E. 十分不愿意 若您不愿意参与,原因是＿＿＿＿＿＿＿＿＿＿＿
5	在旅游景点增加人工导游和电子导游讲解器对古树名木的介绍,同时配备虚拟翻书系统。 您认为以上参与形式对古树名木保护产生的作用为: A. 作用很大　　B. 有一定作用　　　C. 说不准　　　　　D. 没什么作用 您是否愿意聆听人工导游和电子导游讲解器对古树名木的讲解,并使用虚拟翻书系统来参与到古树名木保护中? A. 十分愿意　　B. 比较愿意　　　C. 说不准　　　　　D. 不太愿意　　E. 十分不愿意 若您不愿意参与,原因是＿＿＿＿＿＿＿＿＿＿＿
6	通过多种网络媒体平台的参与形式:设立认养微信公众号、官方微博,发动具有重要影响力的名人、明星、新浪微博大 V 在小红书、抖音、腾讯微视、微博等平台分享古树名木相关奇闻趣事。 您认为以上参与形式对古树名木保护产生的作用为: A. 作用很大　　B. 有一定作用　　　C. 说不准　　　　　D. 没什么作用 您是否愿意在以上平台中关注古树名木的信息? A. 十分愿意　　B. 比较愿意　　　C. 说不准　　　　　D. 不太愿意　　E. 十分不愿意 若您不愿意,原因是＿＿＿＿＿＿＿＿＿＿＿
7	通过在一些综艺节目中添加认养古树名木元素,增设古树名木专业性电视节目。 您认为以上参与形式对古树名木保护产生的作用为: A. 作用很大　　B. 有一定作用　　　C. 说不准　　　　　D. 没什么作用 您是否愿意收看带有古树名木元素的电视节目? A. 十分愿意　　B. 比较愿意　　　C. 说不准　　　　　D. 不太愿意　　E. 十分不愿意 若您不愿意参与,原因是＿＿＿＿＿＿＿＿＿＿＿

（续）

	第一部分：公众对于新型参与形式的态度
8	通过电子投票的参与形式使公众参与到古树名木的保护中。 您认为以上参与形式对古树名木保护产生的作用为： A. 作用很大　　B. 有一定作用　　C. 说不准　　D. 没什么作用 您是否愿意通过电子投票的形式参与到古树名木的保护中？ A. 十分愿意　　B. 比较愿意　　C. 说不准　　D. 不太愿意　　E. 十分不愿意 若您不愿意参与，原因是＿＿＿＿＿＿＿＿＿＿
9	利用 VR 技术，开发以古树名木保护为主题的游戏，使公众可以在虚拟世界里认养、保护虚拟的古树名木，并在游戏中开设交友板块、古树名木常识认知板块、古树名木历史传说故事板块、荣誉市民板块。 您认为以上参与形式对古树名木保护产生的作用为： A. 作用很大　　B. 有一定作用　　C. 说不准　　D. 没什么作用 您是否愿意尝试玩以古树名木保护为主题的游戏？ A. 十分愿意　　B. 比较愿意　　C. 说不准　　D. 不太愿意　　E. 十分不愿意 若您不愿意参与，原因是＿＿＿＿＿＿＿＿＿＿
10	举办专门的古树名木诗歌评比、相声小品创作、认养情况展示等活动。 您认为以上参与形式对古树名木保护产生的作用为： A. 作用很大　　B. 有一定作用　　C. 说不准　　D. 没什么作用 您是否愿意参与到以上活动中？ A. 十分愿意　　B. 比较愿意　　C. 说不准　　D. 不太愿意　　E. 十分不愿意 若您不愿意参与，原因是＿＿＿＿＿＿＿＿＿＿
11	鼓励企业研发、销售古树名木文创产品，并促使广大公众参与到文创产品的研发中来，通过评选优秀的文创产品，对其创作者进行奖励。 您认为以上参与形式对古树名木保护产生的作用为： A. 作用很大　　B. 有一定作用　　C. 说不准　　D. 没什么作用 您是否愿意参与到古树名木文创产品的研发或销售（若您是商人）中？ A. 十分愿意　　B. 比较愿意　　C. 说不准　　D. 不太愿意　　E. 十分不愿意 若您不愿意参与，原因是＿＿＿＿＿＿＿＿＿＿
12	建立古树名木保护日，在古树名木保护日前后举办古树名木保护节。 您认为以上参与形式对古树名木保护产生的作用为： A. 作用很大　　B. 有一定作用　　C. 说不准　　D. 没什么作用 您是否愿意支持建立古树名木保护日，参与到古树名木保护节中？ A. 十分愿意　　B. 比较愿意　　C. 说不准　　D. 不太愿意　　E. 十分不愿意 若您不愿意参与，原因是＿＿＿＿＿＿＿＿＿＿
13	通过召开开放性的社区会议，邀请公众参与政策制定，实现政府与公众之间的沟通，对公众的意见进行反馈，最终提出政策建议。 您认为以上参与形式对古树名木保护产生的作用为： A. 作用很大　　B. 有一定作用　　C. 说不准　　D. 没什么作用 您是否愿意参与到古树名木保护的社区会议中？ A. 十分愿意　　B. 比较愿意　　C. 说不准　　D. 不太愿意　　E. 十分不愿意 若您不愿意参与，原因是＿＿＿＿＿＿＿＿＿＿

（续）

	第一部分:公众对于新型参与形式的态度
14	通过召开公众听证会和咨询委员会,通过选择具有典型代表性的公众、通过与之协商决策,最终达成一致意见。 您认为以上参与形式对古树名木保护产生的作用为: A. 作用很大　　B. 有一定作用　　　C. 说不准　　　　D. 没什么作用 您是否愿意参与到古树名木保护的公众听证会和咨询委员会中? A. 十分愿意　　B. 比较愿意　　C. 说不准　　　D. 不太愿意　　　E. 十分不愿意 若您不愿意参与,原因是_____
15	通过建立专业类的非政府组织使公众参与到古树名木的保护中。专业类的非政府组织是成立由专家学者构成的专业性非政府组织,例如古树名木保护学者联盟,包含各个领域的专家组成。 您认为以上参与形式对古树名木保护产生的作用为: A. 作用很大　　B. 有一定作用　　　C. 说不准　　　　D. 没什么作用 　　若您是古树名木保护专家,您是否愿意通过此种参与形式参与到古树名木保护中?（若您不是古树名木保护专家,您是否支持将此种参与形式引入到古树名木保护中?） A. 十分愿意　　B. 比较愿意　　C. 说不准　　　D. 不太愿意　　　E. 十分不愿意 若您不愿意参与/不支持,原因是_____
16	通过建立志愿服务类的非政府组织使公众参与到古树名木的保护中。志愿服务类的非政府组织是成立由广大古树名木爱好者构成的志愿服务组织。 您认为以上参与形式对古树名木保护产生的作用为: A. 作用很大　　B. 有一定作用　　　C. 说不准　　　　D. 没什么作用 您是否愿意通过此种参与形式参与到古树名木保护中? A. 十分愿意　　B. 比较愿意　　C. 说不准　　　D. 不太愿意　　　E. 十分不愿意 若您不愿意参与,原因是_____
17	通过建立资金筹集类的非政府组织使公众参与到古树名木的保护中。资金筹集类的非政府组织主要负责从社会筹集古树名木保护资金,并监督资金的使用去向。例如通过与支付宝的爱心捐赠应用进行合作,成立北京市古树名木保护的爱心公益项目,通过单笔捐、行走捐、周捐、月捐、收益捐、一帮一等形式带动公众为古树名木的保护进行捐款。 您认为以上参与形式对古树名木保护产生的作用为: A. 作用很大　　B. 有一定作用　　　C. 说不准　　　　D. 没什么作用 您是否愿意通过此种参与形式参与到古树名木保护中? A. 十分愿意　　B. 比较愿意　　C. 说不准　　　D. 不太愿意　　　E. 十分不愿意 若您不愿意参与,原因是_____
	第二部分:受访者的基本情况
18	您的性别是 A. 男　　　　B. 女
19	您的民族是 A. 汉　　　　B. 壮　　　　C. 回　　　　D. 满　　　　E. 维吾尔 F. 其他(请注明)_____

（续）

第二部分:受访者的基本情况	
20	您的年龄范围在 A. 18 岁及以下　　B. 19~22 岁　　C. 23~25 岁　　D. 26~30 岁　　E. 31~40 岁 F. 41~50 岁　　G. 51~60 岁　　H. 61 岁及以上
21	您的月平均收入水平是 A. 没有收入　　B. 有收入,在3000 元及以下　　C. 3001~5000 元 D. 5001~8000 元　E. 8001~10000 元　F. 10001~13000 元　G. 13001~15000 元 H. 15001~18000 元　I. 18001 元及以上
22	您的学历为 A. 小学及以下　　　　B. 初中　　　　C. 高中及中专　　　　D. 专科 E. 本科　　　　F. 硕士　　　　G. 博士
23	您的职业为 A. 退休人员　　B. 农民　　C. 工人　　D. 学生　　E. 公务员 F. 事业单位人员　G. 企业人员　H. 教师　　I. 私营企业主或个体经营 J. 受雇于个体经营者　　　K. 其他(请注明)_____
24	您的职业与资源保护是否有关? A. 有关　　B. 无关
25	您的婚姻状况是 A. 未婚　　B. 已婚　　C. 离异　　D. 再婚　　E. 丧偶
26	(1)您的居住区域在: A. 没有在北京市　B. 东城区　C. 西城区　D. 昌平区　E. 怀柔区　F. 海淀区 G. 朝阳区　H. 房山区　I. 丰台区　J. 通州区　K. 顺义区　L. 大兴区 M. 平谷区　N. 密云区　O. 延庆区　P. 门头沟区　Q. 石景山区 (2)您的居住区域属于: A. 村　　B. 镇(乡)　　C. 县城　　D. 市区/城区 (3)您的居住地附近有古树名木吗? A. 有　　B. 没有　　C. 不清楚
27	您来到北京的时间为 A. 外地游客,短暂停留　　B. 北京本地人,一直生活在北京　　C.1 年以下 D.1~3 年　E. 3~5 年　F. 5~10 年　G. 10~15 年　H. 15~20 年　I. 20 年以上

附录 D　公众对古树名木保护与管理中新型参与 形式的态度调研地点及编码

编码	地　点	编码	地　点
101	北海公园	109	朝阳公园
102	中山公园	110	人定湖公园
103	天坛公园	111	莲花池公园
104	地坛公园	112	龙潭公园
105	景山公园	113	万寿公园
106	月坛公园	114	永定门公园
107	玉渊潭公园	115	菖蒲河公园
108	紫竹院公园		

附录 E　公众对古树名木保护与管理中公众参与运行机制的态度调查问卷

尊敬的先生/女士:

您好! 非常感谢您能参与本次问卷调查。为了解公众对于古树名木保护与管理中的公众参与运行机制的态度,我们在北京市开展了这项调查。本调查严格按照《中华人民共和国统计法》的要求进行,不用填写姓名,所有回答只用于统计分析。您只需根据自己的真实想法和实际情况填写即可。再次感谢您的配合和支持!

《北京市古树名木保护与管理中的公众参与机制研究》课题组

2018 年 11 月

古树名木是我国的自然与文化双重遗产,北京的古树名木是记载首都历史的史籍,北京也是保存数量和类别最多的大都会。进入 21 世纪以来,公众参与古树名木保护与管理的热情也逐渐兴起。为使公众更好地参与进来,我们进行了公众参与运行机制的构建,本次调查即是了解您对构建的公众参与运行机制的态度。

调查员签字:　　　　　　　　　　　调查日期:　　年　　月　　日

第一部分:公众对于公众参与法治机制的态度
北京市古树名木保护与管理中的公众参与法治机制是指通过构建公众参与法律法规体系,来赋予公众参与的权利。具体包括赋予公众参与的知情权、参与权和监督权。
1　　　古树名木保护与管理中公众参与的知情权,是指公众依据法律规定,获得有关古树名木保护与管理相关信息的权利,如相关法律法规、管理条例、规划、批复、技术规范、措施、生长势情况、养护管理情况等。 您认为赋予公众参与的知情权对公众参与古树名木保护产生的作用为: A. 作用很大　　B. 有一定作用　　　C. 说不准　　　　D. 没什么作用 您是否愿意行使您在古树名木保护与管理中的知情权? A. 十分愿意　　B. 比较愿意　　　C. 说不准　　　　D. 不太愿意　　　E. 十分不愿意 若您不愿意行使,原因是＿＿＿＿＿＿＿＿＿＿
2　　　古树名木保护与管理中的公众参与权,是指公众参与到古树名木保护与管理中并同政府一同协商确定古树名木保护与管理决策的权利,例如召开与古树名木管护有关的公众座谈会、听证会。 您认为赋予公众参与的参与权对公众参与古树名木保护产生的作用为: A. 作用很大　　B. 有一定作用　　　C. 说不准　　　　D. 没什么作用 您是否愿意行使您在古树名木保护与管理中的参与权? A. 十分愿意　　B. 比较愿意　　　C. 说不准　　　　D. 不太愿意　　　E. 十分不愿意 若您不愿意行使,原因是＿＿＿＿＿＿＿＿＿＿

（续）

第一部分:公众对于公众参与法治机制的态度

| 3 | 　　古树名木保护与管理中的公众监督权,是指公众在古树名木的保护与管理中充分行使了知情权与参与权之后,有权利监督古树名木管护政府部门及其工作人员在古树名木保护与管理过程中的行动,有权利通过向政府主管部门献言献策、批评等方式促使政府变更原有决策的过程。
您认为赋予公众参与的监督权对公众参与古树名木保护产生的作用为:
A. 作用很大　　B. 有一定作用　　C. 说不准　　D. 没什么作用
您是否愿意行使您在古树名木保护与管理中的监督权?
A. 十分愿意　　B. 比较愿意　　C. 说不准　　D. 不太愿意　　E. 十分不愿意
若您不愿意行使,原因是_____ |

第二部分:公众对于公众参与教育机制的态度
北京市古树名木保护与管理中的公众参与教育机制,是指以古树名木保护与管理为核心,通过对公众进行形式多样的教育,以增强公众参与意识,更好地参与到古树名木保护与管理中。公众教育的形式分为三类:大众教育、专业教育和职业教育。

| 4 | 　　北京市古树名木保护与管理中的大众教育,是指通过书籍、报纸、杂志、广播、电视、演讲、微博、微信传播媒介,对包括在校学生和非在校学生在内的全体公众开展有关古树名木知识的教育。
您认为大众教育对公众参与古树名木保护产生的作用为:
A. 作用很大　　B. 有一定作用　　C. 说不准　　　D. 没什么作用
您是否愿意接受有关古树名木保护的大众教育?
A. 十分愿意　　B. 比较愿意　　C. 说不准　　D. 不太愿意　　E. 十分不愿意
若您不愿意接受,原因是_____ |

| 5 | 　　北京市古树名木保护与管理中的专业教育,是指在高等学校和中等专业学校开设古树名木保护与管理相关专业、课程,培养古树名木保护与管理专业人才,例如:专家、学者、技术员等。
您认为专业教育对公众参与古树名木保护产生的作用为:
A. 作用很大　　B. 有一定作用　　C. 说不准　　　D. 没什么作用
您是否支持开展有关古树名木保护的专业教育?
A. 十分支持　　B. 比较支持　　C. 说不准　　D. 不太支持　　E. 十分不支持
若您不支持,原因是_____ |

| 6 | 　　北京市古树名木保护与管理中的职业教育,是指对古树名木管护政府部门管理者、专业技术人员、专家学者进行古树名木保护与管理所需知识、技术的训练。
您认为职业教育对公众参与古树名木保护产生的作用为:
A. 作用很大　　B. 有一定作用　　C. 说不准　　　D. 没什么作用
您是否支持开展有关古树名木保护的职业教育?
A. 十分支持　　B. 比较支持　　C. 说不准　　D. 不太支持　　E. 十分不支持
若您不支持,原因是_____ |

第三部分:公众对于公众参与激励机制的态度
北京市古树名木保护与管理中的公众参与激励机制是指通过采取相应的激励方式,来调动公众参与古树名木保护与管理的积极性,使公众积极、自愿、合理、科学地参与到北京市古树名木的保护与管理中,最终使北京市的古树名木实现良好的保护。 激励方式包括经济激励、榜样激励、内容激励。

（续）

	第三部分:公众对于公众参与激励机制的态度
7	北京市古树名木保护与管理中的经济激励,是指对古树名木管护做出贡献的公众提供物质上的奖励。 您认为经济激励对公众参与古树名木保护产生的作用为: A. 作用很大　　　B. 有一定作用　　　C. 说不准　　　　D. 没什么作用 您是否愿意接受/支持有关古树名木保护的经济激励? A. 十分愿意/十分支持　　　　　B. 比较愿意/比较支持　　　　　C. 说不准 D. 不太愿意/不太支持　　　　　E. 十分不愿意/十分不支持 若您不愿意接受/支持,原因是＿＿＿＿＿＿＿＿＿＿＿
8	北京市古树名木保护与管理中的榜样激励,是指选择表现突出的个人或团体进行荣誉表扬,进而调动公众参与积极性。 您认为榜样激励对古树名木保护产生的作用为: A. 作用很大　　　B. 有一定作用　　　C. 说不准　　　　D. 没什么作用 您是否愿意接受/支持有关古树名木保护的榜样激励? A. 十分愿意/十分支持　　　　　B. 比较愿意/比较支持　　　　　C. 说不准 D. 不太愿意/不太支持　　　　　E. 十分不愿意/十分不支持 若您不愿意接受/支持,原因是＿＿＿＿＿＿＿＿＿＿＿
9	北京市古树名木保护与管理中的内容激励,是指对公众宣传参与古树名木保护会得到的好处,进而激励公众参与到古树名木的保护与管理中。 您认为内容激励对古树名木保护产生的作用为: A. 作用很大　　　B. 有一定作用　　　C. 说不准　　　　D. 没什么作用 您是否愿意接受/支持有关古树名木保护的内容激励? A. 十分愿意/十分支持　　　　　B. 比较愿意/比较支持　　　　　C. 说不准 D. 不太愿意/不太支持　　　　　E. 十分不愿意/十分不支持 若您不愿意接受,原因是＿＿＿＿＿＿＿＿＿＿＿
	第四部分:公众对于公众参与资金投入机制的态度
	北京市古树名木保护与管理中的公众参与资金投入机制是指通过多种形式为古树名木的管护筹备足够的资金,来更好地实现对古树名木的管护。具体包括政府财政资金投入和社会公益性资金投入。
10	北京市古树名木保护与管理中的政府财政资金投入,是指中央财政资金、市财政资金、区财政资金在古树名木保护与管理中投入。 您认为政府财政资金投入对古树名木保护产生的作用为: A. 作用很大　　　B. 有一定作用　　　C. 说不准　　　　D. 没什么作用 您是否支持政府加强对古树名木管护的财政资金投入? A. 十分支持　　　B. 比较支持　　　C. 说不准　　　　D. 不太支持　　　E. 十分不支持 若您不支持,原因是＿＿＿＿＿＿＿＿＿＿＿

（续）

第四部分：公众对于公众参与资金投入机制的态度
北京市古树名木保护与管理中的公益性资金投入，是指从社会吸纳资金用于古树名木保护与管理中。 　　您认为公益性资金投入对古树名木保护产生的作用为： 11　A. 作用很大　　　B. 有一定作用　　　C. 说不准　　　　D. 没什么作用 　　您是否支持古树名木保护与管理中的公益性资金投入？ 　　A. 十分支持　　　B. 比较支持　　　C. 说不准　　　　D. 不太支持　　E. 十分不支持 　　若您不支持，原因是_____
第五部分：公众对于公众参与信息沟通机制的态度
北京市古树名木保护与管理中的公众参与信息沟通机制是指通过多种渠道，实现公众与政府间的双向信息沟通交流。包括政府发起型信息沟通和公众发起型信息沟通。
政府发起型信息沟通是指由政府作为传播者，公众作为信息接受者，例如政府向公众宣传现行的古树名木政策法规等事件。 　　您认为政府发起型信息沟通对公众参与古树名木保护产生的作用为： 12　A. 作用很大　　　　B. 有一定作用　　　C. 说不准　　　　D. 没什么作用 　　您是否支持构建政府发起型信息沟通？ 　　A. 十分支持　　　　B. 比较支持　　　C. 说不准　　　　D. 不太支持　　E. 十分不支持 　　若您不支持，原因是_____
公众发起型信息沟通是指由公众作为传播者，政府作为信息接受者，例如公众揭发损害古树名木行为等事件。 　　您认为公众发起型信息沟通对公众参与古树名木保护产生的作用为： 13　A. 作用很大　　　　B. 有一定作用　　　C. 说不准　　　　D. 没什么作用 　　您是否支持构建公众发起型信息沟通？ 　　A. 十分支持　　　　B. 比较支持　　　C. 说不准　　　　D. 不太支持　　E. 十分不支持 　　若您不支持，原因是_____
第六部分：公众对于公众参与合作机制的态度
北京市古树名木保护与管理中的公众参与合作机制是指政府与公众之间合作进行决策的机制。在古树名木保护与管理问题中，通过政府与公众之间的合作，可以使古树名木管护政府部门制定的关于古树名木的决策更加深入人心，决策的执行有更加深厚的群众基础，有利于决策的顺利开展，并得到公众的大力支持。具体来说，应确保公众参与到决策制定、决策执行、决策评估、决策反馈的阶段中。
在决策制定阶段，政府部门就想要制定的有关古树名木管护决策向公众征求意见，公众响应政府的邀请，积极参与到古树名木决策中，政府与公众协商决策。 　　您认为在决策制定阶段引入公众参与对古树名木保护产生的作用为： 14　A. 作用很大　　　B. 有一定作用　　　C. 说不准　　　　D. 没什么作用 　　您是否支持在决策制定阶段引入公众参与？ 　　A. 十分支持　　　　B. 比较支持　　　C. 说不准　　　　D. 不太支持　　E. 十分不支持 　　若您不支持，原因是_____

（续）

	第六部分:公众对于公众参与合作机制的态度
15	在决策执行阶段,政府部门将决策执行信息向公众开放,公众随时可以查询到政府决策的执行进程。 您认为在决策执行阶段引入公众参与对古树名木保护产生的作用为: A. 作用很大　　　B. 有一定作用　　　C. 说不准　　　　D. 没什么作用 您是否支持在决策执行阶段引入公众参与? A. 十分支持　　　B. 比较支持　　C. 说不准　　　D. 不太支持　　E. 十分不支持 若您不支持,原因是_____
16	在决策评估阶段,政府部门邀请政府内部专家和公众中的专家对决策执行的效果进行评估,并将评估方法和评估结果向公众进行披露。 您认为在决策评估阶段引入公众参与对古树名木保护产生的作用为: A. 作用很大　　　B. 有一定作用　　　C. 说不准　　　　D. 没什么作用 您是否支持在决策评估阶段引入公众参与? A. 十分支持　　　B. 比较支持　　　C. 说不准　　　D. 不太支持　　E. 十分不支持 若您不支持,原因是_____
17	在决策反馈阶段,政府部门将决策结果反馈给公众。需将决策前与决策后,对古树名木的保护与管理其带来的不同之处反馈给公众。 您认为在决策反馈阶段引入公众参与对古树名木保护产生的作用为: A. 作用很大　　　B. 有一定作用　　　C. 说不准　　　　D. 没什么作用 您是否支持在决策反馈阶段引入公众参与? A. 十分支持　　　B. 比较支持　　　C. 说不准　　　D. 不太支持　　　E. 十分不支持 若您不支持,原因是_____
	第七部分:受访者的基本情况
18	您的性别是 A. 男　　　　B. 女
19	您的民族是 A. 汉　　　　B. 壮　　　　C. 回　　　　D. 满　　　　E. 维吾尔　　　F. 其他(请注明)_____
20	您的年龄范围在 A.18 岁及以下　　B. 19~22 岁　　　C.23~25 岁　　D. 26~30 岁　　E. 31~40 岁 F. 41~50 岁　　　G. 51~60 岁　　H. 61 岁及以上
21	您的月平均收入水平是 A. 没有收入　　　　　B. 有收入,在 3000 元及以下　　　C. 3001~5000 元 D. 5001~8000 元　　　E. 8001~10000 元　　　　　F. 10001~13000 元 G. 13001~15000 元　　　H. 15001~18000 元　　　　I. 18001 元及以上
22	您的学历为 A. 小学及以下　　　　B. 初中　　　C. 高中及中专　　　D. 专科 E. 本科　　　　　　　F. 硕士　　　G. 博士

（续）

	第七部分:受访者的基本情况
23	您的职业为 A. 退休人员　　B. 农民　　C. 工人　　　　D. 学生　　E. 公务员 F. 事业单位人员　G. 企业人员　H. 教师　　　I. 私营企业主或个体经营 J. 受雇于个体经营者　　　　K. 其他(请注明)＿＿＿＿＿＿＿＿＿
24	您的职业与资源保护是否有关? A. 有关　　　　B. 无关
25	您的婚姻状况是 A. 未婚　　　　B. 已婚　　　　C. 离异　　　　D. 再婚　　　　E. 丧偶
26	(1)您的居住区域在: A. 没有在北京市　B. 东城区　C. 西城区　　D. 昌平区　　E. 怀柔区　　F. 海淀区 G. 朝阳区　　　　H. 房山区　I. 丰台区　　J. 通州区　K. 顺义区　L. 大兴区 M. 平谷区　　　　N. 密云区　O. 延庆区　　P. 门头沟区　　Q. 石景山区 (2)您的居住区域属于: A. 村　　　B. 镇(乡)　C. 县城　　　D. 市区/城区 (3)您的居住地附近有古树名木吗? A. 有　　　B. 没有　　　C. 不清楚
27	您来到北京的时间为 A. 外地游客,短暂停留　　　B. 北京本地人,一直生活在北京　　　C.1 年以下 D.1~3 年　　E. 3~5 年　　F. 5~10 年　　G. 10~15 年　　H. 15~20 年　I. 20 年以上

附录 F　公众对古树名木保护与管理中公众参与运行机制的态度调研地点及编码

编码	地点	编码	地点
101	北海公园	109	朝阳公园
102	中山公园	110	人定湖公园
103	天坛公园	111	莲花池公园
104	地坛公园	112	龙潭公园
105	景山公园	113	万寿公园
106	月坛公园	114	永定门公园
107	玉渊潭公园	115	菖蒲河公园
108	紫竹院公园		

附录 G 公众对古树名木保护与管理中公众参与监测与评估指标体系的建议调查问卷

尊敬的先生/女士:

您好! 非常感谢您能参与本次问卷调查。为了解公众对于古树名木保护与管理中公众参与监测与评估指标体系的建议,我们在北京市开展了这项调查。本调查严格按照《中华人民共和国统计法》的要求进行,不用填写姓名,所有回答只用于统计分析。您只需根据自己的真实想法和实际情况填写即可。再次感谢您的配合和支持!

《北京市古树名木保护与管理中的公众参与机制研究》课题组

2018 年 12 月

北京的古树名木是记载首都历史的史籍,进入 21 世纪以来,公众参与古树名木保护与管理的热情逐渐兴起。通过对公众参与进行监测与评估,可以判断公众参与的效果。本次调查即是了解您对公众参与监测与评估指标体系的建议。

调查员签字: 调查日期: 年 月 日

	第一部分:公众对于参与效果监测与评估的必要性认识
1	您认为有必要对于古树名木保护与管理中的公众参与进行监测与评估吗? (若您认为没有必要,则调查结束;若您认为有必要,则请接着对问卷进行作答) A. 十分有必要 B. 有一定必要 C. 说不准 D. 没什么必要
第二部分:公众对于是否需要对参与主体进行监测与评估的态度	
主体的界定解决的是"谁参与"的问题,北京市古树名木保护与管理中公众参与主体是指在北京市古树名木保护与管理中公众参与活动的承担者。公众是参与的主体。包括六类:个人、非政府组织、精英、企业、媒体、其他社会团体。	
2	您认为是否有必要对参与主体进行监测与评估? (若选 C、D 选项,请直接跳到第 4 题;若选 A、B 选项,请回答第 3 题) A. 十分有必要 B. 有一定必要 C. 说不准 D. 没什么必要
3	若您认为有必要对参与主体进行监测与评估,那么您认为在对参与主体进行监测与评估中: 是否有必要分析个人参与所占比例? A. 十分有必要 B. 有一定必要 C. 说不准 D. 没什么必要 是否有必要分析非政府组织代表参与所占比例? A. 十分有必要 B. 有一定必要 C. 说不准 D. 没什么必要 是否有必要分析精英参与所占比例? A. 十分有必要 B. 有一定必要 C. 说不准 D. 没什么必要 是否有必要分析企业代表参与所占比例? A. 十分有必要 B. 有一定必要 C. 说不准 D. 没什么必要 是否有必要分析媒体代表参与所占比例? A. 十分有必要 B. 有一定必要 C. 说不准 D. 没什么必要 是否有必要分析其他社会团体代表参与所占比例? A. 十分有必要 B. 有一定必要 C. 说不准 D. 没什么必要

（续）

	第三部分：公众对于是否需要对参与客体进行监测与评估的态度
	客体的界定解决的是"参与什么"的问题。北京市古树名木保护与管理中公众参与客体指的是公众参与活动的对象，具体包括参与领域和参与范围。公众参与的领域划分为制度性参与、社会性参与、经济性参与领域。公众参与的范围分为：乡村街道，区县城区，市区范围，自然保护区、风景名胜区、森林公园、历史文化街区及历史名园。
4	您认为是否有必要对参与客体进行监测与评估？（若选 C、D 选项，请直接跳到第 6 题；若选 A、B 选项，请回答第 5 题） A. 十分有必要　　　　B. 有一定必要　　　　C. 说不准　　　　D. 没什么必要
5	若您认为有必要对参与客体进行监测与评估，那么您认为在对参与客体进行监测与评估中： 是否有必要分析参与领域问题？ A. 十分有必要　　　　B. 有一定必要　　　　C. 说不准　　　　D. 没什么必要 是否有必要分析参与范围问题？ A. 十分有必要　　　　B. 有一定必要　　　　C. 说不准　　　　D. 没什么必要
	第四部分：公众对于是否需要对参与形式进行监测与评估的态度
	参与形式解决的是"公众参与途径"的问题。北京市古树名木保护与管理中公众参与形式是指公众在参与古树名木保护与管理中，采用的参与途径。
6	您认为是否有必要对参与形式进行监测与评估？（若选 C、D 选项，请直接跳到第 8 题；若选 A、B 选项，请回答第 7 题） A. 十分有必要　　　　B. 有一定必要　　　　C. 说不准　　　　D. 没什么必要
7	若您认为有必要对参与形式进行监测与评估，那么您认为在对参与形式进行监测与评估中： 是否有必要分析参与形式与参与主体相符的程度？ A. 十分有必要　　　　B. 有一定必要　　　　C. 说不准　　　　D. 没什么必要 是否有必要分析参与形式与参与客体相符的程度？ A. 十分有必要　　　　B. 有一定必要　　　　C. 说不准　　　　D. 没什么必要 是否有必要分析公众参与的方便程度？ A. 十分有必要　　　　B. 有一定必要　　　　C. 说不准　　　　D. 没什么必要
	第五部分：公众对于是否需要对参与结果进行监测与评估的态度
	参与结果是指公众参与最终得到的结果。可以从以下两方面进行反映：参与主体提出的建议或意见是否予以考虑，有多少建议被采纳；参与主体提出的问题有多少得到了解决。
8	您认为是否有必要对参与结果进行监测与评估？（若选 C、D 选项，请直接跳到第 10 题；若选 A、B 选项，请回答第 9 题） A. 十分有必要　　　　B. 有一定必要　　　　C. 说不准　　　　D. 没什么必要
9	若您认为有必要对参与结果进行监测与评估，那么您认为在对参与结果进行监测与评估中： 是否有必要分析参与主体提出的建议或意见被采纳的比例？ A. 十分有必要　　　　B. 有一定必要　　　　C. 说不准　　　　D. 没什么必要 是否有必要分析参与主体提出的问题被解决的比例？ A. 十分有必要　　　　B. 有一定必要　　　　C. 说不准　　　　D. 没什么必要

（续）

	第六部分:受访者的基本情况
10	您的性别是 A. 男　　　　B. 女
11	您的民族是 A. 汉　　　　B. 壮　　　　C. 回　　　　D. 满　　　　E. 维吾尔　　　　F. 其他(请注明)＿＿＿＿＿
12	您的年龄范围在 A. 18 岁及以下　　B. 19~22 岁　　C. 23~25 岁　　D. 26~30 岁　　E. 31~40 岁 F. 41~50 岁　　G. 51~60 岁　　H. 61 岁及以上
13	您的月平均收入水平是 A. 没有收入　　B. 有收入,在 3000 元及以下　　　C. 3001~5000 元 D. 5001~8000 元　　E. 8001~10000 元　　　　F. 10001~13000 元　　G. 13001~15000 元 H. 15001~18000 元　　I. 18001 元及以上
14	您的学历为 A. 小学及以下　　　　B. 初中　　　　C. 高中及中专　　　　D. 专科 E. 本科　　　　　　F. 硕士　　　　G. 博士
15	您的职业为 A. 退休人员　B. 农民　　C. 工人　　　D. 学生　　　E. 公务员 F. 事业单位人员　G. 企业人员　H. 教师　　　I. 私营企业主或个体经营 J. 受雇于个体经营者　　　K. 其他(请注明)＿＿＿＿＿＿
16	您的职业与资源保护是否有关? A. 有关　　　B. 无关
17	您的婚姻状况是 A. 未婚　　　　B. 已婚　　　　C. 离异　　　　D. 再婚　　　　E. 丧偶
18	(1)您的居住区域在: A. 没有在北京市　B. 东城区　C. 西城区　　D. 昌平区　　E. 怀柔区　F. 海淀区 G. 朝阳区　　　H. 房山区　I. 丰台区　　　J. 通州区　　K. 顺义区　L. 大兴区 M. 平谷区　　N. 密云区　O. 延庆区　　P. 门头沟区　Q. 石景山区 (2)您的居住区域属于: A. 村　　B. 镇(乡)　　　C. 县城　　　D. 市区/城区 (3)您的居住地附近有古树名木吗? A. 有　　B. 没有　　C. 不清楚
19	您来到北京的时间为 A. 外地游客,短暂停留　　B. 北京本地人,一直生活在北京　　C. 1 年以下 D. 1~3 年　E. 3~5 年　F. 5~10 年　G. 10~15 年　　H. 15~20 年　I. 20 年以上

附录 H　公众对古树名木保护与管理中公众参与效果的监测与评估调研地点及编码

编码	地点	编码	地点
101	北海公园	109	朝阳公园
102	中山公园	110	人定湖公园
103	天坛公园	111	莲花池公园
104	地坛公园	112	龙潭公园
105	景山公园	113	万寿公园
106	月坛公园	114	永定门公园
107	玉渊潭公园	115	菖蒲河公园
108	紫竹院公园		